徐淑玲　尹芳华　主编　　　陈　群　副主编

化学工业出版社
·北京·

本书以石油化工为主轴，站在学者的高度，以读者的视角，科普性地介绍了石油化工与各相关学科领域的互动关系，及各自的前沿发展趋势，帮助读者更加全面地了解石油化工的行业特色及在国民经济中的重要地位。

本书多角度解读石油化工，既注重历史的沿革，又关注学科的前沿与多学科的交叉与融合，信息量大、内容新、视角宽。介绍了石油的基本知识、石油及石化产品，化学、化工及石油化工发展简史，材料工业、生物技术、机械工程、信息技术、环境及安全等各自学科的发展状况，与石油化工行业之间的相互关系，以及学科交叉所产生的前沿科技方面的内容。

本书适合相关专业大专院校师生参考，同时还适合企业管理人员及技术人员参考。既可作为化工类专业教材，还可用作石化企业职工培训教材。

图书在版编目（CIP）数据

走进石化/徐淑玲，尹芳华主编 . —北京：化学工业出版社，2008.8（2020.10 重印）
ISBN 978-7-122-03543-1

Ⅰ. 走⋯ Ⅱ. ①徐⋯②尹⋯ Ⅲ. 石油化工-普及读物 Ⅳ. TE65-49

中国版本图书馆 CIP 数据核字（2008）第 126256 号

责任编辑：曾照华　　　　　　　　　　装帧设计：王晓宇
责任校对：郑　捷

出版发行：化学工业出版社（北京市东城区青年湖南街 13 号　邮政编码 100011）
印　　装：北京虎彩文化传播有限公司
787mm×1092mm　1/16　印张 14　字数 354 千字　2020 年 10 月北京第 1 版第 10 次印刷

购书咨询：010-64518888　　　　　　售后服务：010-64518899
网　　址：http://www.cip.com.cn
凡购买本书，如有缺损质量问题，本社销售中心负责调换。

定　　价：35.00 元

前言

  化学，这一古老而富有新鲜活力的学科，多少年来为人类文明创造了无数奇迹，为人类奉献了一个丰富多彩的物质世界，它的成就成为社会文明的重要标志。

  石油化工，从人们开始认识并使用石油起，也已经历了三四千年的历史，随着科学技术的迅猛发展。石油从"地中无穷"变得"日益枯竭"，成为世人竞相争夺的"黑色金子"；石油化工在小至衣食住行、防病治病，大至军事国防、能源利用中发挥作用的同时，与物理学、生物学、自然地理学、天文学等其他学科相互融合，形成了环境科学等新兴学科，而这些学科的茁壮成长又为石油化工行业注入新的活力，开辟了新的天地。

  正是因为石油化工在国民经济中的重要地位，以及江苏工业学院浓郁的石化行业背景，学校从2006年培养方案开始，特设石油化工认识实习教学环节，并于2006年建成了石油化工认识实习基地，供全校所有本科专业新生实习。

  石油化工认识实习基地采用展板、装置模型、设备实物、多媒体演示等多种方式，较为详细地供学生进行化学化工方面全方位、多层次专业知识的学习。各展室以石油化工及石化产品链为主线，介绍化学化工在国民经济中的重要性，并使学生较全面地了解化工新材料、计算机技术、生物技术、安全生产、环境保护与化工技术经济、化工生产过程装备技术、石油储运技术、化工生产的分析技术及仪器等方面的内容。

  从近两年6000多名学生的教学实践活动中，我们发现这一环节的设置激发了学生，特别是化工及近化工专业学生，对于专业学习的兴趣，开拓了非化工专业学生的视野，将各专业在"大工程观"的指导下融会贯通在一个大的行业概念之中，使以往的专业教育得到了具体的、物性的固化。

  为了更好地配合这一教学实践环节，进一步深化同学们对于石油化工行业的认识，我们组织编写了《走进石化》这本书。本书以石油化工为主轴，站在学者的高度，以读者的视角，科普性地介绍了石油化工与各相关学科领域的互动关系，及各自的前沿发展趋势，帮助读者更加全面地了解石油化工的行业特色及在国民经济中的重要地位。

  全书共九章。第一章概要介绍石油的基本知识、石油及石化产品，以及与石油交易有关的经济问题；第二章、第三章分别介绍化学、化工及石油化工发展简史；第四章至第九章分别介绍材料工业、生物技术、机械工程、信息技术、环境及安全等各自学科的发展状况，与石油化工行业之间的相互关系，以及学科交叉所产生的前沿科技方面的内容。

  本书多角度解读石油化工，既注重历史的沿革，又关注学科的前沿与多学科的交叉与融合，信息量大、内容新、视角宽，既可作为化工类专业的专业概论性质课程教材，还可用作石化企业职工培训教材。

  本书的编写得到了江苏工业学院教务处、化学化工学院以及相关学院的大力支持，邵辉、孟启、王洪元、王利平、朱国彪、丁永红、杨扬、刘雪东、荆胜南、潘操、蔡志强为本书部分章节的执笔人。感谢所有人的共同努力。

编者
2008 年 8 月

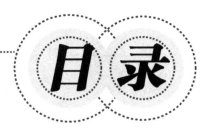

目录

1 工业的血液——石油 1

1.1 石油的基本知识 1
1.1.1 石油的组成与性质 1
1.1.2 石油的形成 2
1.1.3 我国石油资源的状况 2
1.2 石油产品及石油化工产品 3
1.2.1 主要的石油产品 3
1.2.2 基本有机化工原料 7
1.3 与石油有关的经济问题 8
1.3.1 世界石油组织机构 8
1.3.2 国家石油战略储备 11
1.3.3 石油贸易 13

2 化学发展简史 16

2.1 世界化学发展简史 16
2.1.1 化学的前奏 16
2.1.2 创建近代化学理论——探索物质结构 20
2.1.3 现代化学的兴起 21
2.2 中国化学发展简史 23
2.2.1 第一阶段：1920~1932 年 23
2.2.2 第二阶段：1932~1949 年 24
2.2.3 第三阶段：1949~1965 年 24
2.2.4 第四阶段：1966~1976 年 25
2.2.5 第五阶段：1976 年~目前 26
2.3 我国现代化学的重要成就 27
2.3.1 基础研究 27
2.3.2 应用基础研究及开发研究 28

3 化学工业发展简史 30

3.1 世界化学工业发展简史 30
3.1.1 古代的化学加工 30

3.1.2 近代化学工业的兴起 ……………………………………………………………… 33

3.1.3 科学相互渗透融合时代——现代化学的兴起 ……………………………… 34

3.2 中国化学工业发展简史 ……………………………………………………………… 34

3.2.1 新中国成立前的化学工业 ……………………………………………………… 35

3.2.2 新中国的化学工业 ………………………………………………………………… 36

3.2.3 化学工业在国民经济中的地位与作用 ………………………………………… 37

3.3 中国石油化工发展简史 ……………………………………………………………… 39

3.3.1 世界石油化工发展简史 …………………………………………………………… 39

3.3.2 中国石油化工发展简史 …………………………………………………………… 42

4 石化与材料工业 ………………………………………………………………… 45

4.1 材料工业概况 …………………………………………………………………………… 45

4.2 高分子材料 ……………………………………………………………………………… 45

4.2.1 橡胶 …………………………………………………………………………………… 46

4.2.2 纤维 …………………………………………………………………………………… 49

4.2.3 塑料 …………………………………………………………………………………… 54

4.3 新型高分子材料概述 ………………………………………………………………… 60

4.3.1 离子交换树脂 ……………………………………………………………………… 61

4.3.2 医用高分子材料 …………………………………………………………………… 61

4.3.3 光功能高分子材料 ………………………………………………………………… 62

4.3.4 高分子磁性材料 …………………………………………………………………… 62

4.3.5 高分子分离膜 ……………………………………………………………………… 62

5 石化与生物技术 ………………………………………………………………… 64

5.1 生物技术发展概况 …………………………………………………………………… 64

5.1.1 生物技术发展简史 ………………………………………………………………… 64

5.1.2 工业生物技术 ……………………………………………………………………… 65

5.2 生物化学工程 ………………………………………………………………………… 68

5.2.1 国内外生物化学工程现状 ……………………………………………………… 68

5.2.2 石油、天然气资源的生物技术利用 …………………………………………… 69

5.2.3 生物技术在精细化工中的应用 ………………………………………………… 73

5.2.4 生物制药 …………………………………………………………………………… 75

5.2.5 生物农药 …………………………………………………………………………… 76

5.2.6 生物技术在资源与环境保护领域中的应用 ………………………………… 77

6 石化与机械 ……………………………………………………………………… 79

6.1 化工机械制造概况 …………………………………………………………………… 79

6.1.1 化工设备材料 ……………………………………………………………………… 79

6.1.2 典型化工设备制造 ………………………………………………………………… 81

6.2 化工设备与机械 ……………………………………………………………………… 84

6.2.1　反应器 ……………………………………………………………………… 84

6.2.2　塔设备 ……………………………………………………………………… 85

6.2.3　换热器 ……………………………………………………………………… 87

6.2.4　化工管道 …………………………………………………………………… 88

6.2.5　泵 …………………………………………………………………………… 90

6.2.6　压缩机 ……………………………………………………………………… 93

6.3　化工机械的新发展 ……………………………………………………………… 94

6.3.1　过程设备强化技术 ………………………………………………………… 94

6.3.2　计算机及应用技术 ………………………………………………………… 95

6.3.3　新材料技术 ………………………………………………………………… 96

6.3.4　再制造技术 ………………………………………………………………… 97

6.3.5　过程装备成套技术 ………………………………………………………… 97

6.3.6　过程机械领域 ……………………………………………………………… 98

7　石油与信息技术 …………………………………………………………… 99

7.1　计算机仿真技术在石油化工中的应用 ………………………………………… 99

7.1.1　计算机仿真的发展历史 …………………………………………………… 99

7.1.2　仿真系统的作用和意义 …………………………………………………… 100

7.1.3　计算机仿真在石油化工领域所发挥的作用 ……………………………… 100

7.1.4　国内外研究状况 …………………………………………………………… 101

7.1.5　计算机仿真技术发展的新趋势 …………………………………………… 102

7.1.6　化工仿真培训系统 ………………………………………………………… 104

7.2　自动化控制技术在石油化工中的应用 ………………………………………… 108

7.2.1　过程控制 …………………………………………………………………… 108

7.2.2　仪表控制系统 ……………………………………………………………… 109

7.2.3　计算机控制系统 …………………………………………………………… 111

7.2.4　集散控制系统（DCS） …………………………………………………… 112

7.2.5　现场总线控制系统（FCS） ……………………………………………… 115

7.2.6　可编程控制器（PLC） …………………………………………………… 116

7.2.7　控制算法 …………………………………………………………………… 119

7.3　现代分析仪器在石油化工中的应用 …………………………………………… 121

7.3.1　电化学分析方法 …………………………………………………………… 122

7.3.2　色谱分析方法 ……………………………………………………………… 122

7.3.3　光学分析法 ………………………………………………………………… 123

7.3.4　其他分析方法 ……………………………………………………………… 126

7.4　常用的化学化工应用软件 ……………………………………………………… 126

7.4.1　化学结构式绘制软件 ……………………………………………………… 127

7.4.2　三维模型描绘 ……………………………………………………………… 128

7.4.3　实验数据处理 ……………………………………………………………… 128

7.4.4　化工流程模拟 ……………………………………………………………… 129

7.4.5　化工辅助设计 ……………………………………………………………… 130

8 石化与环境 ·················· 132

8.1 概述 ·················· 132
8.1.1 环境与环境科学 ·················· 132
8.1.2 环境污染与环境问题 ·················· 133
8.2 石化、环境与可持续发展 ·················· 134
8.2.1 环境保护与可持续发展 ·················· 134
8.2.2 可持续发展的内涵 ·················· 136
8.2.3 中国的可持续发展战略 ·················· 137
8.2.4 石油炼制的污染 ·················· 139
8.2.5 石油产业可持续发展战略 ·················· 139
8.3 清洁生产 ·················· 140
8.3.1 概述 ·················· 140
8.3.2 清洁生产的意义及途径 ·················· 141
8.3.3 清洁生产是实现可持续发展的必然选择 ·················· 143
8.4 资源再生与循环经济 ·················· 144
8.4.1 基本概念 ·················· 144
8.4.2 循环经济发展的历史过程 ·················· 144
8.4.3 国外实行循环经济的实践和经验 ·················· 145
8.4.4 发展我国的循环经济势在必行 ·················· 146
8.4.5 石化行业发展循环经济的意义 ·················· 147
8.5 我国环境保护的政策法规与措施 ·················· 148
8.5.1 我国的环境标准体系 ·················· 148
8.5.2 环境质量标准 ·················· 150
8.5.3 我国环保政策法规 ·················· 152
8.5.4 世界环境节日及环境日 ·················· 153
8.5.5 石化行业环境保护的措施 ·················· 156

9 石化生产与安全 ·················· 157

9.1 安全科学发展简介 ·················· 157
9.1.1 安全科学技术及其发展 ·················· 157
9.1.2 现代安全科学技术体系 ·················· 158
9.1.3 安全的认识过程 ·················· 158
9.2 石化行业安全生产概述 ·················· 159
9.2.1 化学品生产与安全 ·················· 159
9.2.2 化学品生产的事故特点 ·················· 161
9.2.3 化工生产的危险性 ·················· 162
9.3 化工安全生产概论 ·················· 164
9.3.1 化工生产中的事故预防 ·················· 164
9.3.2 化工生产中的事故预防技术 ·················· 170
9.3.3 防止人失误和不安全行为 ·················· 171

9.4　应急救援概论 ·· 173

9.4.1　事故应急救援的意义及相关的技术术语 ······················· 173

9.4.2　应急救援系统 ··· 174

9.4.3　应急救援系统的运作程序 ··· 175

9.4.4　应急救援计划编制概述 ··· 176

9.4.5　应急救援行动 ··· 177

9.5　我国关于安全生产方面的法规政策 ······································· 180

附录 1　化学大事年表 ·· 184

附录 2　历年诺贝尔化学奖及其主要成就 ·········· 198

附录 3　世界 500 强中的能源及石油化工企业 ··· 201

附录 4　中国 500 强企业中的能源及石油化工企业 203

附录 5 ISO 14000 认证 ··· 205

附录 6　世界史上的环境污染事件 ····················· 212

附录 7　相关的安全标志 ·· 213

参考文献 ·· 216

1 工业的血液——石油

1.1 石油的基本知识

石油是当今世界上最重要的能源之一，被称为"工业的血液"；由于其棕黑色的外表，又被称为"黑色金子"。随着现代工业的发展，人类社会对石油资源的需求不断提高，石油成为国际社会争夺最为激烈的战略资源，在国家经济发展中占据举足轻重的地位。

1.1.1 石油的组成与性质

石油，即原油，是蕴藏于地下深处的可燃性液态矿物质。由于其品质不同，原油为棕黄色至棕黑色的黏稠液体。

石油的组成复杂，主要含碳（83%～78%）、氢（11%～14%）两种化学元素，其余为硫、氮、氧（约1%左右）及微量金属元素（如镍、钒、铁等），这些元素主要组成烃类化合物，含硫、氮、氧化合物，胶质和沥青质。胶质是一种黏性的半固体物质，沥青质是暗褐色或黑色脆性固体物质，胶质和沥青质是由结构复杂、分子量大的环烷烃、稠环芳香烃、含杂原子的环状化合物等构成的混合物。一般而言，产地不同，石油的组成与品质也不相同。颜色越浅，其品质越好，胶质和沥青质的含量越少。含硫、氮、氧化合物对石油产品有害，在石油加工中应尽量去除。

由于石油的组成不同，其性质也因此有着悬殊的差别。原油20℃时的密度通常为750～1000kg/m³，凝固点为40～60℃，沸点范围为常温到500℃以上，可溶于多种有机溶剂，不溶于水，但可与水形成乳状液。

石油中所含烃类有烷烃、环烷烃和芳香烃三种。根据其所含烃类主要成分的不同，可把石油分为石蜡基原油、环烷基原油及中间基原油。以含直链烷烃结构为主的称为石蜡基原油，以含环烷烃结构为主的称为环烷基原油，介于二者之间的称为中间基原油。我国原油的共同特点是含硫低，含蜡量高，一般性质见表1-1。

表 1-1　原油性质指标

项目 油田名称	相对密度	凝点/℃	硫含量/%	沥青质/%	胶质/%
大庆油田	0.861	31	0.07	0.12	18.0
胜利油田	0.900	28	0.8	5.1	23.2
克拉玛依油田	0.868	−50	0.04	0.01	12.6
辽河油田	0.866	17	0.14	0.17	14.4
大港油田	0.890	28	0.12	13.1	13.1
中原油田	0.841	32	0.45	0	8.0
四川油田	0.839	30	0.04		3.4
玉门油田	0.870	8	0.11	1.4	12.3
任丘油田	0.884	36	0.31	2.5	23.2

1.1.2　石油的形成

关于石油的成因众说纷纭，一直是人们争议的问题，目前主要有两种说法。

（1）无机说。即石油是在基性岩浆中形成的。认为石油是在地下深处高温、高压条件下，由无机物合成的。

（2）有机说。即各种有机物如动物、植物，特别是低等的动植物像藻类、细菌、蚌壳、鱼类等死后埋藏在不断下沉缺氧的海湾、泻湖、三角洲、湖泊等地，经过许多物理化学作用，最后逐渐形成石油。

目前有机说为大多数人所接受。

1.1.3　我国石油资源的状况

我国是世界上最早发现和利用石油的国家之一，目前是世界第五大产油国。按第三次石油资源评价初步结果，全国石油资源量为 1072.7 亿吨，已探明储量 205.6 亿吨，探明率约 39%。按已探明的石油储量估计，我国石油储量仅能再开采 30 年。

随着国民经济的快速发展，我国已成为世界上第二大能源消费国，原油的消费量及进口依存度也在不断增加。中华人民共和国国家统计局《中华人民共和国 2006 年国民经济和社会发展统计公报》显示："全年能源消费总量原油 3.2 亿吨，比上年增长 7.1%"。2007 年，石油消费量约为 3.5 亿吨。从 1996 年始，我国开始成为石油净进口国，2006 年进口依存度达 46%，近年逐渐逼近 50%。据估计，我国石油消耗量到 2050 年将超过 8 亿吨，而国内产量由于资源和生产能力的限制，将稳定在年产 2 亿吨左右，进口依存度将达 75%。石油资源状况见表 1-2。

表 1-2　第三次全国油气资源评价石油资源状况

地区	总资源量/亿吨	可转化资源量		已探明资源量				总计可采储量/亿吨
		资源量/亿吨	转化率/%	储量/亿吨	探明率/%	可采储量/亿吨	采收率/%	
全国	1072.7	528.4	49.26	205.65	38.9	59.34	28.85	127.54
陆上	826.7	430.0	52.0	193.56	45.0	56.38	29.23	105.79
东部	480.7	277.4	57.7	155.27	56.0	48.16	31.02	72.98
中部	77.5	30.5	39.4	11.6	38.0	1.96	16.9	5.36
西部	259.4	122.0	47.0	26.67	21.9	6.46	24.22	27.43
其他	9.1	0.1	1.1	0.02	19.0	0.00	16.84	0.02
海洋	246.0	246.0	40.0	12.09	12.3	20.76	22.82	21.71

我国现已发现 500 多个油田，其中储量较大的有：大庆油田、胜利油田、辽河油田、克拉玛依油田、四川油田、华北油田、大港油田、中原油田、吉林油田、河南油田、长庆油田、江汉油田、江苏油田、青海油田、塔里木油田、吐哈油田、玉门油田、滇黔桂石油勘探局、冀东油田以及中海油南海东部的 8 个油田等，年产 1000 万吨以上的油田有大庆油田、胜利油田、辽河油田，见图 1-1。

图 1-1   油田分布图

1.2   石油产品及石油化工产品

原油经炼制过程以及进一步加工，可生产出石油产品和石油化工产品。

石油产品是由原油经炼制过程获得，主要包括各种石油燃料（汽油、煤油、柴油、液化石油气、燃料油等）和润滑油（脂）以及石油焦炭、石蜡、沥青等。

石油化工产品以炼油过程提供的油、气经进一步化学加工获得。生产石油化工产品的第一步是对原料油和气（如丙烷、汽油、柴油等）进行裂解，生成以乙烯、丙烯、丁二烯、苯、甲苯、二甲苯为代表的基本化工原料。第二步是以基本化工原料生产各种有机化工原料及合成材料（塑料、合成纤维、合成橡胶）。

1.2.1   主要的石油产品

（1）汽油

汽油是指从原油分馏和裂化过程取得的挥发性高、燃点低、无色或淡黄色的轻质油，沸点范围为初馏点至 205℃，主要组分是 $C_7 \sim C_9$ 烃类。用作点燃式发动机（即汽油发动机）的专用燃料。汽油按用途可分航空汽油、车用汽油、溶剂汽油三大类。

不同标号的汽油是按其辛烷值进行区分的。辛烷值是表明汽油抗爆性能的一种指标，辛烷值越高，汽油的抗爆性能越好。由于异辛烷的抗爆性最好，定其辛烷值为 100；正庚烷的抗爆性差，定其辛烷值为 0。汽油辛烷值的测定是以异辛烷和正庚烷为标准燃料，使其产生的爆震强度与试样相同，标准燃料中异辛烷所占的体积百分数就是试样的辛烷值。若某种汽油的抗爆性与含 90％异辛烷的标准燃料相同，则其标号就为 90$^\#$，即为 90$^\#$汽油。

汽油产品执行的现标准为 GB 17930—1999《车用无铅汽油》，该标准中汽油的标号分为 90$^\#$、93$^\#$ 和 95$^\#$。目前市场销售的汽油为 90$^\#$、93$^\#$、97$^\#$，没有 95$^\#$。97$^\#$汽油产品执行的产品标准为企业标准。

此外，为了缓解我国石油短缺的局面，发展可再生资源生产，减少主要污染物的排放，2004 年 2 月经国务院同意，国家发展改革委员会等 8 部门联合制定颁布了《车用乙醇汽油扩大试点方案》和《车用乙醇汽油扩大试点工作实施细则》；4 月 30 日 GB 18351—2004《车用乙醇汽油》强制性国家标准发布实施。甲醇汽油的相关标准也在制订中。

（2）煤油

煤油由原油经分馏或裂化而得，纯品为无色透明液体，含有杂质时呈淡黄色，沸点范围约为 160～310℃，主要组分为 C_{11}～C_{16} 烃类。单称"煤油"一般指照明煤油，又称灯油、火油，早年称"洋油"。

煤油主要用于点灯照明和各种喷灯、汽灯、汽化炉和煤油炉的燃料；也可用作机械零部件的洗涤剂、橡胶和制药工业的溶剂、油墨稀释剂、有机化工的裂解原料；玻璃陶瓷工业、铝板辗轧、金属工件表面化学热处理等工艺用油。

根据用途可分为航空煤油、动力煤油、照明煤油、溶剂煤油等。

航空煤油主要用作喷气式发动机燃料，目前大型客机均使用航空煤油。航空煤油分为 1 号、2 号、3 号三个等级，只有 3 号航空煤油被广泛使用。

（3）柴油

柴油主要由原油蒸馏、催化裂化、热裂化、加氢裂化、石油焦化等过程生产的柴油馏分调配而成，为水白色、浅黄色或棕褐色的液体，主要组分为 C_{16}～C_{18} 烃类。用作压燃式发动机的专用燃料。一般分为轻柴油（沸点范围约 180～370℃）和重柴油（沸点范围约 350～410℃）两大类。

柴油最主要的性能是流动性和燃烧性。

柴油的流动性用黏度和凝固点表示。其牌号按凝固点划分。根据 GB 252—2000《轻柴油》标准，轻柴油的牌号分为 10 号、5 号、0 号、－10 号、－20 号、－35 号、－50 号七个牌号，10 号轻柴油表示其凝固点不高于 10℃，其余类推。轻柴油用作柴油汽车、拖拉机和各种高速（1000r/min 以上）柴油机的燃料。重柴油是中速、低速（1000r/min 以下）柴油机的燃料，分为 10 号、20 号和 30 号三个牌号。

柴油的燃烧性能用十六烷值的高低加以评定，十六烷值越高表示其燃烧性能越好。十六烷值同汽油的辛烷值相似，也是用两种燃烧性能相差悬殊的烃作为基准物对比得出的数据。正十六烷的自燃点低、燃烧性好，定其值为 100；α-甲基萘的自燃点高、燃烧性差，定其值为 0。将两种烃按不同的体积比进行混合，就可以得到十六烷值从 0～100 的标准燃料。柴油十六烷值的测定是以正十六烷和 α-甲基萘的混合物为标准燃料，测定其自燃性与试样相同，标准燃料中正十六烷所占的体积百分数就是试样的十六烷值。GB/T 19147—2003《车用柴油》规定，－10 号以上柴油十六烷值不小于 49。

近年来，除了传统意义的石油柴油，生物柴油作为一种清洁的可再生能源，越来越引起国际国内的关注。

1983 年美国科学家首先将菜子油甲酯用于发动机，燃烧了 1000h，并将以可再生的脂肪酸单酯定义为生物柴油。随着人们对生物柴油的生产方法与新工艺的不断开发与研究，生物柴油的定义不断扩大，现泛指"以油料作物、野生油料植物和工程微藻等水生植物油脂以及动物油脂、餐饮垃圾油等为原料油，通过酯交换工艺制成的、可代替石油柴油的再生性柴油燃料。"

由于石油资源供求关系的日益紧张，国际上一些国家对生物柴油的生产采取鼓励开发、生产的政策。如美国，目前生物柴油总生产能力为每年 130 万吨，对生物柴油实施零税率。

我国目前拥有数十家生物柴油生产企业，生产能力超过 300 万吨/年，年产达 30 万吨左右，中石油、中石化、中海洋石油和中粮集团都设立了专门的机构研究生物柴油。结合我国的具体国情，我国生物柴油的发展不能走"与农争地、与人争粮"的路子，重点发展以小桐籽、黄连木、油桐、棉籽等油料作物以及食用废油为原料的生物柴油生产技术。

通过生物途径生产柴油是扩大生物资源利用的一条有效途径，是替代能源的开发方向之一，生物柴油必将得到更广泛的应用。

（4）液化石油气

液化石油气是由炼厂气或天然气（包括油田伴生气）加压、降温、液化得到的一种无色、挥发性气体。炼厂气是在石油炼制和加工过程中所产生的副产气体。由炼厂气所得的液化石油气，主要成分为丙烷、丙烯、丁烷、丁烯，同时含有少量戊烷、戊烯和微量硫化合物杂质。由天然气所得的液化气基本不含烯烃。液化石油气主要用作石油化工原料，用于烃类裂解制乙烯或蒸气转化制合成气，可作为工业、民用、内燃机燃料。

液化石油气作为民用燃料时，通常用管道输入或压入加压钢瓶内供用户使用。虽然使用方便，但也有不安全的隐患。万一管道漏气或阀门未关严，液化石油气向封闭空间扩散，当含量达到爆炸极限（1.7%～10%）时，遇到明火就会发生爆炸。为让人们及时发现液化气泄漏事故，往往向液化气中混入少量有恶臭味的硫醇或硫醚类化合物。

（5）燃料油

也称重油，是原油经常减压精馏、催化、裂化，将轻质组分分离出来后，剩下的重质组分即为燃料油、胶质、沥青质和其他。燃料油是炼油工艺过程中的最后一种产品，属成品油，是石油加工过程中在汽、煤、柴油之后从原油中分离出来的较重的剩余产物。通常用作船用燃料及锅炉用燃料。商品燃料油用黏度大小区分不同牌号。

（6）润滑剂

摩擦、磨损和润滑是生产生活中经常遇到的。摩擦是现象，磨损是后果，采用润滑剂是降低摩擦、减少磨损的重要措施。润滑剂通常有润滑油和润滑脂两种形式。

润滑油又称机油，是油状液体润滑剂的总称。按其原料来源分为动植物油、石油润滑油和合成润滑油三大类。石油润滑油的用量占总用量 97% 以上，因此润滑油常指石油润滑油。润滑油除了可减少运动部件表面间的摩擦外，还有冷却、密封、防腐、防锈、绝缘、功率传送、清洗杂质等作用。

润滑油一般由基础油和添加剂两部分组成。基础油是润滑油的主要成分，决定着润滑油的基本性质，添加剂通过改善基础油的物理、化学性质，以提高润滑油的质量与性能，是润滑油的重要组成部分，是近代高级润滑油的精髓，是保证润滑油质量的关键。一般常用的添加剂有：黏度指数改进剂、倾点下降剂、抗氧化剂、清净分散剂、摩擦缓和剂、油性剂、抗泡沫剂、金属钝化剂、乳化剂、防腐蚀剂、防锈剂、破乳化剂等。

润滑油最主要的理化性质有流变性、氧化安定性和润滑性等。黏度是反映润滑油流变性的重要质量指标。润滑油氧化后产生酸性物质和沉积物，酸性物质会腐蚀机件，沉积物是细小的沥青质为主的碳状物质，呈黏滞的漆状物质或漆膜，会使机械活塞环黏结、堵塞管道，丧失其性能。因而，氧化安定性是润滑油最重要的使用性能之一，也是决定润滑油使用寿命的重要性质。润滑性也叫油性，它表示润滑油在金属摩擦表面上生成物理吸附膜或化学吸附膜的特性，表征润滑油的减摩性能。

润滑脂俗称黄油，是一种半固体-固体的可塑性润滑材料。它是在润滑油中加入能起稠化作用的物质（即稠化剂）制成的，有时还加入添加剂或填料等。按基础油分，润滑脂可分为石油基润滑脂和合成油润滑脂。用于不宜使用润滑油的轴承、齿轮部位。

（7）石蜡

石蜡又称矿蜡，以原油经常减压蒸馏所得润滑油馏分为原料，经溶剂脱蜡、脱油或传统的压榨脱蜡、发汗脱油工艺，再经白土或加氢精制而制得。其主要成分为 C_{22}～C_{26} 的饱和烷烃，并含有少量的环烷烃及异构烷烃。纯的石蜡为白色，无臭、无味，含有杂质的石蜡为黄色。沸点范围 300～350℃，熔点 48～70℃。遇热熔化，遇高热则燃烧并分解。

石蜡按精制程度分为全精炼石蜡、精炼石蜡、半精炼石蜡和粗石蜡；按熔点可分为 48号、50 号、52 号、54 号、56 号、58 号、60 号、62 号、70 号等品级。主要用于电器绝缘、食品包装、水果保鲜、精密铸造、制造蜡烛、蜡纸、蜡笔等，还可提高橡胶的抗老化性和柔韧性，粗石蜡是制取高分子脂肪酸和高级醇的重要原料。

（8）石油沥青

石油沥青是原油蒸馏后的残渣，是稠环芳香烃的复杂混合物。根据提炼程度的不同，在常温下是黑色或黑褐色的黏稠液体、半固体或固体，色黑而有光泽，具有较高的感温性，温度足够低时呈脆性，断面平整。

石油沥青按用途分为建筑石油沥青、道路石油沥青、防水防潮石油沥青和普通石油沥青。通常情况下，建筑石油沥青多用于建筑屋面工程和地下防水工程；道路石油沥青多用来拌制沥青砂浆和沥青混凝土，用于路面、地坪、地下防水工程和制作油纸等；防水防潮石油沥青的技术性质与建筑石油沥青相近，而质量更好，适用于建筑屋面、防水防潮工程。此外，还有各种能够满足不同特殊用途的石油沥青。

石油沥青的牌号主要依据针入度、延度和软化点指标划分的，并以针入度值表示。针入度表征石油沥青的黏滞性，是指沥青材料在外力作用下沥青粒子产生相对位移时抵抗变形的性能，是反映材料内部阻碍其相对流动的一种特性。针入度的具体含义是：在温度为 25℃时，以负重 100g 的标准针，测量其深入沥青试样中的深度，每深 1/10mm，定为一度。

建筑石油沥青分为 10# 和 30# 两个牌号，道路石油沥青分 160#、130#、110#、90#、70#、50#、30# 七个牌号。牌号愈高，针入度值愈大，黏性愈小，延度愈大，软化点愈低，使用年限愈长。如 160# 道路石油沥青的针入度为 140～200，110# 为 100～120。

若在沥青中掺加橡胶、树脂、高分子聚合物、磨细的橡胶粉或其他填料等改性剂，或对沥青采取轻度氧化加工等措施，一方面改变沥青化学组成，另一方面使改性剂均匀分布于沥青中形成一定的空间网络结构，从而满足更加苛刻的环境及工程要求。这种沥青被称为改性沥青。近年来，改性道路沥青得到了越来越广泛的应用。

（9）石油焦炭

简称石油焦。由石油炼制的残油、渣油或沥青经高温焦化而得的固体残余物，是黑色或暗灰色坚硬固体石油产品，带有金属光泽，呈多孔性，是由微小石墨结晶形成粒状、柱状或针状构成的炭体物。

根据石油焦结构和外观，石油焦可分为针状焦、海绵焦、弹丸焦和粉焦 4 种。针状焦具有明显的针状结构和纤维纹理，主要用作炼钢中的高功率和超高功率石墨电极；海绵焦化学活性高、杂质含量低，主要用于炼铝工业及碳素行业；弹丸焦形状如弹丸，表面积少，不易焦化，只能用作发电、水泥等工业燃料。

原中国石化总公司制定的行业标准《SH 0527—92》，根据硫含量将石油焦划分为 3 个牌号：1 号焦适用于炼钢工业中制作普通功率石墨电极，也适用于炼铝业作铝用碳素；2 号焦用作炼铝工业中电解槽（炉）所用的电极糊和生产电极；3 号焦用作生产碳化硅（研磨材料）及碳或炉底构筑。

1.2.2　基本有机化工原料

乙烯、丙烯、丁二烯、苯、甲苯、二甲苯是油品经化学加工得到的主要基本化工原料。这些产品经过进一步加工，可以得到用途非常广泛的有机化工产品。

（1）乙烯

分子式为 C_2H_4，最简单的烯烃。是当今用途最为广泛的有机化工基础原料，在石化生产中占有主导地位。国际上常常以乙烯的生产水平作为一个国家和地区石油化工生产水平的标志。目前，我国现有 16 家乙烯生产企业，18 套装置，已批准建设 6 个大型乙烯工程，还有广州石化、抚顺石化、武汉石化、大连石化等正在做前期准备工作。

乙烯化学性质活泼，通过氧化、聚合、加成、烷基化等反应，可生成极有价值的衍生物，广泛用于塑料、纤维、橡胶、树脂、溶剂、医药、香料、表面活性剂、涂料、增塑剂、防冻剂等的生产。还可用作水果催熟剂。详见图 1-2 所示。

（2）丙烯

分子式为 $CH_3—CH=CH_2$，也具有很高的化学反应活性，其重要性仅次于乙烯。详见图 1-3 所示。

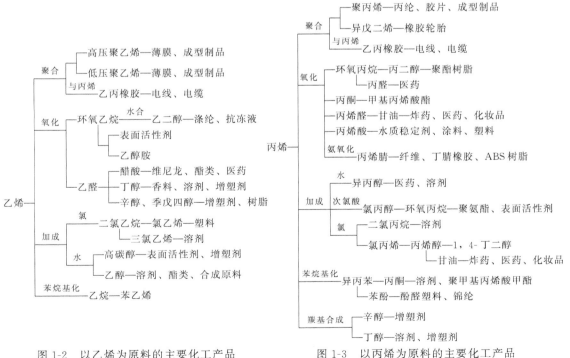

图 1-2　以乙烯为原料的主要化工产品　　　　图 1-3　以丙烯为原料的主要化工产品

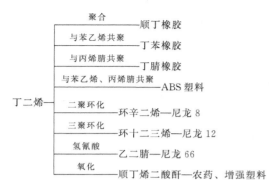

图 1-4 以丁二烯为原料的主要化工产品

（3）丁二烯

由石油为原料，可得到丁二烯、正丁烯、异丁烯和正丁烷，其中以 1,3-丁二烯（简称丁二烯）最为重要。分子式为 $CH_3—CH=CH—CH_3$。它既能自行聚合，又能与其他单体共聚，在合成橡胶、塑料生产中占有重要的地位。详见图 1-4 所示。

（4）苯、甲苯、二甲苯

芳香烃是重要的化工原料。从石油得到的芳烃以苯、甲苯、二甲苯最为重要，不仅可直接作为溶剂，而且可进一步加工合成染料、农药、医药中间体，也可作为高分子合成材料等的重要原料。详见图 1-5 所示。

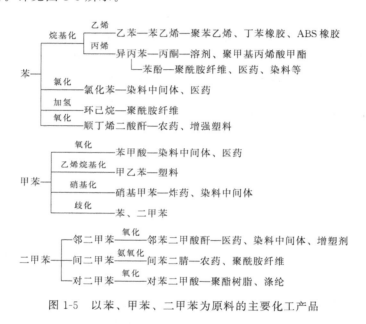

图 1-5 以苯、甲苯、二甲苯为原料的主要化工产品

1.3　与石油有关的经济问题

1.3.1　世界石油组织机构

（1）国际能源机构

英文名为 International Energy Agency，缩写为 IEA，也译为"国际能源署"。IEA 是一家旨在实施国际能源计划的自治机构，它在 1974 年 11 月在经济合作与发展组织（OECD）的框架下成立，是石油消费国政府间的经济联合组织。总部设在巴黎，它在 OECD 的 27 个成员国（OECD 的成员国有 30 个）之间开展广泛的能源合作计划。

IEA 的基本宗旨包括：维护和改进旨在应对石油供应中断问题的系统；通过与非成员国、工业组织和国际组织的合作关系，在全球背景下倡导合理的能源政策；运营一个关于国际石油市场的长期信息系统；通过发展替代性能源和提高能源的使用效率，改善全球能源供需结构；倡导能源技术的国际合作；帮助实现环保和能源政策的整合。

目前，IEA 成员国包括：澳大利亚、奥地利、比利时、加拿大、捷克共和国、丹麦、芬兰、法国、德国、希腊、匈牙利、爱尔兰、意大利、日本、韩国、卢森堡、荷兰、新西兰、挪威、葡萄牙、斯洛伐克共和国、西班牙、瑞典、土耳其、英国和美国，波兰预计在 2008 年成为成员国，欧洲委员会也参与 IEA 的工作。OECD 成员国冰岛、墨西哥不在其中。

理事会为最高权力机构，由各成员国的能源部长或高级官员为代表的一名以上代表组成。理事会由煤炭工业顾问委员会和石油工业顾问委员会协助工作；管理委员会是理事会的执行机构，由各成员国的主要代表一个以上组成；秘书处包括五个办公室：长期合作办公室，非会员国家办公室，石油市场和紧急防备办公室，经济、统计和情报系统办公室，能源技术、研究与发展办公室。

国际能源机构的主要活动：①在出现石油短缺时，该机构在成员间实行"紧急石油分享计划"，即当某个或某些成员国的石油供应短缺 7% 或以上时，该机构理事会可决定是否执行石油分享计划；②要求各成员国保持一定数量的石油库存，即不低于其 90 天石油进口量的石油存量；③在加强长期合作计划方面，采取了加强能源供应的安全，促进全球能源市场稳定，在能源保存上合作，加速代替能源的发展，建立新能源技术的研究与发展，改革各国在能源供应方面立法上和行政上的障碍等措施；④开展石油市场情报和协商制度，以便使石油市场贸易稳定和对石油市场未来发展有较好的信心，以及加强与产油国和其他石油消费国的关系；⑤对能源与环境的关系采取应有的行动，如限制汽车、工厂和燃煤的火力发电厂的排放物，对清洁燃料进行研究；⑥定期对世界能源前景作出预测，供全世界参考。

出版物有《石油市场报告》（月报）、《煤炭信息》（年报）、《电力信息》（年报）、《油气信息》（年报）和《世界能源展望》（年报）。

我国虽然不是该组织成员，但与其已经建立了较为深入的联系。1996 年 10 月，IEA 执行主任普里德尔访华，并与中国政府签署《关于在能源领域里进行合作的政策性谅解备忘录》，加强双方在能源节约与效率、能源开发与利用、能源行业的外围投资和贸易、能源供应保障、环境保护等方面的合作。IEA 也和国家经济贸易委员会、国家环保总局、国家统计局以及国家电力公司等国家企事业单位建立了工作关系。

（2）石油输出国组织 OPEC

英文名为 Organization of the Petroleum Exporting Countries，缩写为 OPEC，译为欧佩克。欧佩克是一个自愿结成的石油生产国政府间组织。其宗旨为协调和统一其成员国的石油政策，并确定以最适宜的手段维护各自和共同的利益，其石油产量及价格的变动，对世界石油市场走势具有极其重要的影响。

1960 年 9 月，由伊朗、伊拉克、科威特、沙特阿拉伯和委内瑞拉的代表在巴格达开会，决定联合起来共同对付西方石油公司以及反对国际石油垄断资本的控制与剥削，维护自身的石油产业收入。14 日，五国宣告成立石油输出国组织，总部设在奥地利的首都维也纳。1962 年 11 月 6 日，欧佩克在联合国秘书处备案，成为正式的国际组织。欧佩克现已发展成为亚洲、非洲和拉丁美洲一些主要石油生产国的国际性石油组织。

欧佩克组织条例规定："在根本利益上与各成员国相一致、确实可实现原油净出口的任何国家，在为全权成员国的 2/3 多数接纳，并为所有创始成员国一致接纳后，可成为本组织的全权成员国。"目前，OPEC 成员国有 13 个：阿尔及利亚、安哥拉、厄瓜多尔、印度尼西亚、伊朗、伊拉克、科威特、利比亚、尼日利亚、卡塔尔、沙特阿拉伯、阿拉伯联合酋长国、委内瑞拉。这些成员国全部属于发展中国家，普遍严重依赖原油出口，产油国的共同利益是欧佩克产生和运作的基石和保障。

欧佩克控制了世界石油资源 3/4 以上。由于 OPEC 成员国拥有丰裕的石油资源，以及发达国家对石油资源的高度依赖，欧佩克作为世界上最具影响力的国际能源组织，把持世界石油资源武器，拥有影响国际能源市场的威慑力量。成立至今，欧佩克成员国紧密团结、遥相呼应，全部或部分实现了石油国有化，收回了石油价格的决定权，夺回了大部分的石油开采权和部分销售权，结束了西方垄断资本肆意掠夺第三世界廉价石油的时代；同时运用石油减产、限产和禁运等手段，左右着世界石油市场的价格和销量。例如，1997 年亚洲金融危机期间，石油需求急剧下降，石油价格大跌，欧佩克一揽子石油平均价格从 1997 年的每桶 18 美元以上急剧滑落至 1998 年平均每桶 9.166 美元的最低点。面对国际油价空前的颓势，1999 年 3 月 23 日，欧佩克第 107 次部长级会议上欧佩克成员与 4 个非欧佩克主要产油国达成减产协议，决定从 4 月 1 日起将石油日产量减少 210 万桶，其中欧佩克成员国减产 170 万桶。9 月，欧佩克原油平均价格成功回升到每桶 22 美元以上。

欧佩克大会是该组织的最高权力机构，各成员国向大会派出以石油、矿产和能源部长（大臣）为首的代表团。大会每年召开两次。大会奉行全体成员国一致原则，每个成员国均为一票，负责制定该组织的大政方针，并决定以何种适当方式加以执行。大会同时还决定是否接纳新的成员国，审议理事会就该组织事务提交的报告和建议，审议理事会提交的欧佩克预算报告。理事会负责执行大会决议和指导该组织的管理。秘书处在理事会指导下主持日常事务工作。秘书处内设的经济委员会，协助该组织把国际石油价格稳定在公平合理的水平上。

出版物有《石油输出国组织公报》（月报）、《石油输出国组织评论》（季报）、《年度报告》（年报）、《统计年报》。

（3）世界能源委员会

英文名为 World Energy Council，缩写为 WEC。成立于 1924 年，原名世界动力会议，1968 年改名为世界能源会议，1990 年更名为世界能源委员会。总部设在英国伦敦。现有 93 个国家和地区委员会。

世界能源委员会的主要宗旨是促进能源可持续发展以及最有效地和平利用所有能源；探讨能源与环境、能源与社会、能源与经济、节能和能源有效利用以及各种能源之间的互相关系；搜集和发表各种能源及其利用方面的统计数据；召开能源及经济方面的各种会议。

执行理事会负责处理重要事务，由所有成员国和地区委员会的代表组成。下设三个常设委员会：行政委员会、计划委员会、研究委员会。由执行理事会选举产生一位理事长、一位主席和三位副主席。每届任期为 3 年。1985 年中国成为执行理事会成员。

WEC 每 3 年召开一次大会。会期通常为 4 个工作日，即召开技术讨论会、圆桌会议、战略性能源研讨会和工作组会议。出席大会的代表来自能源及相关学科的世界著名人士，多达 5000 余人。这些会议是世界能源界最重要的能源研讨会，会议结论往往是世界能源界决策的依据。第 18 届世界能源大会 2002 年在阿根廷布宜诺斯艾利斯召开，第 19 届 2004 年在澳大利亚悉尼召开，第 20 届 2007 年在意大利罗马举行。

（4）世界石油大会

英文名为 World Petroleum Congress，缩写为 WPC。是一个国际性的石油代表机构，是非政府、非盈利的国际石油组织，被公认为世界权威性的石油科技论坛。它的全称是"世界石油大会——石油科学、技术、经济及管理论坛"（World Petroleum Congresses——

Forum for Petroleum Science，Technology，Economics and Management）。总部设在伦敦。世界石油大会现任执行理事黎莫将世界石油大会比作"石油与天然气工业的奥运会"。

1933 年在伦敦始创，每 3 年举行一次。其宗旨是加强对世界石油资源的管理，推动石油科学技术的发展，加强成员之间的合作，为石油科技人员、管理者和行政人员提供交流信息和研究成果的平台。第 19 届世界石油大会于 2008 年在西班牙首都马德里举行，大会的主题是"世界在变迁——为可持续发展提供能源"。

目前，该组织共有 66 个主要石油生产国和石油消费国，代表着世界上 95% 以上的石油、天然气主要生产国和消费国。

大会组织机构有大会、常任理事会和执行局。

主要出版物为《大会公报》。

中国于 1979 年 9 月在布加勒斯特举行的第 10 届大会成为该组织常任理事会成员。中国成功主办了第 15 届世界石油大会。

1.3.2 国家石油战略储备

1.3.2.1 石油战略储备的相关知识

石油资源的有限性和其在经济发展的重要作用，越来越成为各国经济发展、环境改善、政治交往和石油开发安全供应等需要整体考虑的问题，各国为维护自身的利益，纷纷制订本国的石油战略。除了合理配置与利用国内外资源、拓宽石油进口渠道、广泛开展石油能源国际合作、积极开发替代能源等措施外，2005 年已经有 26 个发达国家建立了本国的石油战略储备。

（1）石油战略储备的由来

法国是最早建立石油储备的国家。1923 年起，法政府要求石油运营商必须保持足够的石油储备。1925 年 1 月 10 日，法国议会通过法案，成立"国家液体燃料署"，管理石油储备。最初，其目的是满足军队燃料需求，后来演变成为避免能源短缺冲击经济发展。

石油战略储备在全世界范围内实施起源于苏伊士运河事件。1956 年 7 月，埃及总统纳赛尔宣布把英国和法国掌握的苏伊士运河公司收归国有，引发战争。战争造成了运河的关闭和通往地中海输油管道的破坏，使得主要依赖中东石油的欧洲受到很大影响，交通陷入瘫痪，油价飞速上涨。此次事件以后，欧洲一些国家尝试性地进行一定的石油储备。1968 年，欧共体开始实施石油储备政策。1974 年，国际能源署成立后也号召其成员国实施能源储备政策。

（2）石油战略储备与国家能源安全

石油战略储备是应对短期石油供应冲击（大规模减少或中断）的有效途径之一。其主要经济作用是通过向市场释放储备油来减轻市场心理压力，从而降低石油价格不断上涨的可能，达到减轻石油供应对整体经济冲击的程度。对石油进口国而言，战略储备的意义尤为重大，它是对付石油供应短缺而设置的头道防线，弥补损失的进口量，保障石油进口国一定时间内的石油供给，不至受到区域局势发生重大震荡、国际石油组织调整石油产量及销售战略等因素对世界及本国石油市场产生的影响。此外，战略石油储备还可以给调整经济增长方式（特别是能源消费方式）争取时间，并可以使人为的供应冲击不至于发生或频繁发生，起到一种威慑作用。

（3）战略石油储备的性质

石油储备可分为战略石油储备和商业储备。

战略石油储备一般为政府拥有，是政府行为，因此亦称"政府储备"与"国家储备"。只有政府拥有战略储备，才能在应急时统一投放，及时解决与平息全国性的石油供应短缺与油价暴涨问题。因此，战略储备具有商业储备无法取代的特殊作用。当国际石油供应突然发生中断或国际油价暴涨危及国家安全与社会经济正常运转时，战略石油储备的动用往往具有抗拒风险、保障安全、平衡供需、抑制油价的功能。战略石油储备具有实物性、法律强制性、可动用性、公共性等特征。动用政府储备或企业储备均需最高决策层同意。

商业储备由进口商、炼油商、销售商和消费者拥有，亦称"民间储备"与"企业储备"，又可分为不可动用的储备量与可动用的储备量。不可动用的储备量，指维持企业正常运营所必需的周转量，它们对于维持社会经济的正常运转具有重要的保证作用。可动用的储备量指商业储备中减去不可动用的储备量后的那部分储备量。如果企业拥有一定的可动用储备量，在国际石油供应不足与油价飙升时，就有一定的抗风险能力；在国际石油供应充裕与油价下挫时，就有一定的吸纳能力，从而提高企业经营安全与经济效益。同时，这部分储备量在国家安全受到严重威胁时，可以成为战略储备的补充。我国"藏油于民"的战略正基于此。

OECD 欧洲国家一般同时保有政府储备和商业储备，美国等少数国家政府储备高于商业储备；加拿大、英国、墨西哥、意大利等一些国家无政府储备。我国近年来开始着手建立了国家石油储备体系。

1.3.2.2　国际石油战略储备制度

战略石油储备是能源战略的重要组成部分，世界众多发达国家都把石油储备作为一项重要战略加以部署实施。

1973 年中东战争期间，欧佩克石油生产国对西方发达国家实施石油禁运，促成了这些国家联手成立国际能源署，规定其成员国至少要储备相当于该国 60 天进口量的石油。20 世纪 80 年代第二次石油危机后，又将这一标准提高到 90 天。据 EIA 统计，2007 年 12 月 OECD 国家石油储备为 41.04 亿桶，其中商业储备为 25.8 亿桶，政府储备为 15.24 亿桶。

OECD 北美地区为 19.24 亿桶，其中商业储备为 12.27 亿桶，政府储备为 6.97 亿桶。美国为世界最大的石油储备国，石油储备为 16.79 亿桶，其中商业储备为 9.82 亿桶，政府储备为 6.97 亿桶。其储备天数要求为 90 天原油进口量，目前实际达 160 天左右。

OECD 欧洲国家的石油储备为 13.72 亿桶，其中商业储备为 9.48 亿桶，政府储备为 4.23 亿桶。法国作为最早实施石油战略储备的国家，其石油储备为 1.84 亿桶，其中商业储备为 0.84 亿桶，政府储备为 1.00 亿桶。德国石油储备为 2.75 亿桶，其中商业储备为 0.88 亿桶，政府储备为 1.88 亿桶；德国对石油进口的依赖度几乎为 100%，其储备天数要求为 120 天原油进口量，目前实际达 120 天左右。

OECD 亚太地区国家为 8.09 亿桶，其中商业储备为 4.05 亿桶，政府储备为 4.04 亿桶。日本是全球原油最大的进口国之一，石油储备为 6.21 亿桶，其中商业储备为 2.93 亿桶，政府储备为 3.28 亿桶；石油储备天数要求为 160 天原油进口量，目前实际超过 160 天。

1.3.2.3　我国的石油储备战略

2007 年 12 月 18 日，酝酿多时的国家石油储备中心挂牌成立。自此，我国三级石油储备管理体系正式确立为：发改委能源局、石油储备中心和储备基地。国家石油储备中心是中国石油储备管理体系中的执行层，宗旨是为维护国家经济安全提供石油储备保障，职责是行使出资人权利，负责国家石油储备基地建设和管理，承担战略石油储备收储、轮换和动用任务，监测国内外石油市场供求变化。

我国在 2003 年首次确立国家战略石油储备制度。根据国家发改委的计划，中国石油储备基地共规划三期，首期储量约 1000 万至 1200 万吨，第二期、第三期均为 2800 万吨。计划在 2010 年前建立相当于 30 天的石油进口量的实物石油储备。

第一期规划了四个储备基地，分别是浙江的宁波镇海和舟山岱山、青岛的黄岛、大连的新港。一期建设国家财政拨款 60 亿元，形成储备原油 14 天的能力。2006 年 10 月起浙江镇海基地注油。目前，舟山、黄岛基地已完工，大连新港基地拟于 2008 年底建成。

此外，我国还计划建立企业义务紧急石油储备制度，作为政府储备的补充。这一政策在《能源法》（征求意见稿）中已有体现。据报道，新的专门法规也在规划中。

1.3.3　石油贸易

1.3.3.1　国际石油价格体系

（1）国际石油贸易价格

国际石油贸易的价格有多种，不同机构组织、不同市场价格的含义、基准及数值不同。

石油输出国组织的官方价格是以世界上 7 种原油的平均价格（7 种原油一揽子价格），来决定该组织成员国各自的原油价格，7 种原油的平均价即是参考价，然后按原油的质量和运费价进行调整。

非石油输出国组织的官方价格是非欧佩克成员的产油国自己制定的油价体系，一般参照欧佩克油价体系，结合本国实际情况而上下浮动。

现货市场价格是各现货市场实际现货交易价格，是石油公司、石油消费国政府制定石油政策的重要依据。世界上最大的石油现货市场有美国的纽约、英国的伦敦、荷兰的鹿特丹和亚洲的新加坡。

期货交易价格是买卖双方通过在石油期货市场上的公开竞价，对未来时间的"石油标准合约"在价格、数量和交货地点上，优先取得认同而成交的油价。期货价格已成为国家原油价格变化的预先指标。期货市场为方便交易者或扩大流量，有时也按规则出台"结算价"。石油期货的结算价，一般都是相对一段时间内的加权平均价。在研究问题时，也常把"结算价"当成该时段的期货价用。

以货易货价格。为了解决资金困难问题，同时又不违反成员国之间共同商定的石油官方价格，一些欧佩克成员国根据各国国情采用以货易货方式交换其想要的物资。采用这种方式时，采用的原油价格虽然是按照欧佩克官方价格计算，但由于所换物资的价格高于一般市场价，所以实际上以货易货的油价往往低于官方价格，是一种更加隐蔽的价格折扣方法和交易手段。以货易货最基本的形式是用石油换取专门规定的货物或服务，此外还有以油抵债、以油换油、回购交易等多种形式。

净回值价格又称为倒算净价格，是以消费市场上成品油的现货价乘以各自的收率为基数，扣除运费、炼油厂的加工费及炼油商的利润后，计算出的原油离岸价。这种定价体系的实质是把价格下降风险全部转移到原油销售一边，从而保证了炼油商的利益，适合于原油市场相对过剩的情况。

由于近年来石油价格的大幅震动，石油价格信息已成为一种战略资源，许多著名的资讯机构利用自己的信息优势，即时采集世界各地石油成交价格，从而形成对于某种油品的权威报价。目前广泛采用的报价系统和价格指数有：普氏报价 Platt's、阿各斯报价 Petroleum Argus、路透社报价 Reuters Energy、美联社 Telerate、亚洲石油价格指数 APPI、印尼原油价格指数 ICP、远东石油价格指数 FEOP、瑞木 RIM。

（2）国际原油价格体系

随着世界石油市场的发展和演变，现在许多原油长期贸易合同均采用公式计算法，即选用一种或几种参照原油的价格为基础，再加升贴水，其基本公式为：

$$P = A + D$$

式中，P 为原油结算价格；A 为基准价；D 为升贴水

基准价格并不是某种原油某个具体时间的具体成交价，而是与成交前后一段时间的现货价格、期货价格或某报价机构的报价相联系而计算出来的价格。有些原油使用某个报价体系中对该种原油的报价，经公式处理后作为基准价；有些原油由于没有报价等原因则要挂靠其他原油的报价。

石油定价参照的油种叫基准油。不同贸易地区所选基准油不同。出口到欧洲或从欧洲出口，基本是选布伦特油（Brent）；北美主要选西得克萨斯中质油（WTI）；中东出口欧洲参照布伦特油、出口北美参照西得克萨斯中质油、出口远东参照阿曼和迪拜原油；中东和亚太地区经常把以印尼米纳斯原油或马来西亚塔皮斯原油为"基准油"，结合亚洲石油价格指数（APPI）、印尼原油价格指数（ICP）、OSP 指数及远东石油价格指数（FEOP）等"价格指数"定价。各种价格体系都十分重视升贴水。

1.3.3.2 我国石油价格体系

从 1955 年我国开始自己生产原油、制定原油价格起，我国石油价格的形成机制经历过数次大的变化。

从 1955 年到 1981 年，在这一长达 26 年的时间里，石油作为国家的一种重要战略物资，其价格的制定与调整都由政府决定，且政府在制定价格时基本上不考虑国际石油价格的变化，制定出来的价格远低于国际油价。

1981 年，国务院批准了原石油部实行产量包干的方案，规定超产与节约部分的石油可参照国际石油价格自行销售，差价所得由原石油部用于石油的勘探和开发。这一时期，同一品种的石油具有两种不同的价格，这就是所谓的"双轨制"。

1993 年，我国成为石油产品净进口国，国内石油供需缺口逐年增大，石油进口量逐年增大，长期以来脱离国际市场而独立运行的国内油价难以为继。1998 年 6 月，为适应国际石油市场原油价格的变化，适应国内对原油需求的变化，增强我国石油企业在国际市场上的竞争能力，我国对原油价格机制进行了重大改革，开始了国际市场接轨的改革历程，开始实行国内原油与国际原油价格联动的方式，国内原油价格进一步向国际油价靠拢。改革的主要内容是，在国内陆上原油运达炼油厂的成本与进口原油到厂成本相当的基础上，石油、石化集团公司之间购销的原油价格由双方协商确定。购销双方结算价由原油基准价和升贴水两部分构成，其中原油基准价根据国际市场相近品质原油上月平均价格确定，升贴水由购销双方根据原油运杂费负担和国内外油种的质量差价以及市场供求情况协商确定。

目前，我国绝大部分原油的作价方式已基本上与国际惯用的方法十分接近，即"基准价

＋升贴水"。基准油价主要与印尼的部分原油联动，少部分与马来西亚的 Tapis 联动，每月以相当于官价的形式调整一次，并参考部分亚太地区普遍采用的价格指数。如大庆出口原油的计价以印尼米纳斯原油和辛塔原油的印尼原油价格指数和亚洲石油价格指数的平均值为基础；中国海洋石油总公司的出口原油既参考亚洲石油价格指数，也参考 OSP 价格指数。

1.3.3.3　石油期货

石油期货就是以远期石油价格为标的物的期货。

20 世纪 70 年代初发生的石油危机，给世界石油市场带来巨大冲击，石油价格剧烈波动，直接导致了石油期货的产生。石油期货诞生以后，其交易量一直呈现快速增长之势，目前已经超过金属期货，是国际期货市场的重要组成部分。

原油期货是最重要的石油期货品种，其他石油期货品种还有取暖油、燃料油、汽油、轻柴油等。目前世界上重要的原油期货合约有 4 个：纽约商业交易所（NYMEX）的轻质低硫原油即"西得克萨斯中质油"期货合约、高硫原油期货合约、伦敦国际石油交易所（IPE）的布伦特原油期货合约及新加坡交易所（SGX）的迪拜酸性原油期货合约。NYMEX 的西得克萨斯中质原油期货合约规格为每手 1000 桶，报价单位为美元/桶，该合约推出后交易活跃，为有史以来最成功的商品期货合约，它的成交价格成为国际石油市场关注的焦点。

随着金融资本介入石油期货，石油期货交易成为发达国家应对国际政治经济波动和调控经济危机的新途径。期货市场和衍生工具成为西方少数国家建立新型"价格体系"、实施经济霸权和掠夺的"尖端武器"、掌握石油的"定价权"。

然而，近年来，中国的石油进口量增长迅猛，也是世界主要石油生产国之一，但中国在国际原油价格上却几乎没有话语权。其中很重要的原因在于，中国目前没有建立石油期货交易市场。有专家表示："没有石油期货交易市场，中国就只能成为被动的买家，无法影响全球石油价格。"

中国也曾拥有完整的石油期货市场。1993 年，原上海石油交易所成功推出石油期货交易。之后，原华南商品期货交易所、原北京石油交易所、原北京商品交易所等相继推出石油期货合约。但后来由于国内石油流通体制进行改革，石油期货也被停止。其中，原上海石油交易所交易量最大，运作相对规范，占全国石油期货市场份额的 70% 左右。其推出的标准期货合约主要有大庆原油、90# 汽油、0# 柴油和 250# 燃料油四种，到 1994 年初，原上海石油交易所的日平均交易量已超过世界第三大能源期货市场——新加坡国际金融交易所，在国内外产生了重大的影响。

我国现有的上海石油交易所、大连石油交易所、北京石油交易所均以石油现货交易为主，2007 年建成的北京石油交易所还推行了中远期撮合交易。中远期撮合交易与期货交易非常相似，即今天交易未来某月或某日提货，并且在货物交收日之前可以转让或赎回。目前国内关于恢复石油期货交易的呼声较高，据专家预测，我国在条件成熟时，建立石油期货交易市场指日可待。

石油——工业的血液，这种历经久远形成的人类资源，在当代人的生活中扮演着重要的角色。对于爱惜的人，生活因它丰富；对于贪婪的人，战争因它残酷；对于不羁的人，天空因它不再湛蓝……。

全方位认识石油，更深入了解石油，合理开发、可持续地利用石油，让它更好地为人类生活服务，才是我们对于这个"黑色金子"所应该持有的态度。

2 化学发展简史

2.1 世界化学发展简史

化学是自然科学中最重要的基础学科之一。它是在原子和分子的水平上研究物质的组成、结构、性质以及变化规律的科学。世界是由物质组成的，化学则是人类用以认识和改造物质世界的主要方法和手段之一，它是一门历史悠久而又富有活力的学科，它的成就是社会文明的重要标志。从开始用火的原始社会，到使用各种人造物质的现代社会，人类都在享用化学成果。人类的生活能够不断提高和改善，化学的贡献在其中起了重要的作用。化学发展到今天，已成为人类认识物质世界，改造世界的一种极为重要的武器。人类的衣食住行、防病治病、资源利用、能源利用……样样都离不开化学。

化学是重要的基础学科之一，在与物理学、生物学、自然地理学、天文学等学科的相互渗透中，得到了迅速的发展，也推动了其他学科和技术的发展。近代科学的发展，则更要依赖于化学的发展。令人神往的宇宙航行，若没有以化学为基础的材料科学成果，是不可想象的；先进的计算机，若没有通过化学方法研制出的半导体材料，是不会成功的；环境科学是从化学中衍生出来的；分子生物学、遗传工程学也与化学有着密切的联系……

化学已成为一个国家国民经济的重要支柱。在当今世界综合国力的竞争中，化学能否保持领先地位，已成为一个国家能否取胜的重要因素之一。

2.1.1 化学的前奏

（1）人类文明的起点——火的利用

至少在距今 50 万年以前，可以找到人类用火的证据。燃烧本身就是一种化学现象。原始人类从用火之时开始，由野蛮进入文明，同时也就开始了用化学方法认识和改造天然物质。掌握了火以后，人类开始熟食；逐步学会了制陶、冶炼；以后又懂得了酿造、染色等。这些由天然物质加工改造而成的制品，成为古代文明的标志。在这些生产实践的基础上，萌发了古代化学知识。

（2）历史悠久的工艺——制陶

人类进入新石器时代，由于原始农业和畜牧业的出现，人们开始过着较稳定的定居生活。生产的发展和生活水平的提高，需要更多更好的生产和生活用具，如炊具、饮食器及像纺轮那类用石头不便磨制的工具。陶器的发明是与社会经济生活发展的这种要求相适应的。起初，人们在木制的器皿外抹上一层湿黏土，以使器皿致密、耐火。在使用中，有时这些器皿被火烧掉了，新土部分却变得很坚硬。这些现象启发人们发明了陶器。人们选用黏性适度、质地较细的黏土，用水调和，塑成各种所需的形状，晒干后放在篝火上烘烤，便获得最原始的陶器。考古发掘表明，约公元前 3000 年左右，我国的陶器制作已有一定的水平。陶器发明以后，由于给人类生活带来极大方便，因而制陶工业发展很快，黏土越选越精，陶器的品种越来越多，质量也逐步提高。制造的方法由手制一步步过渡到使用陶轮，焙烧的方式也由原始的篝火式发展到炉灶式，最后形成陶窑。这时陶器以红陶为主，灰陶、黑陶次之。

陶器的颜色一方面与选择的陶土有关，另一方面与窑内温度及气氛控制条件有关。如选用含铁量高的陶土，烧制时在氧化焰气氛中，其中铁大部分成+3价，陶器多显红色；烧制过程控制在还原焰中，大部分铁转化为+2价，陶器呈灰色到黑色。若原料中掺和一些有机物，或在烧制后期用烟熏法进行短时间渗碳，使陶器的孔隙度降低，结构更为致密，制得的黑陶更光滑、坚实。到公元前2000年左右，陶器的质地和器型更为丰富，不仅原有的红陶、黑陶更为精巧，另外还出现白陶。白陶的原料主要是高岭土，其主要成分是高岭石 $Al_2O_3 \cdot 2SiO_2 \cdot 2H_2O$ 微细晶体。由于铁含量低，而铝含量高，在高温烧成后外形洁白美观，坚硬耐用。人们对高岭土的使用和认识，为后来瓷器的发明和发展奠定了基础。在制陶中，当生产一些精美的陶器时，常常在其表面挂一层陶衣。在实践中人们发现在用于挂陶衣的黏土稠浆中，加入一些石灰或草木灰等物质时，烧制出的陶器表面会呈现光滑明亮的一层，这就是釉层。因为石灰、草木灰中所含的 $CaCO_3$、Na_2CO_3 转化成的碱性物质如 CaO 等是 SiO_2 的助熔剂，在1200℃高温烧制中，这层陶衣完全熔融生成光滑明亮的玻璃层，黏附在坯体上。这样在陶器的外表着一层釉，不仅器面光滑美观，而且还便于洗涤和使用。所以釉陶一问世，就引起人们的重视。釉陶的产生是制陶工艺的又一个大进步。到了商代中后期，施釉的陶器明显增多，说明人们已从无意识地发现釉料发展到有意识配置釉料，也正是对釉的认识不断深化，使人们进而掌握了瓷器、琉璃及玻璃的生产。制陶过程改变了黏土的性质，使陶器具备了防水耐用的优良性质。陶器很快成为人类生活和生产的必需品，特别是定居下来从事农业生产的人们更是离不开陶器。古人正在一种无意识的状态下使用着各种化学的知识。

（3）冶金化学的兴起

在新石器时代后期人类开始使用金属，经历了铜-青铜-铜合金-铁（包括块炼铁、生铁、熟铁或钢）几个时代。世界各地进入铜器、铁器时代的时间各不相同，技术发展的道路也各有特色。冶金技术和金属的使用同人类的文明紧密联系在一起。新石器时期的制陶技术（用高温和还原气氛烧制黑陶）促进了冶金技术的产生和发展。冶金技术的发展提供了用青铜、铁等金属及各种合金材料制造的生活用具、生产工具和武器，提高了社会生产力，推动了社会进步。中国、印度、北非和西亚地区冶金技术的进步是同那里的古代文明紧密联系在一起的。16世纪以后，生铁冶炼技术向西欧各地传播，导致了以用煤冶铁为基础的冶金技术的发展，这一发展后来又和物理、化学、力学的成就相结合，增进了对冶金和金属的了解，逐渐形成了冶金学，进一步促进了近代冶金技术的发展。天然金属的资源有限，要获得更多的金属，只能依靠冶炼矿石制取金属。人类在寻找石器过程中认识了矿石，并在烧陶生产中创造了冶金技术。最先冶炼的是铜矿，约公元前3800年，伊朗就开始将铜矿石（孔雀石）和木炭混合在一起加热，得到了金属铜。公元前3000～前2500年，又炼出了锡和铅两种金属。世界上最早炼铁和使用铁的国家是中国、埃及和印度。最早的时候用木炭炼铁，木炭不完全燃烧产生的一氧化碳把铁矿石中的氧化铁还原为金属铁。由于铁比青铜更坚硬，炼铁的原料也远比铜矿丰富，在绝大部分地方，铁器代替了青铜器。

（4）炼丹术与炼金术

在所有的金属中，金是最贵重的。所以，古代的时候，人们就梦想着通过冶炼能把普通的金属冶炼成贵重的黄金，由此发展出炼金术。炼金术认为，金属都是活的有机体，能逐渐发展成为十全十美的黄金。这种发展可加以促进，或者用人工仿造。西方的炼金术可追溯到古希腊时期。炼金术者所采用的方法一般都是这样的：他们把四种贱金属铜、锡、铅、铁进行熔合，获得一种类似合金的物质。然后使这种合金表面变白，这样就赋给它一种银的灵气或者形式。接着再给它加进一点金子作为种子或发酵剂使合金变为黄金。最后再加一道工序，或者把表面一层的贱金属蚀刻掉，留下一个黄金的表面，或者用硫黄水把合金泡过，使它看上去有点像青铜那样，这样转变就完成了。炼金术士们相信，炼金术的精馏和提纯贱金属，是一道经由死亡、复活而完善的过程，象征了从事炼金的人的灵魂由死亡、复活而完善，所以，他炼出的"金丹"还能延年益寿、提神强筋。从这一点上说，西方的炼金术不仅是一种特殊的金属冶炼活动，也是一种人的灵魂或精神的活动。中国古代也有炼金活动，但中国的炼金术更主要表现为炼丹术。人总是希望自己长生不老，为此作过种种的尝试，在所有的尝试中，炼金术是被应用得最普遍的。秦始皇统一六国之后，曾派人到海上寻求仙人不死之药。汉武帝本人也热衷于神仙和长生不死之药，曾派人到蓬莱去寻找。到了东汉，炼丹术得到发展，且与道教结合，披上了一层更神秘的色彩。到了唐代，炼丹术进入全盛时期，这时炼丹术家孙思邈，著作有《丹房诀要》。

不管东方还是西方，统治者们都对炼金术深信不疑，也正因为如此，炼金术才得以长盛不衰。甚至像牛顿这样的大科学家都认为，通过实验来制取黄金，是值得做的。但不管是西方的炼金术也好，东方的炼丹术也罢，都没有人真正取得过成功。为什么呢？因为它们在本质上是违反科学的。所以，到了近代，当化学真正出现时，人们对炼金的可能性产生了怀疑。到了 17 世纪以后，炼金术更遭到了批判，从此就开始销声匿迹了。但炼金术和炼丹术却给化学的发展带来了很大的促进作用。据不完全统计，东西方有关炼金术或炼丹术的著作有很多种，里面都有不少化学知识。据统计，这些著作里所涉及的化学药物多达六十多种，里面还有许多关于化学变化的记载。西方人为炼金作了大量的实验，虽然没有成功，但为化学的出现与发展积累了大量知识。为炼制丹药所进行的工作也是最原始的化学实验，炼金术士是最早尝试将各种元素分离开的先驱。虔诚的炼丹家和炼金家长年累月置身在被毒气、烟尘笼罩的简陋的"化学实验室"中，应该说是第一批专心致志地探索化学科学奥秘的"化学家"。他们为化学学科的建立积累了相当丰富的经验和失败的教训，甚至总结出一些化学反应的规律。炼丹家和炼金家夜以继日地在做这些最原始的化学实验，发明了蒸馏器、熔化炉、加热锅、烧杯及过滤装置等。他们还根据当时的需要，制造出很多化学药剂、有用的合金或治病的药，其中很多都是今天常用的酸、碱和盐。为了把试验的方法和经过记录下来，他们还创造了许多技术名词，写下了许多著作。正是这些理论、化学实验方法、化学仪器以及炼丹、炼金著作，开挖了化学这门科学的先河。从这些史实可见，炼丹家和炼金家对化学的兴起和发展是有功绩的，应该把他们敬为开拓化学科学的先驱。白磷的提炼、盐酸的合成就是中世纪的产物；同时他们用到的器皿，如蒸馏液体、分析金属的设备以及种种控制化学反应的方法，有些至今都还在使用。通过炼金术，人们积累了化学操作的经验，发明了多种实验器具，认识了许多天然矿物。在中国，长生不老丹没有炼成，却也促成了火药的发明。

以今天的观点看，炼金术或炼丹术虽然荒唐，但却是近代化学的先驱，在化学发展史上起到了一定的积极作用，所以，炼金术在欧洲成为近代化学产生和发展的基础。在欧洲文艺复兴时期，出版了一些有关化学的书籍，第一次有了"化学"这个名词。英语的 chemistry 起源于 alchemy，即炼金术。chemist 至今还保留着两个相关的含义：化学家和药剂师。这些可以说是化学脱胎于炼金术和制药业的文化遗迹了。关于炼金制丹的功过是非，培根曾经有过一个比喻，这被公认为是对炼金术最公正的评价："炼金术可以比喻为《伊索寓言》中的一个老人，他在临终前，告诉他的儿子们，葡萄园里埋有黄金，结果几个儿子经常去葡萄园内翻土寻找黄金，久而久之，黄金虽然没有找到，但是土却变得松软，葡萄获得了大丰收。"炼金术、炼丹术也是同样的道理，他们尽心竭力地寻找金丹，使后人得到许多有用途的发明与实验方法，成为化学的催生婆。

（5）中国的重大贡献——火药和造纸

黑火药是中国古代四大发明之一，是中国古代炼丹家在炼丹过程中发明的。中国古代黑火药是硝石、硫黄、木炭三种原料以及辅料砷化合物、油脂等粉末状均匀混合物，按硫黄：硝石：木炭粉＝1：2：3的比例混合制成，最早出现在秦末汉初时期。由于秦始皇和后来的汉朝皇帝希望能得到长生不老药，于是炼丹术大兴；由于雄黄等材料广泛用于炼丹术，于是在千百次试验中，火药便以炼丹术副产品的形式诞生了。史记上也曾记载过一些炼丹师们的房子无故起火，火药在发明后便很快被用在了军事上并最终得以广泛传播。大约在公元8世纪，中国的炼丹术传到了阿拉伯，火药的配制方法也传了过去，后来又传到了欧洲。这样，中国的火药成了现代炸药的"老祖宗"。这是中国的伟大发明之一。

纸是人类保存知识和传播文化的工具，是中华民族对人类文明的重大贡献。提起纸的发明，人们都会想起蔡伦。据范晔的《后汉书》记载："蔡伦，字敬仲，桂阳人也。……自古书契多编以竹简，其用缣帛者谓之为纸。缣贵而简重，并不便于人。伦乃造意，用树肤、麻头及敝布、渔网以为纸。元兴元年，奏上之。帝善其能，自是莫不从用焉，故天下咸称蔡侯纸。"这是历史文献中最早的关于造纸术的记载。从记载中，我们可以看到蔡伦造纸使用的原材料是树皮、麻头、旧布、渔网等价格低廉的物料，这样造出的纸成本低，很快就得到了推广应用。实际上，蔡伦之前已经有纸了，因此，蔡伦只能算是造纸工艺的改良者。有关中国古代造纸的方法，历史上记载很少，但就纸的制作工艺及其原理而言，发明迄今两千年来，并无实质性变化。总结起来可归纳以下几点：①将砍伐来的植物，比如麻类植物，用水浸泡，剥其皮，再用刀剁碎，放在锅里煮，待晾凉后再行浸泡、脚踩，用棍棒搅拌，使其纤维变碎、变细；②掺入辅料，制成纸浆；③用抄纸器（竹帘之类）进行抄捞、晾干，即可制成为纸。

这一时期古人已经在无意识的状态下运用了很多与化学相关的知识，主要是在实践经验的直接启发下经过多少万年摸索而来的。真正的化学知识还没有形成，这是化学的萌芽时期。

古人曾根据物质的某些性质对物质进行分类，并企图追溯其本原及其变化规律。公元前4世纪或更早，中国提出了阴阳五行学说，认为万物是由金、木、水、火、土五种基本物质组合而成的，而五行则是由阴阳二气相互作用而成的。此说法是朴素的唯物主义自然观，用"阴阳"这个概念来解释自然界两种对立和相互消长的物质势力，认为两者的相互作用是一切自然现象变化的根源。此说为中国炼丹术的理论基础之一。

公元前4世纪，希腊也提出了与五行学说类似的火、风、土、水四元素说和古代原子论。这些朴素的元素思想，即为物质结构及其变化理论的萌芽。后来在中国出现了炼丹术，到了公元前2世纪的秦汉时代，炼丹术已颇为盛行，大致在公元7世纪传到阿拉伯国家，与古希腊哲学相融合而形成阿拉伯炼丹术，阿拉伯炼金术于中世纪传入欧洲，形成欧洲炼金术，后逐步演进为近代的化学。

炼丹术的指导思想是深信物质能转化，试图在炼丹炉中人工合成金银或修炼长生不老之药。他们有目的地将各类物质搭配烧炼，进行实验。为此涉及了研究物质变化用的各类器皿，如升华器、蒸馏器、研钵等，也创造了各种实验方法，如研磨、混合、溶解、洁净、灼烧、熔融、升华、密封等。

与此同时，进一步分类研究了各种物质的性质，特别是相互反应的性能。这些都为近代化学的产生奠定了基础，许多器具和方法经过改进后，仍然在今天的化学实验中沿用。炼丹家在实验过程中发明了火药，发现了若干元素，制成了某些合金，还制出和提纯了许多化合物，这些成果我们至今仍在利用。

2.1.2　创建近代化学理论——探索物质结构

世界是由物质构成的，但是，物质又是由什么组成的呢？最早尝试解答这个问题的是我国商朝末年的西伯昌（约公元前 1140 年），他认为："易有太极，易生两仪，两仪生四象，四象生八卦。"以阴阳八卦来解释物质的组成。

约公元前 1400 年，西方的自然哲学提出了物质结构的思想。希腊的泰立斯认为水是万物之母；黑拉克里特斯认为，万物是由火生成的；亚里士多德在《发生和消灭》一书中论证物质构造时，以四种"原性"作为自然界最原始的性质，它们是热、冷、干、湿，把它们成对地组合起来，便形成了四种"元素"，即火、气、水、土，然后构成了各种物质。

上面这些论证都未能触及物质结构的本质。16 世纪开始，欧洲工业生产蓬勃兴起，推动了医药化学和冶金化学的创立和发展，使炼金术转向生活和实际应用，继而更加注重物质化学变化本身的研究。

在化学发展的历史上，是英国的波义耳第一次给元素下了一个明确的定义。他指出："元素是构成物质的基本，它可以与其他元素相结合，形成化合物。但是，如果把元素从化合物中分离出来以后，它便不能再被分解为任何比它更简单的东西了。"波义耳还主张，不应该单纯把化学看作是一种制造金属、药物等从事工艺的经验性技艺，而应把它看成一门科学。因此，波义耳被认为是将化学确立为科学的人。

在元素的科学概念建立后，1772～1785 年间，法国化学家拉瓦锡对一系列燃烧现象进行了周密的定量研究，并从英国化学家普里斯特利那里了解到从氧化汞制取氧气的方法，于是提出了正确的关于燃烧现象的氧化学说，彻底批判了燃素说，从而把建立在燃素理论基础上的化学理论端正了过来；并确认氮、氢、氧为元素；对水的组成则从分解和合成两方面做出了科学的结论。拉瓦锡在他的一系列化学实验和论述中实际上都自觉地遵循和运用了质量守恒定律，而且又以严格的实验对这一定律作了证明，并在 1789 年作出科学的陈述，从而对化学的发展建立了革命性的功绩。1789 年拉瓦锡在其《化学概要》著作中列出了第一张元素表，并把元素分为简单物质、金属物质、非金属物质和成盐土质四大类。此外，他还以元素的特性和化合物的元素组成作为元素和化合物的新命名原则。拉瓦锡的一系列新思想很快为各国科学家普遍接受，从此，化学科学的发展进入了新纪元。

通过对燃烧现象的精密实验研究，建立了科学的氧化理论和质量守恒定律，随后又建立了定比定律、倍比定律和化合量定律，为化学进一步科学的发展奠定了基础。

人类对物质结构的认识是永无止境的，物质是由元素构成的，那么，元素又是由什么构成的呢？1803 年，英国化学家道尔顿创立的原子学说进一步解答了这个问题。原子学说的主要内容有三点：①一切元素都是由不能再分割和不能毁灭的微粒所组成，这种微粒称为原子；②同一种元素的原子的性质和质量都相同，不同元素的原子的性质和质量不同；③一定数目的两种不同元素化合以后，便形成化合物。原子学说突出地强调了各种元素的原子的质量为其最基本的特征，因此提出了测定原子量的课题。为了确定各种元素的原子量，他设想了各种原子在化合时的最简比例原则。据此，他在 1803～1806 年间，先后几次提出不断改进和充实的原子量表。他的原子论使当时已知的各种化学现象和各种化学定律以及它们之间的内在联系找到了合理的解释，成为说明化学现象的统一理论，因此很快得到整个学术界的普遍承认和重视。其中量的概念的引入，是与古代原子论的一个主要区别。

原子学说成功地解释了不少化学现象。随后意大利化学家阿伏加德罗又于 1811 年提出了分子学说，进一步补充和发展了道尔顿的原子学说。他认为，许多物质往往不是以原子的形式存在，而是以分子的形式存在，例如氧气是以两个氧原子组成的氧分子，而化合物实际上都是分子。1819 年法国化学家杜隆和珀替提出原子热容定律（即杜隆-珀替定律），即单质金属的比热容与其原子量的乘积为一常数。在这些定律的指导下，瑞典化学家贝采利乌斯以他精湛的分析技艺和周密的思考、推理，终于在 1826 年提出了在当时来说已是相当准确的原子量表（钠、钾、银的原子量值仍不正确）。1855 年意大利化学家坎尼扎罗针对当时原子量、当量概念上的混乱情况，重新论证了阿佛加德罗分子学说的合理性，并根据同一元素的各种化合物的蒸气密度及该元素在这些化合物中的百分含量，提出了令人信服的确定分子量和原子量的方法，终于建立了原子-分子学说，巩固和充实了原子论，澄清和扫除了化学发展中的很多障碍。他的观点和论著经德意志化学家迈尔的介绍，很快得到了化学界的公认，极大地推动了化学的进一步发展。

从此以后，化学由宏观进入到微观的层次，使化学研究建立在原子和分子水平的基础上。1869 年门捷列夫发现元素周期律后，不仅初步形成了无机化学的体系，并且与原子分子学说一起形成化学理论体系。

2.1.3　现代化学的兴起

通过对矿物的分析，发现了许多新元素，加上对原子分子学说的实验验证，经典性的化学分析方法也有了自己的体系。草酸和尿素的合成、原子价概念的产生、苯的六环结构和碳价键四面体等学说的创立、酒石酸拆分成旋光异构体，以及分子的不对称性等的发现，导致有机化学结构理论的建立，使人们对分子本质的认识更加深入，并奠定了有机化学的基础。

19 世纪下半叶，热力学等物理学理论融入化学之后，不仅澄清了化学平衡和反应速率的概念，而且可以定量地判断化学反应中物质转化的方向和条件。相继建立了溶液理论、电离理论、电化学和化学动力学的理论基础，从而开始建立了物理化学。物理化学的诞生，把化学从理论上提高到一个新的水平。

19 世纪末，物理学上出现了三大发现，即 X 射线、放射性和电子。这些新发现猛烈地冲击了道尔顿关于原子不可分割的观念，从而打开了原子和原子核内部结构的大门，揭露了微观世界中更深层次的奥秘，为化学在 20 世纪的重大进展创造了条件。

化学是一门建立在实验基础上的科学。在化学研究中实验与理论两方面一直是相互依赖、彼此促进的。进入 20 世纪以后，由于受到自然科学其他学科和社会生产迅速发展的影响，并广泛地应用了当代科学的理论、技术和方法，化学学科不论在认识物质的组成、结构、反应、合成和测试等方面都有了长足的进展，而且在理论方面取得了许多重要成果。20 世纪初，在量子力学建立的基础上发展起来的化学键（分子中原子之间的结合力）理论，使人类进一步了解了分子结构与性能的关系，大大地促进了化学与材料科学的联系，为发展材料科学提供了理论依据。在无机化学、分析化学、有机化学和物理化学四大分支学科的基础上产生了新的化学分支学科。

在结构化学方面，由电子的发现开始而确立的现代的有核原子模型，不仅丰富和深化了对周期律的认识，而且发展了分子理论。应用量子力学研究分子结构，产生了量子化学。从氢分子结构的研究开始，逐步揭示化学键的本质，先后创立了价键理论、分子轨道理论和配位场理论，化学反应理论也随之深入到微观境界。应用 X 射线作为研究物质结构的新分析手段，便可洞察物质的晶体化学结构。测定化学立体结构的衍射方法，有 X 射线衍射、电子衍射和中子衍射等方法。其中以 X 射线衍射法的应用所积累的精密分子立体结构信息最多。研究物质结构的谱学方法也由可见光谱、紫外光谱、红外光谱扩展到核磁共振谱、电子自旋共振谱、光电子能谱、射线共振光谱、穆斯堡尔谱等，与电子计算机联用后，积累大量物质结构与性能相关的资料，正由经验向理论发展。电子显微镜放大倍数不断提高，人们已可直接观察分子的结构。

经典的元素学说由于放射性的发现而产生深刻的变革。从放射性衰变理论的创立、同位素的发现到人工核反应和核裂变的实现、氘的发现、中子和正电子及其他基本粒子的发现，不仅使人类的认识深入到亚原子层次，而且创立了相应的实验方法和理论；不仅实现了古代炼丹家转变元素的思想，而且改变了人的宇宙观。

作为 20 世纪的时代标志，人类开始掌握和利用核能。放射化学和核化学等分支学科相继产生，并迅速发展；同位素地质学、同位素宇宙化学等交叉学科接踵诞生。元素周期表扩充了，已有 118 号元素，并且正在探索超重元素以验证元素"稳定岛"的假说。与现代宇宙学相依存的元素起源学说和与演化学说密切相关的核素年龄测定等工作，都在不断补充和更新元素的观念。

在化学反应理论方面，由于对分子结构和化学键的认识的提高，经典的、统计的反应理论已进一步深化，在过渡态理论建立后，逐渐向微观的反应理论发展，用分子轨道理论研究微观的反应机理，并逐步建立了分子轨道对称守恒原理和前线轨道理论。分子束、激光和等离子技术的应用，使得对不稳定化学物种的检测和研究成为现实，从而化学动力学已有可能从经典的、统计的宏观动力学深入到单个分子或原子水平的微观反应动力学。计算机技术的发展，使得分子电子结构和化学反应的量子化学计算、化学统计、化学模式识别，以及大规模数据的处理和综合等方面，都得到较大的进展，有的已经逐步进入化学教育之中。关于催化作用的研究，已提出了各种模型和理论，从无机催化进入有机催化和生物催化，已开始从分子微观结构和尺寸的角度以及生物物理有机化学的角度，来研究酶类的作用和酶类的结构与其功能的关系。

分析方法和手段是化学研究的基本方法和手段。一方面，经典的成分和组成分析方法仍在不断改进，分析灵敏度从常量发展到微量、超微量、痕量；另一方面，发展出许多新的分析方法，可深入到进行结构分析、构象测定、同位素测定、各种活泼中间体（如自由基、离子基、卡宾、氮宾、卡拜等）的直接测定，以及对短寿命亚稳态分子的检测等。分离手段也不断革新，离子交换、膜技术，特别是各种色谱法得到了迅速的发展。为了适应现代科学研究和工业生产的需要和满足灵敏、精确、高速的要求，各种分析仪器，如质谱仪、极谱仪、色谱仪的应用和微机化、自动化，及其与其他重要谱仪的联用，得到迅速发展和完善。现代航天技术的发展和对各行星成分的遥控分析，反映出分析技术的现代化水平。

合成各种物质，是化学研究的主要目的之一。在无机合成方面，首先合成的是氨。氨的合成不仅开创了无机合成工业，而且带动了催化化学，发展了化学热力学和反应动力学。后来相继合成的有红宝石、人造水晶、硼氢化合物、金刚石、半导体、超导材料和二茂铁等配位化合物。在电子技术、核工业、航天技术等现代工业技术的推动下，各种超纯物质、新型化合物和特殊需要的材料的生产技术都得到较大发展。稀有气体化合物的合成成功又向化学家提出了新的挑战，需要对零族元素的化学重新加以研究。无机化学在与有机化学、生物化学、物理学等学科相互渗透中产生了有机金属化学、生物无机化学、无机固体化学等新兴学科。

酚醛树脂的合成，开辟了高分子科学领域。20 世纪 30 年代聚酰胺纤维的合成，使高分子的概念得到广泛的确认。后来，高分子的合成、结构和性能研究、应用三方面保持互相配合和促进，使高分子化学得以迅速发展。各种高分子材料（塑料、橡胶和纤维）的合成和应用，为现代工农业、交通运输、医疗卫生、军事技术，以及人们衣食住行各方面，提供了多种性能优异而成本较低的重要材料，成为现代物质文明的重要标志。高分子工业发展为化学工业的重要支柱。

20 世纪是有机合成的黄金时代。化学的分离手段和结构分析方法已经历了高度发展，许多天然有机化合物的结构问题纷纷获得圆满解决，还发现了许多新的重要的有机反应和专一性有机试剂，在此基础上，精细有机合成，特别是在不对称合成方面取得了很大进展。一方面，合成了各种有特种结构和特种性能的有机化合物；另一方面，合成了从不稳定的自由基到有生物活性的蛋白质、核酸等生命基础物质，例如胰岛素、大肠杆菌脱氧核糖核酸、酵母丙氨酸转移核糖核酸等。有机化学家还合成了复杂结构的天然有机化合物，如吗啡、血红素、叶绿素、甾族激素、维生素 B_{12} 和有特效的药物，如 606、磺胺、抗生素等。这些成就对促进科学的发展、增进人类的健康和延长人类的寿命，起了巨大作用，为合成有高度生物活性的物质，并与其他学科协同解决有生命物质的合成及化学问题等，提供了有利的条件。

20 世纪以来，化学发展的趋势可以归纳为：由宏观向微观、由定性向定量、由稳定态向亚稳态发展，由经验逐渐上升到理论，再用于指导设计和开创新的研究。一方面，为生产和技术部门提供尽可能多的新物质、新材料；另一方面，在与其他自然科学相互渗透的进程中不断产生新学科（如生物化学、地球化学、宇宙化学、海洋化学、大气化学等），并向探索生命科学和宇宙起源的方向发展。

现代化学的兴起使化学从无机化学和有机化学的基础上，发展成为多分支学科的科学，开始建立了以无机化学、有机化学、分析化学、物理化学和高分子化学为分支学科的化学学科。化学家这位"分子建筑师"将运用善变之手，为全人类创造今日之大厦、明日之寰宇。

2.2 中国化学发展简史

近代化学 19 世纪中叶从欧洲传入中国。1867 年至 1884 年间，徐寿翻译了《化学鉴原》6 卷、《化学求数》8 卷，较全面地介绍了当时西方的化学知识。辛亥革命前后化学规定为各级学校的必修课程、大学开设了化学专门学科，近代化学教育初步在中国形成。初、中级化学教科书相继引进并翻译、但条件所限各级学校的化学课程以讲授为主，实验内容极少。在20 年代以前中国还没有真正意义的现代化学家。中国人着手进行现代化学研究始于 20 世纪20 年代。

2.2.1 第一阶段：1920～1932 年

这是中国现代化学的萌芽时期。20 世纪 10 年代出国留学的中国留学生中的部分人在欧美各国修到博士，并开始从事科学研究，在某些领域崭露头角。

1924 年，在哈佛大学获博士学位归来的吴宪开始从事蛋白质变性实验，在国际上第一次提出了蛋白质变性的合理学说：蛋白质变性是由于蛋白质分子由折叠变为舒展。该学说使蛋白质大分子的高级结构研究取得突破性进展。1928 年留美学者王守竟对 H_2 分子的变分函数进行了有效改进，计算出的 H_2 分子的离解能较前人的结果更接近实验值。1929 年，傅鹰对著名的特劳贝（Traube）规则进行了修改和补充，以实验证明，在一定条件下，吸附量随溶质的碳链增加而减少。1951年美国化学家凯雪台（Cassid）著的《吸附和色谱》一书，引述了傅鹰的这一成果，并指出这一理论的普遍意义。上述三人的研究工作当时受到国际学术界的普遍重视，在现代科学领域为中国人争得荣誉。

这一阶段，刚刚成长起来的中国现代化学家所进行的研究工作多在国外进行，且接触当时前沿学科的研究成果甚少。

2.2.2　第二阶段：1932～1949年

这是中国化学在战乱年代艰难成长时期。1932年8月，中国化学家的第一个全国性正式学术组织中国化学会在南京成立。该组织的成立对中国化学的发展起了一定的推动作用，中国化学家从此开始较系统地开展研究工作，其研究范围涉及化学的15个分支学科。在30年代较有影响的成果有：侯德榜用英文撰写的专著《纯碱制造》一书，庄长恭关于甾族化合物的研究，吴宪关于蛋白质变性研究，陈克恢关于麻黄碱的研究，孙承谔与美国著名化学家艾林（H·Eyring，1901～1982）共同进行的三原子体系 $H_2 + H$ 位能面的研究，黄子卿对水的三相点精确测定，梁树权用化学法对铁的原子量的测定等。这些研究工作有的在国内完成，有的在国外完成，如果说在20年代中国化学家做出的有影响的研究工作多在国外完成，则30年代相当部分研究工作在国内完成。这说明30年代中国化学在国内已经形成了一定规模的研究队伍，且水平较20年代已有大幅提升。

40年代上半叶我国处于艰苦的抗日战争时期，下半叶又处于解放战争时期，连年的战争使得化学药品和仪器极端缺乏。尽管如此，我国化学家坚持开展研究工作还是取得了一定的成就。其中有影响的成果有：庄长恭成功地应用 Diels-Alder 反应和 Dieckmann 反应，合成了具有甾族碳架的菲族类似物，推动了当时多环化合物合成化学的发展；侯德榜联合制碱法将传统的索尔维碱法与合成氨工业巧妙地结合地一起，达到对原料充分利用，产品无废弃物，成为世界制碱工业的一大创新；张青莲两次成功地进行了重水热膨胀实验，成为抗战时期我国化学研究的重要成果；黄鸣龙改进了 Wolff-Kishner 还原法，改进的还原法不仅经济、而且简单可靠，在有机合成中广泛采用，写进世界各国有机化学教科书中，称作黄鸣龙还原法；高济宇发现了四碳环衍生物的新合成法，证明2,5-二溴-1,6-二苯-1,6-己二酮生成五环是通过酮-环醇异构化进行的，该发现成为当时有机合成化学领域的一个重要发现；李方训开展了离子水合热、水化熵、离子表观体积和等张比容方面的研究，引起国际化学界的关注；傅鹰将著名的BET多层吸附公式，由气相中合理地推广到液相中，并提出了计算活度系数的方法；汪猷曾分离到一种新抗生素——橘霉素，对橘霉素的结构、合成方法、生物作用、毒性和药理进行了系统的研究。

在30～40年代，中国化学家在十分艰苦的战争环境中开展研究工作，取得零星成果，向世界展示了中国人的聪明才智，但没有形成系统的深入的研究，所以这一时期是中国现代化学艰难的成长时期。

2.2.3　第三阶段：1949～1965年

这是中国现代化学全面、快速发展时期。中华人民共和国成立之后形成的稳定的社会环境和重视科学、教育的良好社会氛围，使我国化学研究迅速改变了基础薄弱、水平落后的局面，逐步建立了专业齐全的研究部门，形成了一支具有一定研究能力的队伍，在一些研究领域接近或达到世界水平。

1949 年，新中国成立后组建的中国科学院有化学类研究所两个，一个是上海物理化学研究所、另一个是上海有机化学所。到 1956 年时，中国科学院下属的化学研究所增至四所，分别是上海有机所、大连化物所、长春应化所，北京化学所，1956 年后中国科学院又分别在广州、成都、兰州、新疆、青海、北京、上海、太原、福州等地新建了 9 个化学类研究所。1952 年院系调整后，部属 13 所综合性大学和 33 所高等师范院校设有 40 多个化学系。随后许多高等学校创办了化学类研究所，如北京大学的物理化学研究所、南开大学的元素有机化学所、南京大学的配位化学所、吉林大学的物质结构研究所、兰州大学的有机化学所、中山大学的高分子化学所。这样，在新中国成立后短短的十几年中，我国就形成了专业比较齐全，具有一定水平和规模的化学研究队伍。

新中国成立之前，化学试剂全部依靠进口。50 年代初，高崇熙率先在北京化学试剂研究所试生产化学试剂，随后上海、天津建成一些小化学试剂厂；60 年代初，国家在北京、上海、天津、西安、广州、成都、沈阳建立了 7 个试剂生产基地，开始生产高纯试剂，为化学教学和科研提供了种类齐全的试剂。

天然有机化学是我国老一辈有机化学家赵承嘏、庄长恭、黄鸣龙等最早涉足的研究领域。庄长恭等从汉防己中分离出了防己诺林碱，证明其为脱甲基倒地拱碱；赵承嘏等从木防己中分离出了防己甲、乙两素；朱子清提出了贝母碱的结构骨架，攻克了国外化学家半个多世纪未能解开的一个谜，引起国际有机化学界的轰动。

新中国成立以后，为了尽快改变我国缺医少药的局面，我国化学研究工作者和医药研究工作者通力协作，对金霉素、土霉素、链霉素等抗生素的化学性质与结构进行了一系列研究，结束了我国不能生产抗生素的历史。50 年代中后期我国化学家在确定链霉素的空间结构、生产方法、化学定量测定方面在国际上作出了重要贡献。汪猷等纠正了 Wolfrom 提出的链霉素结构的错误。邢其毅、戴乾圜等发明了氯霉素的新合成方法，该方法流程短，收率高、质量好、成本低、首先在意大利投入工业化生产。这一时期，加强了高分子学科的建设。钱人元主持开展了高分子分子量测定和溶液性质研究。1958 年中国科学技术大学在世界上率先建立了高分子科学系（下设高分子物理和高分子化学两个专业），对推动我国的高分子科学事业的发展起到了重要的作用。1960 年中科院化学所组建了我国第一个高分子物理研究室，同时长春应化所开展合成橡胶的结构表征和加工等研究。由此形成了我国早期高分子科学研究和人才培养基地，也为我国高分子工业的初创和发展作出了重要贡献。

2.2.4　第四阶段：1966~1976 年

随着工农业生产的发展，环境保护问题日趋尖锐。为此，中科院成立了环境化学所（现改名为生态环境研究中心）。另外，鉴于国防建设及感光工业的需要，中科院于 1975 年成立了感光化学所。

1966 年开始了"文化大革命"，科学技术事业受到严重摧残，到 1975 年基础理论研究几乎全部停止，研究人员流散各地。

尽管如此，仍有一部分化学工作者在坚持科学研究，利用有限的条件做一点力所能及的工作。卢嘉锡、蔡启瑞一直在做生物固氮模型，酵母丙氨酸转移核糖核酸的人工全合成的工作在国际生物有机化学界产生了影响。聚丙烯纤维、封装材料等方面研究工作取得一系列较有影响的成果。而1970年初丁烯氧化脱氢制丁二烯以及与之配套的顺丁橡胶生产工艺，是我国独立自主进行化工过程开发应用的一个典范，对我国的化工生产和材料合成有着深远的意义。

2.2.5　第五阶段：1976年～目前

1978年，全国科学大会的召开，成为"科学的春天"到来的标志，但是，国内的科学研究已封闭了10年之久，对国际化学发展状况所知甚少，研究方法仍沿袭传统，各分支学科均陆续进入了一个调整期。1983年国家编制了《1986年至2000年中国科学技术发展长远规划》，化学科学的基础性研究工作有了新的部署，如开展金属有机化学、物理有机化学、络合物化学、静态与动态结构化学、分子反应动力学、表面化学（特别是固体表面化学）、光化学（包括非线性激光化学）、与发展各种新材料有关的高分子化学与物理以及无机固体化学等方面的基础研究工作，以填补过去的空白。

这一时期，在有机化学方面，青蒿素、美登素等复杂分子的全合成工作是比较突出的，三尖杉酯碱的合成也做出了成绩；在元素有机和金属有机方面的研究已初具规模，如有机氟化学、脱卤亚磺化反应、有机磷化学、有机磷萃取剂P-507等。

在物理化学中，天花粉的三维结构、胰蛋白酶及抑制剂结构、固体表面盐类及氧化物单层分散等研究均达到了国际先进水平。配体场理论方法研究和分子轨道理论研究及其应用，在国际上已被称为中国学派。在高分子固化理论和标度研究、原子簇成键规则、原子价新概念、稀土化合物电子结构和化学键理论、分子激发态光谱、价键理论新方法、多体理论中的李函数和李群方法等方面的研究成果也达到了国际先进水平。催化研究的实验手段接近国际水平，在多种类型催化剂研制和催化剂基础研究方面有较好基础，部分工作引起国际同行的关注。

分子反应动力学、激光化学等新兴学科得以开展。一系列化学激光器的研制成功、激光分离同位素的研究成果，都是中国激光化学发展的重要标志。与此同时，接近国际水平成为我国分析化学工作者的奋斗目标。中科院化学所早在1980年就已开始毛细管电泳研究，和国际同步。此技术在生命科学研究及现代医药研制和生产中具有重要作用。吉林大学开展的流动注射分析，一直居国际前沿水平。我国的扫描探针显微术等研究，在国际上占有相当地位。此外我国色谱学研究、电分析化学在国际上也享有盛誉。

经过几十年的发展，我国化学学科的门类已经建立齐全，其中二级学科有物理化学、无机化学、有机化学、高分子化学、分析化学、化学工程学、环境化学等，此外还有生物化学、感光化学、冶金化学、农业化学等相关学科，更有60多个三级基础学科。

我国的化学研究，已从不可控的碰撞反应扩展到定向、可控和高选择性的反应或分子剪裁；研究的对象，已从简单体系扩展到复杂体系，从无机扩展到有机和生命系统，从晶态扩展到非晶态，从正常态扩展到临界和超临界态；研究的化学过程，已从平衡态逐步转向非平衡态，从慢反应发展到快和超快（如飞秒）过程；研究的尺度，已向下延伸至单分子和单原子，向上延伸至介观（纳米尺度）离子和分子、原子聚集体；研究的视界，已从国内扩大到国际，从点扩大到面；研究的指导策略，不仅兼顾了短期和学科自身的利益，而且逐渐重视长远的影响和国家利益。

目前，我国共有250多个化学院系，有各类化学研究机构近千个，包括国家重点实验室

19 个，部门开放实验室 23 个以及省市实验室 16 个，这些实验室大都配备有先进的科学仪器装备。我国出版的中英文专业化学期刊已超过 30 种。

1997 年 SCI 收入论文数前 20 名的单位中，有 8 个为化学研究机构。国际发表论文被引用最多的前 5 个单位中，有 3 个单位属化学专业。由此可见我国化学的面貌。

我国的化学与国际相比既有领先，又有差距；其贡献既显著又不全尽如人意。一方面，中国化学的迅速发展，为我国自主工业的建立，包括引进技术的吸收和消化，提供了基础条件；另一方面，中国化学研究水平与国际的差距、与国家需求的差距，制约了国家许多方面的发展。

2.3 我国现代化学的重要成就

50 年来，经过科技人员的艰辛努力，中国化学在基础研究、应用研究和开发工作的各个方面都取得了一系列有自己特色的研究成果。据统计，截止到 1997 年，化学在国家自然科学奖中共获奖 84 项，占总数的 13.9%，近年所占比例又有上升趋势。

2.3.1 基础研究

50 年来，我国化学学科在基础研究方面取得了一系列重要的研究成果，先后获得国家自然科学奖一等奖四项、二等奖 29 项、三等奖 36 项、四等奖 15 项。下面就主要获奖项目作一简单回顾和介绍。

（1）人工全合成牛胰岛素研究

1965 年，我国的科学工作者经过六年多坚持不懈的努力，获得了人工全合成的牛胰岛素结晶。这是世界上第一种人工合成的蛋白质。此后，又合成了许多有实际应用价值的多肽激素，同时进行了更大蛋白质分子的人工合成。胰岛素人工合成的成功，为我国蛋白质的基础研究和实际应用开辟了广阔的前景。该成果获 1982 年国家自然科学奖一等奖。

（2）配体场理论研究

配体场理论、分子轨道理论、价键理论构成了研究分子结构的理论基础。吉林大学唐敖庆教授等人克服了不少概念上和数学上的困难，使配体场理论系统化、标准化，更便于广泛地实际应用，对配体场理论研究作出了显著的贡献。该成果获 1982 年国家自然科学奖一等奖。

（3）分子轨道图形理论方法及其应用

唐敖庆与江元生经系统研究，提出和发展了一系列新的数学技巧和模型方法，使这一量子化学形式体系，不论是就计算结果的解释还是就有关实验现象的解释，均可表述为分子图形的推理形式，概括性高，含义直观，简单易行，深化了化学拓扑规律的认识。该成果获 1987 年国家自然科学奖一等奖。

（4）酵母丙氨酸转移核糖核酸的人工全合成

核糖核酸的合成难度很大，王德宝及其协作者经过 13 年的不懈努力，制备了所有 11 种核苷酸（或核苷，包括四种普通核苷酸和七种稀有核苷酸）、近 10 种核酸工具酶以及各种化学试剂，终于在 1981 年实现了酵母丙氨酸转移核糖核酸的人工全合成，这是世界上首次人工合成核糖核酸。这项研究还带动了核酸类试剂和工具酶的研究，带动了多种核酸类药物，包括抗肿瘤药物、抗病毒药物的研制。该成果获 1987 年国家自然科学奖一等奖。

2.3.2　应用基础研究及开发研究

（1）为农业生产服务

1966 年，中科院大连化物所与化学工业部合作，研制成功了用于合成氨的原料气净化新流程的脱硫、水煤气低温交换和甲烷化三种催化剂，使中国的合成氨工业迅速提高到 1960 年代国际水平。至 1982 年，全国已在 14 个省、市的 19 家合成氨厂推广使用。该项成果被誉为中国合成氨工业的一场革命。

在尿素研究方面，1985 年研制开发了 DH2 除氢催化剂。其性能优于进口催化剂，形成了催化剂生产的整套技术。

研制并推广了一批新型高效低毒农药，其中具有抑制害虫功效的甲壳质酶和含氟农药等均已大面积推广使用。另外，如杀雄剂、植物生长激素、水稻、棉花主要害虫性引诱剂的合成和应用，光可控分解塑料地膜，高效吸水剂的研制和使用，也都促进了农业的发展。同时，我国化学家研制成功的气调储藏设备——氮气发生器和布基硅橡胶气调保鲜膜等保鲜方法，也已大量用于粮食和多种水果、蔬菜的保鲜。

（2）为能源工业作出贡献

1950 年代，中科院研制出一批用于石油炼制、天然气和煤的利用等方面的催化剂，缓解了能源紧张、尤其是液体燃料严重不足的问题。

为提高我国石油的开采率，大庆石油管理局开发了能使大庆油田长期高产稳产的注水开发技术，该技术曾获 1985 年国家科技进步奖特等奖。

为提高煤的利用率，成功地开发出由煤制取液体燃料的技术。中科院还开发了用于实现高效燃烧和脱硫目的的快速床燃煤技术。

（3）为自然资源开发和环境保护作出贡献

我国于 1952 年开始稀土分离化学研究，中科院长春应化所相继建立了一系列稀土生产流程，北京大学提出了串级萃取理论等。

系统研究了白云鄂博含氟铁矿冶炼过程中的物理化学问题，为冶炼这类世界上独特的矿石，设计合理的冶炼规程提供了科学依据。

建立了盐和卤水的全分析方法，得出盐湖水化学类型的分布，又解决了制取钾盐过程中一系列关键技术问题，使之成为目前我国大规模制取钾盐的主要工业路线。经过大量研究，还提出了提取硼酸和氯化钾的新工艺，对盐湖中存在大量镁盐的利用也逐步开拓了各种新的途径。完成了"京津渤区域环境综合研究"和"京津地区生态特征和污染防治研究"等课题，揭示了污染规律并寻找到合理开发这些地区的方案。对于我国西南地区酸雨污染问题也进行了系统考察研究，提出了防治工业酸雨的对策，为该地区建设规划的制定提供了科学依据。

在锁"黄龙"的研究中，开发出以活性炭为担体，以碘为活性组分的催化剂，对工业废气中 SO_2 进行吸附转化，较有效地抑制了有害气体对环境的污染。

（4）为医疗卫生事业作出贡献

在天然产物有机化学方面，利用丰富的自然资源，结合历史悠久的传统医药，在甾体、萜类、生物碱及海洋天然产物各个分支都取得有影响的成果并推动了药物研究的发展。1950 年代初对抗生素药物的研究与开发，结束了我国不能自己生产青霉素、链霉素之类的抗生素药物的历史。

在医药工作者的合作下，成功地开发了甾族口服避孕药物；此外，中国独创的甲地孕酮已投入生产，并投放市场使用至今。

全氟碳代血液是近年研究成功的一种具有输氧功能的人工血液，已成功地用于临床病例和战地救护，这在医学上具有极为重要的意义。

（5）为材料工业的发展做出了突出贡献

在各方努力下，开发完成了合成顺丁橡胶和正丁烷氧化脱氢制丁二烯两项成果的工业生产工艺，1970 年代初实现了工业生产。先后建成六座万吨级丁二烯生产装置和五套万吨级顺丁橡胶工业生产装置，年产十多万吨合成橡胶。由周望岳等完成的这些成果曾获得 1985 年国家科技进步奖特等奖。我国还开展了用稀土催化剂制顺丁橡胶的研究，并取得了中试结果。

在 1960 年代初开展了丙烯定向聚合研究，1970 年代初研制了丙烯聚合的高效络合催化剂。1980 年代研究出的担载型高效催化剂，具有寿命长、聚合物等规度达 98%、聚合物形态规整、粒度分布窄等特点。开发出降温母粒法，大大降低了纺丝温度，获得最佳纺丝效果，从而大幅度提高了丙纶织物的防老性能、染色性能。此项技术为世界首创，曾获 1989 年国家科技进步奖一等奖，已在全国六十多个厂家使用，创利税三亿多元，并多次荣获国际发明奖。

研制开发了在国民经济中有重大用途的聚四氟乙烯塑料、氟橡胶、有机硅树脂和耐油氟硅橡胶、弹性聚氨酯灌浆材料等。1958 年研制成功尼龙 1010，1961 年实现工业化；50 年代自行研制开发生产出了锦纶；60 年代生产棉型维尼龙；70 年代随着我国石油化工的发展，合成纤维工业蓬勃发展起来；80 年代实现了丙纶低温纺丝，细旦超细旦纤维实现了工业化，化学合成纤维更趋于实用。

晶体的合成和生长在旧中国是空白领域，目前我国在各种晶体生长方法和技术上已达到国际水平。新型闪烁晶体锗酸铋单晶（BGO）、低温相硼酸钡晶体（BBO）以及新开发的三硼酸锂单晶（LBO）的生长居国际先进水平。

我国化学工作者在纳米材料和高温超导材料等领域也都有很出色的工作。

（6）解决国防建设中的部分关键问题

从 1950 年开始，我国决定自行研制"两弹一星"，各有关化学研究所积极承接了许多有关的科研课题，为火箭、导弹和人造卫星等国防建设做出了重大贡献。

3 化学工业发展简史

化学工业、化学工程和化工工艺的总称或其一部分都可以称为化工，随着科学技术与国民经济的发展，"化工"的范围也在不断扩大，如自动化技术、过程控制及优化、环境与经济问题、生产安全等只要涉及化学工业、化学工程和化工工艺的，都可以列入"化工"范畴，形成如化工自动化、化工过程模拟、环境化工、化工安全等新名词。

通常所说的"化工"主要指化学工业，又称化学加工工业。化学是研究物质的组成、结构、性质及其变化规律的科学。化学工业是依据化学原理和规律实现化学品生产的工业。

3.1 世界化学工业发展简史

世界化学工业的发展从时间上大致可分为古代、近代、现代三阶段。

3.1.1 古代的化学加工

化学工业的发展史最早可追溯到约 140 万年前的人类对火的利用。火的利用不仅是人类文明的起点，也是人类化学化工生产发展史的第一个伟大发现和发明。"火第一次使人支配了一种自然力，从而最终把人和动物分开。"

火的利用，使古代的人类有可能进行制陶、酿酒、制备玻璃、冶炼金属等这些古老的化学加工。今天的化学及化学工业正是由制陶、金属冶炼、酿造等最简单的生产所积累的知识、手段、方法的总结和提高而逐步形成的。从黏土制成不漏水的陶器，从绿色的孔雀石变成黄色的铜，从谷粒变成醇香的酒，使人们逐渐理解到物质的变化，形成古老的化学工艺。

（1）最早的化学工业——硅酸盐工业

地球的历史有 46 亿年，生物的出现已有 33 亿年，而人类的起源只是在最近 1 千万年之内。从 250 万年至 1 万年前的旧石器时代，占人类历史的 99.6%。在这 200 多万年的时间里，人类取得了长足的进步。包括人类的最终形成、组成社会、用火取火、艺术萌发等。从 1 万年前，人类进入新石器时代，相对来说，生产工具发展到一个新的水平，人们开始过着比较稳定的定居生活，因而需要更多更好的生产生活用具，陶器正是适应这种社会经济生活的需要而产生的。

陶器是什么时候产生的，已很难考证。从发掘出实物的研究表明，人类制作陶器的发展过程大致是这样的：在遥远的古代，在世界文化起源的各个地方，人们最初是随意使用黏土，后来是有意识地选择，并且知道用淘洗的方法除去黏土中的沙粒、石灰和其他杂质，制成的陶器表面逐渐光滑而美观，使粗陶逐渐过渡到细陶。以后，随着选料进一步精细，焙烧温度提高，使人们发明了釉，制成了瓷器。瓷器的发明大约比陶器要晚几千年。

大约距今 1 万年以前，中国开始出现烧制陶器的窑，成为最早生产陶器的国家。陶器的发明，在制造技术上是一个重大的突破。制陶过程改变了黏土的性质，使黏土的成分二氧化硅、三氧化二铝、碳酸钙、氧化镁等在烧制过程中发生了一系列的化学变化，使陶器具备了防水耐用的优良性质。我国秦（前248～前207）、汉（前206～后220）时期的陶塑艺术达到了创作的高峰，许多绝世精品是我国古代文化的瑰宝。以秦始皇陵兵马俑为最杰出的代表。陶俑形象逼真，结成方阵，气势磅礴，秦陵兵马俑不仅具有很高的艺术价值，而且是研究古代军事史的珍贵资料。

由于陶、瓷概念的区分不是十分明确，古代各国何时出现瓷器很难一一考证。

大约在距今四千多年之前，出现了我国历史上第一个朝代，被称为"夏、商、周时代"，其间约两千年左右。其间，各种手工业渐进渐繁，制陶业已成为独立的手工业部门，而且是诸工种中最重要的一种。

夏、商、周三代的陶瓷品种，大致可分为灰陶、白陶、印纹陶、红陶、原始陶等。其中在日常生活中使用最多的是灰陶，这一时期的器体造型功能依然以饮食器皿为主，有豆、鼎、釜、鬲等。白陶所使用的原材料为瓷土，质地较细密，烧成温度也比其他陶器品种要高。通过长期烧造白陶的实践，不断改进原材料的选择与加工，于商代中期出现了原始瓷器，到西周、春秋、战国时期开始兴盛起来。胎质烧结程度提高和器表施釉，使原始瓷器不吸水而且更加美观。夏代人们的活动区域主要在中原一带，据考古发现可断定在河南豫西与山西晋南地区。商代的统治范围有所扩大，因此，在陶瓷工艺上也大量融合了中原以外地区的特征，制陶业从其他农业分工中独立出来。西周在北至北京、南至广东、东抵海滨、西达陕、甘的广大地区，原始瓷器蓬勃发展起来。春秋战国时期在长江中下游地区出现了大量公、私制陶作坊，其产品上多留有文字铭记。

夏、商、周时代的烧窑技术也有所改进，馒头窑的出现更加改善了窑内的烧成气氛，对提高陶器质量有利。窑炉容积增大，窑室底部可达1.8m；根据不同产品，烧成温度也有所提高。进入西周以后，窑炉顶部出现了烟囱，这对陶瓷烧造技术的改良有着重大意义。这个创举，使燃料的燃烧更加充分，热力更有效利用，还可调节空气和火焰的流速，使火焰性质得以控制，烧成温度可达1200℃。因此，窑炉的改进，是这一时期出现原始瓷器的重要原因。

三国魏晋时代，约公元前1500年，完成了从陶器向瓷器的过渡，使中国成为世界上最早发明瓷器的国家。

玻璃的发现在科学发展史上的地位是至关重要的，因为发现了玻璃，人们可以把它做成显微镜观察微观世界，也可以做成望远镜，用于天体研究，观察到更广阔的宏观世界和宇宙。所以玻璃的发现，远远拓展了人们的视野，大大地促进了科学的发展。

公元前2600年左右，玻璃出现于美索不达米亚（现今伊拉克）或埃及的早期文明中心地之一。

玻璃是由沙子、石灰石和碳酸钠的混合物制作出来的，虽然我们通常认为玻璃是一种清澈明净的物质，但古代的玻璃却不是透明的。它带有点颜色，因为混合物原料中有杂质，不过这些颜色通常是非常美丽的。古代埃及人是十分出色的制造玻璃小瓶和装饰品的艺术家，而且他们经常制造出一层一层不同的颜色，出自第十八王朝（公元前1570年～公元前1320年）的埃及玻璃瓶仍然得以保存下来。吹制玻璃器皿，或者说拿一团呈半流质状的热熔化玻璃，把气吹进去来制成一个中空的容器，这是后来的发明。第一批玻璃吹制工人大概出现在公元前1世纪的叙利亚。玻璃窗是一项更晚一些的发明。它们最初也是用吹气来制造的。大容器被吹制出来，经弄平后就成为一片玻璃。公元100年左右开始出现这种明亮的玻璃。

1965年，河南出土的一件商代青釉印纹尊，尊口有深绿、厚而透明的五块玻璃釉；1975年，宝鸡茹家庄西周早、中期墓葬里出土了上千件琉璃管、珠。在我国河南、湖南、广西、陕西、广东、山东等地的古代墓葬中，多次出土料珠、管珠、棱形珠、蜻蜓眼、琉璃璧、琉璃杯、琉璃瓶等大量文物，尤其是在湖南一些古墓中出土的大量战国、西汉时的玻璃器，上面有中国民族装饰特点的纹饰及图案，具有鲜明的民族特色。陕西兴平汉武帝的茂陵附近还出土一件玻璃壁，直径 234mm，孔径 48mm，厚 18mm，净重 1.9kg。经鉴定，这些玻璃制品，是铅钡玻璃，与西方的钠钙玻璃不同，由此证明中国的玻璃是自成系统发展而来。

中国的玻璃虽然要比埃及晚，但它萌芽于商代，最迟在西周已开始烧制。《穆天子传》载，周穆王登采石之山，命民采石铸以为器，就是烧制玻璃。到了战国时期已生产出真正意义上的玻璃。不过，我国早期的玻璃，古人称它为琉琳、琉璃等，清代才称玻璃。古代所说的琉璃，包括三种东西：一是一种半透明的玉石，二是用铝、钠的硅酸化合物烧制成的釉，三是指玻璃。我国在商代，烧制陶瓷或冶炼青铜时，窑内温度可达 1100～1200℃，有时就会无意中产生铅钡与硅酸化合物的烧制品。作为琉璃之一的玻璃，最初只是作为装饰品或随葬品，视如珍宝。

从我国古玻璃的制造技术来看，大致可分为四个阶段：一是早期原始玻璃，大约在西周至春秋时期，这时期主要有珠、管、剑饰等；二是早期玻璃，即战国至西汉，玻璃已脱离原始状态，生产出玻璃壁、耳王当、玻璃耳杯、盘、碗等；三是中期玻璃，从唐代至元代，除生产铅钡玻璃外，还生产高钾低镁玻璃；四是明清时期，主要生产玻璃瓶、玻璃罐等。

秦汉时，烧制玻璃已为人所知，宋以后各朝，玻璃器皿种类增多，用途与人民生活的关系更为密切，玻璃工艺水平也有了很大进步。

从烧制陶瓷到玻璃的制作过程中，人们意识到原料的选择和精制、烧制温度和空气的控制、烧制设备的设计等，这些都是化学工业生产过程最重要的环节和影响因素。

（2）金属冶炼

在新石器时代后期，人类开始使用金属代替石器制造工具。使用得最多的是红铜。但这种天然资源毕竟有限，于是，产生了从矿石冶炼金属的冶金学。最先冶炼的是铜矿，约公元前3800年，伊朗就开始将铜矿石（孔雀石）和木炭混合在一起加热，得到了金属铜。纯铜的质地比较软，用它制造的工具和兵器的质量都不够好。在此基础上改进后，便出现了青铜器。到了公元前3000～前2500年，除了冶炼铜以外，又炼出了锡和铅两种金属。往纯铜中掺入锡，可使铜的熔点降低到800℃左右，这样一来，铸造起来就比较容易了。铜和锡的合金称为青铜（有时也含有铅），它的硬度高，适合制造生产工具。青铜做的兵器，硬而锋利，青铜做的生产工具也远比红铜好，还出现了青铜铸造的铜币。中国在铸造青铜器上有过很大的成就，如殷朝前期的"司母戊"鼎。它是一种礼器，是世界上最大的出土青铜器。又如战国时的编钟，称得上古代在音乐上的伟大创造。因此，青铜器的出现，推动了当时农业、兵器、金融、艺术等方面的发展，把社会文明向前推进了一步。

世界上最早炼铁和使用铁的国家是中国、埃及和印度，中国在春秋时代晚期（公元前6世纪）已炼出可供浇铸的生铁。最早的时候用木炭炼铁，木炭不完全燃烧产生的一氧化碳把铁矿石中的氧化铁还原为金属铁。铁被广泛用于制造犁铧、铁锛等农具以及铁鼎等器物，当然也用于制造兵器。到了公元前8～前7世纪，欧洲等相继进入了铁器时代。由于铁比青铜更坚硬，炼铁的原料也远比铜矿丰富，在绝大部分地方，铁器代替了青铜器。

（3）酿造

酿造是利用发酵使有机物质发生化学变化的生产过程。发酵是在微生物所分泌的酶的影响下进行的化学变化。

在人类发展史上，在世界许多地方，人们都掌握了酿造技术，也就是用含有糖分的粮食和水果制作发酵饮料。酿制可以帮助保存并提高粮食与果类的营养价值，由于酒类饮料特有的芳香、营养，并能让人产生一种奇特的感觉，所以它逐渐在人类历史进程和技术发展上扮演起重要角色，促进了农业和粮食处理技术的发展。几乎在各个社会里，在生、死、胜利、收获等各个重大的人生事件中，都能找到酒的影子。拥有财富的统治者和上层社会更是与酒结下不解之缘，他们不仅饮酒，有些酒还成为他们的专用品。希腊是酒神戴奥尼索斯 Dionysos 的故乡，早在公元前 7 世纪便开始了辉煌的葡萄酒酿酒历史，不但以酒为贸易商品来以物易物，还将葡萄耕种技术散播到了地中海各主要城市，是葡萄酒文化的散播始祖。科学家最新考古发现，在河南省一个新石器早期的村庄发现了 16 件陶器，同时还发现了包括一支古笛在内的乐器。研究表明，这些陶器的历史可追溯到大约公元前 7000 年，也就是距今9000 年前。科学家对陶器里面的残留物进行了分析，结果发现，残留物的化学成分与现代稻米、米酒、葡萄酒、葡萄丹宁酸，以及草药残留物的化学成分相同。另外，还包含山楂果的化学成分。考古学家们至此找到了中国最早的酿酒证据。中国酿酒、饮酒的历史悠久，到商周，酿酒业已具有相当的规模，国家已有专门执掌酒业的官员酒正、酒人、郁人、浆水等。后人从商周古墓中发掘出了大量的贮酒器、盛酒器、取酒器和饮酒器等。汉代已出现了多种制酒用的酒曲，仅扬雄《方言》一书中就记载了地方名曲八种。西晋制出了可以治病的药酒。这些酒都非烈性酒，有用谷物酿制成的米酒，有用果物制作的果酒。烈性白酒从考古发掘看，大概出现在宋金时代。平日就餐饮酒，可以调节心理平衡；佳节良辰，亲朋相聚，欢宴共饮，可以交流思想，密切关系；亲朋远去，以酒饯行，可表依依深情；客自远方来，备酒接风洗尘，略表款款厚意；适逢知己，千杯恨少；将士出征，以酒壮行；凯旋归来，以酒庆功；喜事临门，以酒庆贺。总之，事事处处离不开酒，酒文化已经成为人们生活中的一大重要元素。

利用发酵还可以准备许多其他的重要产品，如乙醇受醋酸菌的作用，进行氧化生成乙酸制醋，酱和酱油是以豆、麦等原料酿造而成的。西方约在公元前 3000 年，利用霉菌和细菌把牛乳中的蛋白质制成干酪，至今仍是欧洲人喜欢的美食。目前，工业上利用发酵技术制造乙醇、丙醇、丁醇、丙酮、乳酸、醋酸、柠檬酸等许多产品，医药工业上制造青霉素等许多抗菌素产品。

3.1.2　近代化学工业的兴起

世界近代史以 1640 年英国资产阶级革命为开端，到第一次世界大战结束，是资本主义产生和发展，并逐步形成世界体系和向帝国主义过渡的历史。18 世纪中期，工业革命首先发生于英国。工业革命带来的是大量机器的制造，机器工业的发展又促进了交通运输业的革新，这些都增加了对金属材料特别是钢铁的需求，推动了冶铁的发展。在冶铁中需要大量焦炭，由煤炼焦得到的煤焦油一度作为废物处理，不仅污染环境，而且成为当时的一大公害。正是化学家对煤焦油的分析研究，先后分离出许多重要的有机芳香族化合物，推动了分析化学、有机化学以及物质结构方面理论的发展，开辟了近代有机化学工业。

工业规模的化工产品生产的出现是在 18 世纪产业革命以后，标志是 1740 年，英国的瓦尔德（Wald）将硫黄、硝石在玻璃容器中燃烧，再和水反应得到硫酸。1746 年英国的劳伯克（Roeback）用铅室代替玻璃瓶并于 1949 年建厂，月产 33.43% 的硫酸 334Kg，一般认为这是世界上第一个近代典型化工厂的诞生。

　　1775 年法国人路布兰（Nicolas Leblanc）提出以食盐为原料，用硫酸处理得到硫酸钠，再与石灰石、煤粉煅烧生成纯碱的方法。1791 年路布兰获专利权，同年建成第一个工厂。

　　19 世纪化学工业得到很快的发展，其中包括煤化工的发展。1812 年干馏煤气开始用于街道照明。1825 年英国建成第一个水泥厂，标志着现代硅酸盐工业的开始。1839 年美国人固特异（C. Goodyear）用硫黄硫化天然橡胶，应用于轮胎及其他橡胶制品，这是第一个人工加工的高分子橡胶产品。1856 年英国人柏金（W. H. Perkin）生产出第一个合成染料苯胺紫。1854 年美国建立最早的原油分馏装置，于 1860 年在美国建成第一个炼油厂，标志着炼油工业的开始。1862 年，瑞典发明家诺贝尔（A. B. Nobel）开设第一个硝化甘油工厂，后来陆续发明 TNT（1863 年）、雷汞制雷管（1867 年）等，标志近代火炸药工业的开端。1872 年美国开始生产赛璐珞，被认为是第一个人工加工的高分子塑料产品，从此开创了塑料工业。1890 年德国建成第一座隔膜电解制氯和烧碱的工厂。1891 年法国建成第一个人造纤维素（硝酸酯纤维）工厂，被认为是化学纤维素工业的开始。

　　19 世纪末，德国已经成为世界化学工业最发达的国家，标志是 1913 年基于德国化学家哈伯和工业化学家博施的研究成果，建成了世界上第一个合成氨厂，它是化学工业实现高压催化反应的第一个里程碑，有力促进了无机和有机化学工业的发展。

3.1.3　科学相互渗透融合时代——现代化学的兴起

　　1917 年，俄国取得社会主义革命的胜利，标志人类近代史的终结。

　　随着科技的发展，化学与社会的关系日益密切，化学家们运用化学的观点来观察和思考社会问题，用化学的知识来分析和解决社会问题，例如能源危机、粮食问题、环境污染等。化学与其他学科的相互交叉与渗透，产生了很多边缘学科，如生物化学、地球化学、宇宙化学、海洋化学、大气化学等，使得生物、电子、航天、激光、地质、海洋等科学技术迅猛发展。

　　自 20 世纪初以来，石油和天然气被大量开采，为人类提供了各种燃料和丰富的化工原料。1920 年美国新泽西标准石油公司丙烯水合制异丙醇工艺工业化，标志石油化学工业的兴起。1931 年氯丁橡胶生产实现工业化，1937 年聚己二酰己二胺（尼龙 66）合成以后，高分子化工蓬勃发展，到 1950 年，人类进入了合成材料时代，合成塑料、合成橡胶、合成纤维三大合成材料开始大规模发展。

3.2　中国化学工业发展简史

　　中国利用化学方法制造食品和生活品具有非常悠久的历史。考古学家们找到了约在公元前 7000 年中国最早的酿酒证据。公元前 6000 年，中国原始人知晓了烧结黏土制造陶器，并逐渐发展为彩陶、白陶、釉陶和瓷器。公元前 1000 年左右，中国人已经掌握了以木炭还原铜矿石如孔雀石的炼铜技术，以后又陆续掌握了炼锡、炼锌、炼镍等技术。

　　火药是中国古代四大发明之一，我们祖先所发明的火药现在称为黑火药。一般认为黑火药发明于 9 世纪的唐代，在 12 世纪、13 世纪，火药首先传入阿拉伯国家，然后传到希腊和欧洲乃至世界各地。对人类社会的文明进步，对经济和科学文化的发展起了推动作用。美法各国直到 14 世纪中叶，才有应用火药和火器的记载。

造纸术是中国对世界文明史又一不可磨灭的贡献。1933 年，我国新疆罗布淖尔的汉代烽燧遗址中发现了一片西汉宣帝时期的麻纸。1957 年在陕西西安灞桥一座西汉墓葬里，发现了 80 多片麻纸——"灞桥纸"，其年代为公元前 2 世纪，这是目前发现现存的世界上最早的植物纤维纸。公元 105 年蔡伦把造纸的方法上奏给汉和帝，得到汉和帝赞赏，并把他的造纸方法推广。公元 116 年蔡伦被封为龙亭侯，人们就把他发明的纸称为"蔡侯纸"。我国发明的造纸术，在魏晋时首先传到朝鲜，公元 610 年又从朝鲜传到日本。公元 751 年又传给了阿拉伯。以后叙利亚的大马士革、埃及与摩洛哥，也学到了我国的造纸技术。公元 1150 年，西班牙有了造纸工场。再后来，德国、英国、荷兰也造起纸来了。16 世纪后，造纸技术由欧洲传到北美洲。此后，逐渐传遍了全世界。

明朝宋应星在 1637 年刊行的《天工开物》中详细记述了中国古代手工业技术，其中有陶瓷器、铜、钢铁、食盐、焰硝、石灰、红黄矾等几十种无机物的生产过程。源远流长的化学工艺技术是我国几千年文明史的重要组成部分。

3.2.1　新中国成立前的化学工业

中国历史上由于长期受封建制度的束缚，近代又沦为半封建、半殖民地社会，使中国的化学工业发展十分缓慢。新中国成立前，仅在沿海少数城市有化工厂。

旧中国化学工业的发展史，是与灾难深重的旧中国历史紧密相连的。有在艰难中诞生的民族资本化工企业，也有帝国主义侵华遗留下来的化工企业，还有少量国民党政府的化工企业以及中国共产党领导的解放区的化工企业共同组成的。

（1）民族资本化工企业

1874 年，天津机械局淋硝厂建成中国最早的铅室法硫酸生产装置，1876 年投产，日产硫酸 2 吨，用于制造无烟火药。这是中国第一个现代化工厂。

第一次世界大战期间，我国民族资本化工企业开始发展，当时，欧洲战事紧张，西方帝国主义无暇东顾，对我国输出的商品减少，我国民族资本家在沿海城市建立了一些化工企业，生产轻化产品。规模较大的如 1915 年在上海创办了开林油漆厂，归国华侨在广州开设"广东兄弟创制树胶公司"。1919 年开始，在青岛、上海、天津等地陆续开办了一些染料厂，生产硫化染料。1922 年在上海开办五洲固本皂药厂，生产肥皂和药品。1929 年在天津创立永明油漆厂。

从第一次世界大战时期至抗日战争时期，民族资本家创办的生产化工原料的企业主要有两个，即范旭东创办的天津永利系统和吴蕴初创办的上海天原系统，当时称为"北范南吴"。

1917 年，范旭东以 1914 年开办的久大精盐公司为基础，创办永利制碱公司（后改名为永利化学工业公司）。1919 年在塘沽建设永利碱厂，采用索尔维法（Solvay　process）生产纯碱。1921 年，范旭东邀请当时在美国的化学家侯德榜回国，从事制碱技术的研究，侯德榜于 20 世纪 20 年代突破氨碱法制碱技术的奥秘，主持建成亚洲第一座纯碱厂，30 年代领导建成了我国第一座兼产合成氨、硝酸、硫酸和硫酸铵的联合企业，四五十年代又发明了连续生产纯碱与氯化铵的联合制碱新工艺，以及碳化法合成氨流程制碳酸氢铵化肥新工艺，为发展中国的科学技术和化学工业做出了卓越贡献。

范旭东先生于 1922 年成立黄海化学工业研究社，这是我国第一家私人创办的化工研究机构，毕生致力于我国化学工业的发展，逝世后毛泽东主席在挽幛中将他誉为"工业先导，功在中华"。

　　吴蕴初先生于1921年成功试制调味剂——味精，1928年创办中华工业化学研究所。1929年创办上海天原电化厂，并以盐酸、烧碱、漂白粉行销于上海及其他地区。1934年开始生产合成氨与硝酸。1939年在香港办天厨味精厂分厂等工业，1940年在重庆创办天厨川厂、重庆天原电化厂，1943年又筹建宜宾天原电化厂等。

　　这一时期的民族资本化工企业外受帝国主义的倾轧和排挤，内受官僚资本的控制和压榨，步履维艰，发展缓慢。新中国成立后，民族资本化工企业才获得新生。

　　(2) 帝国主义侵华遗留化工企业

　　鸦片战争以后，腐败的清政府与许多帝国主义国家缔结了不平等条约，帝国主义取得了在华开厂的许多特殊权利。日本帝国主义在华建厂最多，规模较大的如1933年在大连创立满洲化学工业株式会社，生产合成氨、硫酸、硝酸、硫酸铵、硝酸铵等产品。1936年在大连创立满洲曹达株式会社，生产纯碱和烧碱。还有在东北、天津、上海投资建立的数十家橡胶厂，在青岛、大连、天津建立的染料厂等化工企业。

　　(3) 国民党政府的化工企业

　　国民党政府仅建有为数不多的化学兵工厂、硫酸厂、烧碱厂、纯碱厂和酒精厂等化工企业，抗日战争期间，河南巩县兵工厂迁到四川泸州，改名为二十三兵工厂，生产硫酸、烧碱、无烟火药、毒气产品等，是当时最大的化学兵工厂。国民党政府办的规模较大的化工企业还有江西硫酸厂、昆明化工材料厂、南京的中央化工厂等。

　　(4) 革命根据地的化工企业

　　抗日战争和解放战争时期，在中国共产党的领导下，各个革命根据地在极端困难的条件下，创办了一批化工企业，主要生产硫酸、硝酸、盐酸、纯碱、酒精、乙醚、甘油等化工原料，以及雷汞、硝化甘油、无烟火药、炸药等军用产品。在各个解放区规模较大的化工企业主要有：延安八路军制药厂；1939年成立晋察冀军事工业部，设立了化学科，1940年建立硫酸厂；晋冀鲁豫边区的光华制药厂和硫酸厂；晋绥地区的军工部第四厂；胶东地区的山东新华制药厂；1947年由日本满洲化学工业株式会社改建而成的建新公司大连化学厂等化工企业。

　　新中国成立前，我国化学工业虽有一定的发展，但是基础十分薄弱，品种很少、产量很低，在世界上毫无地位。1949年，全国化工总产值为1.77亿元，仅占全国工业总产值的1.6%。

3.2.2　新中国的化学工业

　　新中国成立后，化工企业不但很快地恢复了生产，而且至1952年的化工总产值比1949年增加了3倍多。从第一个五年计划（1953～1957年）开始，我国化学工业的重点放在支农及化工基本原料产品的生产上。新建了一批大型化工企业如吉林、太原、兰州化工区、保定电影胶片厂、石家庄华北制药厂，扩建了大连、南京、天津、锦西等化工老企业，组建了一批化研究所及设计施工人员队伍。随后开始了塑料及合成纤维产品的生产，1961年在兰州建成了用炼厂气为原料裂解制乙烯的装置，开始了我国石油化学工业的生产。

　　虽然我国石油化学工业起步较晚，但发展迅速。从20世纪50年代开始从国外引进炼油装置和石油化工设备，60年代开发了大庆油田，从此我国的石油炼制工业有了大规模的发展。70年代，随着我国石油工业的快速发展，建成了十几个以油气为原料的大型合成氨厂，并在北京、上海、辽宁、四川、吉林、黑龙江、山东、江苏等地建设一大批大型石油化工企业，例如，北京燕山和上海金山两个石化企业建成，使我国的石油化工工业初具规模。1983年，中国成立了石油化工总公司，使我国的炼油、石化、化纤和化肥企业集中领导统筹规划。在80年代，中国组建了一批大型石油化工联合企业，新工艺技术、新产品的不断补入，使我国石化工业有了很大的发展，生产能力和产品质量稳定增长，基本形成了一个完整的、具有相当规模的工业体系，与国外先进水平逐步接近。

随着改革开放政策的实施，化学工业也像其他工业一样，得到了飞速的发展。2007年，我国乙烯总产量已突破1000万吨，拥有18个规模在60万吨以上的乙烯装置；1996年尿素产量已居世界首位；1998年化纤产量超过美国，居世界首位。

我国化学工业取得巨大成绩的同时，与发达国家相比，仍然存在较大差距。主要表现在：a.以人均计的产品及产量较低，大都低于世界平均水平；b.化学工业结构还不是十分合理，低档产品多，高档产品及专用产品少，许多高档产品仍需大量进口；c.化学工业产品进口量高于产品出口量；d.化工企业规模小，专业化水平较低，以炼油厂为例，国外最大规模为4000万吨/年，而国内最大规模为1600万吨/年；e.经济效益较差；f.技术水平及装备水平落后，能耗高，劳动生产率低。

新中国成立后，经过五十多年的发展，我国已经形成了门类比较齐全、品种大体配套并基本可以满足国内需要、部分行业自给有余且产品可以出口的化学工业体系。包括化学矿山、化肥、石油化工、纯碱、氯碱、电石、无机盐、基本有机原料、农药、染料、涂料、精细化工新领域、橡胶加工、新材料等14个主要行业。2007年，石油和化学工业全行业完成5.3万亿元，利润5300亿元。我国化学工业产值约占世界化学工业产值的10%，仅次于美国和日本，居世界第三位。

3.2.3 化学工业在国民经济中的地位与作用

化学工业对人类及国民经济的作用是多方面的。

（1）化工与农业

化学工业在农业中地位极为重要。俗话说"民以食为天"，每个人都要摄取粮食来维持生命，"用什么养活世界上这么多人？"答案是：发展农业，提高产量，科学种田。依靠化学工业为农业提供的化肥、农药、植物生长调节剂等是目前采取的重要措施。

① 化肥

农作物生长需要大量的营养素，其中氮、磷、钾是必不可缺的。我国土壤100%缺氮、60%缺磷、30%缺钾，据报道农作物增产的40%~50%是依靠化肥的作用实现的。

② 农药

据统计，全世界的有害昆虫约10000种，有害线虫约3000种，植物病原微生物约80000种，杂草约30000种，若无农药的帮助，全世界每年农作物产量下降约35%。

③ 植物激素及生长调节剂

如吲哚乙酸（促进植物生长）、赤霉酸（诱发花芽的形成）、细胞分裂素（促进种子萌发、抑制衰老）、乙烯（促进果实成熟）等，利用植物生长调节剂，可以促进农作物的生长，并通过适时调节，大大地增加农作物的产量。

④ 其他

地膜覆盖栽培技术可以提高农作物产量30%~50%。化工为农业机械化提供燃料及土壤改良剂、饲料添加剂等都对农业有独特的作用。

（2）化工与医药

人类要生存还必须与疾病作斗争，这就离不开药物，医药工业与化学工业紧密相关。

① 制药工业

制药工业是化学工业的重要组成部分，包括生物制药、化学合成制药与中药制药。人类的生存离不开和各种各样的疾病作斗争，古代人们使用天然植物或矿物对付疾病，最杰出的是中药理论和中药。20 世纪 30 年代的系列磺胺药和 40 年代的系列抗生素，拯救了数以千万计的生命。50 年代激素类的应用，维生素的工业化生产，60 年代新型半合成抗生素工业崛起，70 年代新有机合成试剂及新技术的应用，80 年代生物技术的兴起对化学制药工业的发展有着巨大的影响。

② 制药工业和人类健康

20 世纪人类寿命普遍延长的主要原因有两个：一是世界各国政府均把人的健康列为社会发展计划的首要位置；二是医疗条件的显著改善，其中针对各种常见病、多发病的新药研制成功是关键因素。

（3）化工与能源

① 一次能源和二次能源

一次能源是指从自然界获得且可直接利用的热源和动力源，有石油、煤炭、天然气、水能、核能等。二次能源是指从一次能源加工得到的便于利用的能量形式，除火电外，主要指汽、煤、柴油和人造汽柴油、煤气和液化石油气等。

② 化工与能源

在目前能源结构中，化石燃料是不可再生的。煤化工、石油化工、天然气化工、核化工等，以及太阳能和风能的利用都离不开化学工业。化学工业既是高能耗行业，化工与节能降耗是目前的热点研究课题之一；同时，也是新能源替代品研究、开发、生产的行业依托。

（4）化工与人类的生活

化工与人类的生活紧密相关，化学工业对人类社会的物质文明做出了重大贡献，化工使人类的生活更加丰富多彩。

① 衣

天然纤维有棉花、蚕丝、羊毛等，化学合成纤维已经成为人们最大的衣着原料。一个年产 1 万吨合成纤维的化工厂的产量，相当于 30 万亩棉田或 200 万只绵羊的纤维产量。衣着美离不开合成染料，有机合成的最初目的是为了合成各种染料。

② 食

粮食、酒、饮料、瓜果、蔬菜、肉类等离不开化学品。如肥料、农药、饲料添加剂等。

③ 住

住房及装修材料中除天然木材沙子、石子外，砖瓦、水泥、玻璃、陶瓷、塑料等均属于化工范畴。

④ 行

现代交通工具如汽车、火车、飞机、摩托车等，从结构材料到燃料，无不需要化工产品。

⑤ 用

化工对人类生活用品的贡献不胜枚举。如各种电子产品中需用大量的合成树脂材料，日用品几乎全是化工产品。

（5）化工与国防

从最早的黑火药到硝化甘油和 TNT、火箭和导弹的推进剂均是化工产品，国防机械及大量军事装置的制造过程中都离不开化工产品，军事机械的燃料及隐形涂料、吸声材料等均是化工产品。

化学工业是重要的工业部门，在世界工业产值中，化学工业约占 10%，在近数十年中，这个比例正逐渐上升。化学工业绝不是夕阳产业，是发展新技术的基础和国民经济的重要支柱。

3.3 中国石油化工发展简史

人类于三四千年前就已发现和利用石油，在古代，中东的巴比伦人曾把石油用于建筑和铺路。公元 11 世纪，我国的沈括在《梦溪笔谈》中首次命名了"石油"，并提出了"石油至多，生于地中无穷"的科学论断。十二三世纪，在陕北延长一带就出现了我国历史上最早的一批油井。由此可见，在古代，我国在石油与天然气的开采和利用方面，都曾创造过光辉灿烂的成就，当时在世界上居于领先地位。

石油化学工业简称石油化工，是化学工业的重要组成部分，在国民经济的发展中有重要作用，是国家的支柱产业部门之一。按加工与用途划分，石油加工业有两大分支：一是石油经过炼制生产各种燃料油、润滑油、石蜡、沥青、焦炭等石油产品；二是把石油分离成原料馏分，进行热裂解，得到基本有机原料，用于合成生产各种石油化学制品。前一分支是石油炼制工业体系，后一分支是石油化工体系。因此，通常把以石油、天然气为基础的有机合成工业，即石油和天然气为起始原料的有机化学工业称为石油化学工业（Petrochemical Industry），简称石油化工。生产石油化工产品的第一步是对原料油和气（如丙烷、汽油、柴油等）进行裂解，生成以乙烯、丙烯、丁二烯、苯、甲苯、二甲苯为代表的基本化工原料。第二步是以基本化工原料生产多种有机化工原料（约 200 种）及合成材料（塑料、合成纤维、合成橡胶）。这两步产品的生产属于石油化工的范围。

炼油和化工二者是相互依存、相互联系的，是一个庞大而复杂的工业部门，其产品有数千种之多。它们的相互结合和渗透，不但推动了石油化工的技术发展，也是提高石油经济效益的主要途径。石油化工包括以下四大生产过程：基本有机化工生产过程、有机化工生产过程、高分子化工生产过程和精细化工生产过程。基本有机化工生产过程是以石油和天然气为起始原料，经过炼制加工制得三烯（乙烯、丙烯、丁烯）、三苯（苯、甲苯、二甲苯）、乙炔和萘等基本有机原料。有机化工生产过程是在"三烯、三苯、乙炔、萘"的基础上，通过各种合成步骤制得醇、醛、酮、酸、酯、醚、腈类等有机原料。高分子化工生产过程是在有机原料的基础上，经过各种聚合、缩合步骤制得合成纤维、合成塑料、合成橡胶等最终产品。精细化工生产过程是以石油化工产品为原料，生产精细化工范畴的各种产品。

3.3.1 世界石油化工发展简史

近代石油工业的历史，是从 19 世纪中叶各国采用机械钻井开始算起。1859 年，美国在宾夕法尼亚州打出了第一口油井，井深为 21m，日产原油约 2t。1861 年世界首家炼油厂在美国宾夕法尼亚州建成投产。

石油化学工业是 20 世纪 20 年代在美国首先兴起的。美国 C·Ellis（西·埃力斯）于 1908 年创建了世界上最早的石油化工实验室，经过约 10 年的刻苦钻研，于 1917 年用炼厂气中的丙烯制成最早的石油化工产品——异丙醇。1920 年美国新泽西标准油公司（美孚石油公司）采用他的研究成果进行工业化，从此开创了石油化学工业的历史。1919 年，美国联合碳化物公司开发出以乙烷，丙烷为原料高温裂解制乙烯的技术，随后林德公司实现了从裂解气中分离出乙烯。1920 年建立了第一个生产乙烯的石油化工厂。1923 年，出现了第一个以裂解乙烯为原料的石油化工厂，从此改变了单纯用煤及农林产品为原料制取有机化学品的局面。

石油化工的发展与石油炼制工业、以煤为基本原料生产化工产品和三大合成材料的发展有关。石油炼制起源于 19 世纪 20 年代。20 世纪 20 年代汽车工业飞速发展，带动了汽油生产。为扩大汽油产量，以生产汽油为目的的热裂化工艺开发成功，随后，20 世纪 40 年代催化裂化工艺开发成功，加上其他加工工艺的开发，形成了现代石油炼制工艺。为了利用石油炼制副产品的气体，1920 年开始以丙烯生产异丙醇，这被认为是第一个石油化工产品。20 世纪 50 年代，在裂化技术基础上开发了以制取乙烯为主要目的的烃类水蒸气高温裂解（简称裂解）技术，裂解工艺的发展为石油化工提供了大量原料。同时，一些原来以煤为基本原料（通过电石、煤焦油）生产的产品陆续改由石油为基本原料，如氯乙烯等。在 20 世纪 30 年代，高分子合成材料大量问世。1931 年有氯丁橡胶和聚氯乙烯，1933 年有高压法聚乙烯，1935 年有丁腈橡胶和聚苯乙烯，1937 年有丁苯橡胶，1939 年有尼龙 66。第二次世界大战后，石油化工技术继续快速发展，1950 年开发了腈纶，1953 年开发了涤纶，1957 年开发了聚丙烯。石油化工高速发展的主要原因是：有大量廉价的原料供应（50～60 年代，原油每吨约 15 美元）；有可靠的、有发展潜力的生产技术；石油化工产品应用广泛，开拓了新的应用领域。原料、技术、应用三个因素的综合，实现了由煤化工向石油化工的转换，完成了化学工业发展史上的一次飞跃。20 世纪 70 年代以后，原油价格上涨（1996 年每吨约 170 美元），石油化工发展速度下降，新工艺开发趋缓，并向着采用新技术、节能、优化生产操作、综合利用原料、向下游产品延伸等方向发展。一些发展中国家大力建立石化工业，使发达国家所占比重下降。生产化工产品用油约占炼油总量的 10%。至 1970 年，美国石油化学工业产品已有约 3000 种，资本主义国家所建生产厂已约 1000 个。

（1）乙烯的生产

国际上常用乙烯和几种重要产品的产量来衡量石油化工发展水平。

乙烯的生产，大多采用烃类高温裂解方法。一套典型乙烯装置，年产乙烯一般为 300～450kt，并联产丙烯、丁二烯、苯、甲苯、二甲苯等。乙烯及联产品收率因裂解原料而异。目前，这类装置已是石油化工联合企业的核心。炼油化工一体化已成为全球乙烯行业的发展主流。

乙烯是石化工业的龙头产品，是石油化工产业最重要的基础原料之一，也是世界上产量最大的化学品之一，乙烯工业的发展水平总体上代表了一个国家石油化学工业的发展水平。由乙烯装置生产的"三烯三苯"是生产各种有机化工原料和三大合成材料（合成树脂、合成纤维、合成橡胶）的基础原料。2005 年世界乙烯产能达到 1.17 亿吨。到 2010 年，世界乙烯产能预计将达到 1.5 亿吨。伴随世界石化工业的兼并重组和石化产业的结构调整，世界乙烯产业的集中度进一步提高。一批超大型化工公司相继出现，在其优势领域占据主导地位，而单项产品的联合增强了产品在技术、质量、市场等某一方面的领先地位。2005 年世界 10 大乙烯生产国的乙烯产能合计为 7809 万吨/年，占世界总产能的 67%；世界 10 大乙烯生产商的生产能力合计为5598.5万吨/年，占世界总能力的48%；世界最大的10座乙烯厂的能力合计为1933万吨/年，占全球乙烯总能力的17%。装置规模大型化趋势明显，市场竞争力大幅提高。

目前，全球乙烯的生产主要分布在北美，西欧和亚洲。2006年世界乙烯的总生产能力为1.2亿吨，世界十大乙烯产能国家依次是：美国2877.3万吨/年、中国984.0万吨/年、日本726.5万吨/年、沙特阿拉伯685.5万吨/年、德国555.7万吨/年、加拿大553.1万吨/年、韩国554万吨/年、荷兰395万吨/年、法国367万吨/年和俄罗斯343.5万吨/年。这十个国家约占世界乙烯总产量的67%。

为了在装置规模和生产成本方面取得优势，一些大型石化公司进行了一系列的兼并、重组，出现了道化学、埃克森美孚、雪佛龙菲利浦斯、BP等巨型石化公司。在全球乙烯生产企业中，从生产规模来看，生产能力主要集中在陶氏化学公司、埃克森美孚化学公司等十大生产公司手中，2006年这十大乙烯生产公司的生产厂家数目达到91家，联合装置的生产能力合计达到7390.0万吨/年，约占世界乙烯总生产能力61.36%，见表3-1，表3-2。

表 3-1 2006年全球十大乙烯生产商

生产厂家名称	厂 家 数 目		生产能力/(万吨/年)	
	2005 年	2006 年	2005 年	2006 年
陶氏化学公司	14	14	1315.5	1315.5
埃克森美孚化学公司	15	15	1146	1146
萨比克工业公司	10	7	893.5	898.5
壳牌化学公司	6	10	809.5	894.5
英力士化学公司	8	8	654.6	654.6
中国石油化工集团公司	11	11	488.5	549.5
莱昂德尔化学公司	6	6	488	488
雪佛龙菲利浦斯化学公司	4	4	395.6	395.6
道达尔石化公司	9	9	552.3	552.3
巴斯夫公司	7	7	493.2	495.5
合计	90	91	7236.7	7390

表 3-2 2006年全球十大乙烯生产装置

公 司 名 称	地 点	生产能力/(万吨/年)
诺瓦(Nova)化学公司	加拿大的阿尔伯塔省若夫尔	281.2
阿拉伯石油化工公司	沙特阿拉伯朱拜勒	225
埃克森美孚化学公司	美国得克萨斯州贝敦	219.7
雪佛龙菲利浦斯化学公司	美国得克萨斯州斯威尼	186.8
陶氏化学公司	荷兰泰尔纳赞	180
英力士(lneos)烯烃和聚合物公司	美国得克萨斯州 Chocolate Bayou	175.2
等星(Equistar)化学公司	美国得克萨斯州 Channelview	175
延布(Yanbu)石油化工公司	沙特阿拉伯延布	170.5
陶氏化学公司	美国得克萨斯州弗里波特	164
壳牌化学公司	美国路易斯安那州 Norco	155.6

(2) 新世纪石油化工发展的趋势和特点

近年来，石油化工发展的趋势主要表现生产装置规模化、炼油化工一体化、加工技术综合化。精细化工率在一定程度上反映一个国家精细化工的发展水平。美、日、德等发达国家化学工业的精细化率20世纪80年代一般为45%以上，目前已上升到60%～65%。近几年，发达国家精细化工的发展速度都高于化学工业的发展速度，精细化工品种也将不断增加，高新技术加速渗透，在21世纪初这种趋势仍将继续。

石化工业技术的另一重要发展方向是生产技术进步。为了节约能源、原料，优化生产工艺，新技术不断涌现。保护生态环境，消除环境污染，将是21世纪人类最为关注的问题。采用"环境友好"技术，实现"零排放"，已经成为石化技术发展的主要方向之一。可以预期，随着人们对环境越来越关注，绿色化学将会在石油化工行业有更大的发展。

3.3.2 中国石油化工发展简史

（1）中国炼油工业发展简史

中国虽是世界上最早发现和利用石油及天然气的国家之一，但自19世纪中叶起，由于封建制度的桎梏及帝国主义的侵略和压迫，我国沦为半封建半殖民地的境地，社会生产力的发展十分缓慢，近代石油工业的基础极为薄弱。虽然1878年起我国即开始用钻机打油井，但直至1949年中华人民共和国成立之前，投入过开发的只有中国台湾苗栗、陕西延长、新疆独山子、甘肃老君庙等几个规模很小的油田，以及四川自流井、石油沟、圣灯山和中国台湾锦水、竹东、牛山、六重溪等几个气田。从1904~1948年的45年中，全国累积生产原油只有300万吨左右，其中天然石油仅为67.7万吨，大部分为人造石油。1948年，我国大陆仅生产天然石油8.1万吨。由于历史的原因，我国现代炼油工业的起步比较晚。1907年，陕西地方当局兴办了延长石油官矿局炼油房，在我国首先用单独釜生产灯用煤油。1909年，新疆也开始炼油。至1940年，在玉门建起了日炼200t原油的蒸馏装置。并用热裂化装置进行原油的二次加工。但直到1949年，全国只在玉门、独山子、延长、大连等地有少数几个规模很小的炼油厂，以及在东北抚顺、锦州、锦西、桦甸等地有几个以煤和油页岩为原料的人造石油厂。当时中国所需要的油品绝大部分依赖进口。

20世纪50年代，我国先是对一些在战争中被破坏的炼油厂和人造石油厂进行了恢复和扩建，接着就从前苏联引进技术和设备，在兰州兴建了我国第一座年加工能力为100万吨的现代化炼油厂。兰州炼油厂的建成投产使我国炼油工业在技术水平、装备水平和产品质量等方面都有了很大的提高。进入60年代以后，随着大庆油田的开发，我国原油的产量迅速增长，与此相适应，我国的炼油工业也突飞猛进地发展。依靠自己的力量先后建起了大庆炼油厂、胜利炼油厂、东方红炼油厂等，其年加工能力为（150~250）万吨。相继掌握了流化床催化裂化、催化重整、延迟焦化、加氢裂化、烷基化等工艺，以及配套的催化剂制造技术，大大缩小了我国与世界炼油先进技术水平的差距。

至20世纪80年代，随着我国的改革开放，石油工业又进入一个新的发展时期，在积极开发应用新技术新工艺的同时，扩大了与国外的技术合作，有引进国际先进技术，有计划有重点地对原有工艺与设备进行技术改造。主要表现在：a. 重油催化裂化技术的掌握和迅速推广；b. 催化加氢能力的扩大和技术水平的提高；c. 炼厂气的较充分的综合利用；d. 石油产品逐步按照国际标准更新换代等方面。

我国现已有年加工能力超过100万吨的大中型炼油厂30余座，其中茂名炼油厂、胜利炼油厂、东方红炼油厂、大庆炼油厂、抚顺石油二厂、锦西石油五厂、大连石油七厂、上海炼油厂、南京炼油厂、洛阳炼油厂等的年加工能力均已接近或超过500万吨。中国炼油工业发展经历了三个阶段：第一阶段，从1863年第一次进口煤油，到1963年油品基本自给，实现这个跨越整整用了100年；第二阶段，从20世纪60年代初到90年代末，中国炼油行业在产能规模和技术上都实现了巨大飞跃，进入世界炼油大国行列；第三阶段，即从 21 世纪初开始到 2020 年左右，实现从炼油大国到炼油强国的跨越。经过 50 多年的艰苦奋斗，至 2006 年中国已经成为世界上仅次于美国的第二大炼油国，原油一次加工能力达 3.5 亿吨。实际加工原油 3.0651 亿吨，四大类成品油（汽油、煤油、柴油、润滑油）产量达 1.88 亿吨。

（2）中国的油气资源

1914～1916 年，美孚石油公司在陕北延长及其周围地区进行石油地质勘察及钻探失败后，"中国贫油"的论调就广为传播。但是，我国的地质学家李四光、谢家荣等却明确地提出了不同的看法。在极端困难的条件下，我国的地质工作者不畏艰险，先后在陕西、甘肃、四川、新疆、青海等地进行了艰苦卓绝的油气资源勘察活动，从实践到理论上做出了不少有益的探索，创造性地提出了陆相生油的观点。

从 50 年代后半期开始，我国的石油勘探在西北和东北地区相继获得重大发现，找到了克拉玛依油田和大庆油田。1960 年 3 月开始的大庆石油会战，是我国石油工业史上最重要的里程碑，它从根本上改变了我国石油工业的落后面貌，并使之成为我国国民经济最重要的基础工业部门之一。当时中央军委抽调 3 万多名复转官兵参加会战，全国有 5000 多家工厂企业为大庆生产机电产品和设备，200 个科研设计单位在技术上支援会战，石油系统 37 个厂矿院校的精兵强将和大批物资陆续集中大庆，至 1963 年，全国原油产量达到 648 万吨，同年 12 月，周恩来总理在第二次全国人民代表大会第四次会议上庄严宣布，中国需要的石油，现在已经可以基本自给，中国人民使用"洋油"的时代，即将一去不复返了。1965 年我国生产汽、煤、柴、润四大类油品 617 万吨，石油产品品种达 494 种，自给率达 97.6%，提前实现了我国油品自给。

20 世纪 60 年代我国在渤海湾盆地连续发现了胜利、大港等油田，到 70 年代又相继发现了任丘、辽河、中原等油田，为我国东部油气工业的崛起奠定了基础。近年来，又在塔里木这个我国最大的沉积盆地上，首次在我国海相古生代地层中发现了一批油气田，这将成为我国油气开发的重要战略接替基地，具有十分深远的意义。

（3）中国石油化工发展简史

旧中国的化学工业基础十分薄弱，特别是有机合成工业更是落后，到 1949 年，全国有机化工原料的年产量仅有 900 吨。我国的石油化工起步于 20 世纪 50 年代末、60 年代初。第一套工业规模的乙烯装置是在 50 年代由前苏联援助、在兰州合成橡胶厂内建立的年产 5000 吨乙烯装置。该装置于 1961 年投产，取代了由原来粮食酒精为原料合成橡胶的路线，从此开始了我国的石油化学工业。此后，于 70 年代中期，在兰州引进了砂子炉裂制乙烯装置。至 70 年代末期，又引进了管式炉裂解制乙烯技术和装备，相继建设了燕山石油化工公司 30 万吨乙烯装置、上海石油化工总厂 11.5 万吨乙烯装置和辽阳石油化纤公司 7.5 万吨乙烯装置。进入 80 年代后，我国的石油化工有了突飞猛进的发展，先后又兴建了大庆、齐鲁、扬子、上海四套 30 万吨乙烯装置。我国石化工业经过 50 多年的发展，具有较大的规模，生产能力和产品质量持续稳定增长，基本形成了一个完整的具有相当规模的工业体系。至 2007 年底，石油和化学工业全行业完成工业产值 5.3 万亿元，利润 5300 亿元。

为了多元发展我国的石油工业，我国于 1982 年成立了中国海洋石油总公司，1983 年 7 月，中国石油化工总公司成立。中国第三家国有石油公司——中国新星石油有限责任公司也于 1997 年 1 月成立。1998 年 7 月 1 日，中国石油天然气总公司与中国石油化工总公司重组，成立中国石油天然气集团公司与中国石油化工集团公司。

据 2007 年美国《财富》杂志报道，世界 500 强企业中，属能源及石油化工行业的超过 80 家，规模较大的世界著名企业见附录 3。中国 500 强企业中，属石油化工行业的超过 30 家，规模较大的著名企业见附录 4。

（4）石油化工技术展望

进入 21 世纪，石油化工最引人注目的技术中，以下几个领域的技术尤其引人注目。

① 以低成本烷烃原料开发产品的新工艺

烷烃价格比乙烯、丙烯、丁烯低廉得多。以乙烷为原料除已广泛用于裂解制乙烯外，还可选择性氧化制乙醇、乙酸、氯乙烯、乙烯等有机原料与化学品的新工艺。以丙烷为原料，经选择性催化氧化可制丙烯醛、丙烯酸和氨氧化制丙烯腈。据报道丙烷氨氧化制丙烯腈技术不久将实现工业化。

② 烯烃转化技术

ABB Lummus 公司开发的 2-丁烯和乙烯歧化生成丙烯技术已实现了工业化，此外，以 1-丁烯和 2-丁烯为原料，自动歧化生成丙烯和 3-己烯，3-己烯进而转化为 1-己烯的新技术也正在开发中。Dow 化学公司开发的丁二烯合成苯乙烯的工艺技术有工业应用前景。

③ 以天然气为原料制取低碳烯烃

由于天然气价格较低，开发以天然气为原料的化工技术已越来越受到人们的重视。由天然气制甲醇，再由甲醇转换成烯烃及丙烯技术取得了良好进展。天然气经由甲醇或二甲醚制乙烯与蒸汽裂解制乙烯相比较，操作成本较低，一次投资较高，在富产天然气地区有可能建成低成本的乙烯生产装置。

④ 新催化材料和催化剂

据预测，今后 10 年各种茂金属催化剂、后过渡金属催化剂、生物催化剂、水溶性络合催化剂等及新催化材料的研究，将是 21 世纪石油化工领域的研究热点之一，催化材料和催化剂的技术进步将对石油化工技术的发展起到积极的推动作用。

⑤ 化学工程新技术

化学工程新技术对石油化工技术的发展有重要的作用。如国内开发的中空纤维膜分离器、气液环流反应器和反应过程与蒸馏过程的集成设备等，以及超临界过程、超短接触时间反应器、多功能反应器等的应用也可能推进工艺技术出现新的变革。此外，微波反应、等离子诱导反应、超声波等离子等也将对石油化工技术的发展产生影响。

⑥ 绿色化学技术、信息技术

绿色化学的研究方兴未艾。随着人们对环境越来越关注，绿色化学将会有更大的发展。信息技术在石油化工科研设计、过程运行、生产调度、计划优化、供应链优化、经营决策等方面的应用已经取得了重要进展，在 21 世纪对石油化工的发展将产生更大的影响。

展望 21 世纪石油化工的发展，前途光明。石油天然气资源前景乐观，为世界石油化工的发展奠定了原料基础。世界经济的发展将带动全球石油化工产品需求持续增长。进入 21 世纪，以信息技术为代表的新技术革命将一浪高过一浪，可以预见，随着一系列重要石油化工技术的新突破，将推动世界石油化工持续发展。我国的石油化工也将获得快速发展，实现从石油化工生产大国到石油科技强国的跨越。

4 石化与材料工业

4.1 材料工业概况

材料分为金属材料、非金属材料及高分子材料三大类。其中高分子材料以石油化工产品——基本有机化工产品为原料，是石油化工的下游产品。

石油化学工业是化学工业的重要组成部分，在国民经济的发展中有重要作用，是我国的支柱产业部门之一。石油化工以石油为原料生产石油产品和石油化工产品。基本有机化工产品中"三烯三苯"为高分子材料（塑料、合成纤维、合成橡胶）合成提供重要原料，全世界石油化工提供的高分子合成材料目前产量约 1.45 亿吨。建材工业是石化产品的新领域，如塑料管材、门窗、铺地材料、涂料被称为化学建材。轻工、纺织工业是石化产品的传统用户，新材料、新工艺、新产品的开发与推广，无不有石化产品的身影。同时，石油化工的发展也与三大合成材料的发展有关。

石油炼制起源于 19 世纪 20 年代。20 世纪 20 年代汽车工业飞速发展，带动了汽油生产。为扩大汽油产量，以生产汽油为目的热裂化工艺开发成功，随后，40 年代催化裂化工艺开发成功，加上其他加工工艺的开发，形成了现代石油炼制工艺。为了利用石油炼制副产品的气体，1920 年开始以丙烯生产异丙醇，这被认为是第一个石油化工产品。20 世纪 50 年代，在裂化技术基础上开发了以制取乙烯为主要目的的烃类水蒸气高温裂解（简称裂解）技术，裂解工艺的发展为发展石油化工提供了大量原料。同时，一些原来以煤为基本原料（通过电石、煤焦油）生产的产品陆续改由石油为基本原料，如氯乙烯等。在 20 世纪 30 年代，高分子合成材料大量问世。按工业生产时间排序为：1931 年为氯丁橡胶和聚氯乙烯，1933 年为高压法聚乙烯，1935 年为丁腈橡胶和聚苯乙烯，1937 年为丁苯橡胶，1939 年为尼龙66。第二次世界大战后石油化工技术继续快速发展，1950 年开发了腈纶，1953 年开发了涤纶，1957 年开发了聚丙烯。可见，高分子材料的合成与石油化工行业发展之间的相互依存与促进关系。

4.2 高分子材料

通用高分子材料是高分子化学家为适应社会不同领域对新材料的需求而形成的一个研究领域。它与功能高分子的区别是研究和创造社会需求量大、面广的通用高分子材料。合成高分子材料有其自身研究和发展的规律，即运用高分子化学的合成手段，运用高分子物理关于高分子聚合物结构和相态形成及变化规律的知识，结合不同领域的特殊使用要求，研究、开发各种新材料。高分子合成材料的发展同时也受社会发展需求的制约，人类社会不断对高分子材料提出新的需求，要求赋予材料各种特性，以社会可以接受的方式，用于各种不同领域。

新型材料的每一次出现都促进了人类文明的巨大飞跃。如从石器时代到青铜时代再到铁器时代，都是以新型材料的出现和使用为标志的。在科学技术突飞猛进的当代，合成纤维、合成橡胶以及合成塑料的问世，对人们的社会生产和日常生活产生了更加重大而深远的影响。

4.2.1 橡胶

（1）概述

哥伦布在发现新大陆的航行中发现，南美洲土著人玩的一种球是用硬化了的植物汁液做成的。哥伦布和后来的探险家们无不对这种有弹性的球惊讶不已。一些样品被视为珍品带回欧洲。后来人们发现这种弹性球能够擦掉铅笔的痕迹，因此给它起了一个普通的名字"擦子"。这仍是现在这种物质的英文名字，这种物质就是橡胶。

1823 年，一个叫麦金托什的苏格兰人在两层布之间夹上一层橡胶，做成长袍以供雨天使用。他还为此申请了专利。现在仍然有人以他的名字称呼雨衣。但这种雨衣毛病太多。天热的时候它变得像胶一样黏；天冷的时候它又像皮革一样硬。因此，如何处理天然橡胶，使它去掉上述缺点，就引起了大家的兴趣。对化学几乎一无所知的美国人古德伊尔，全身心地投入到此项研究中。一次次的失败并没有使他泄气。终于在 1839 年的某一天，在实验中，有些橡胶和硫黄的混合物无意中撒落在火热的炉子上。他赶忙将这种混合物从炉子上刮下来。结果惊奇地发现，这种混合物虽然仍很热，却很干燥。他又将混合物再加热和冷却，发现它既不因加热而变软，也不会遇冷而变硬，倒是始终柔软而富有弹性。魔术般的实验使他发明了硫化橡胶。

那么，为什么橡胶会有弹性呢？天然橡胶分子的链节单体为异戊二烯。高分子中链与链之间的分子间力决定了其物理性质。在橡胶中，分子间的作用力很弱，这是因为链节异戊二烯不易于再与其他链节相互作用。好比两个朋友想握手，但每个人手上都拿着很多东西，因此握手就很困难了。橡胶分子之间的作用力状况决定了橡胶的柔软性。橡胶的分子比较易于转动，也拥有充裕的运动空间，分子的排列呈现出一种不规则的随意的自然状态。在受到弯曲、拉长等外界影响时，分子被迫显出一定的规则性。当外界强制作用消除时，橡胶分子就又回原来的不规则状态了。这就是橡胶有弹性的原因。由于分子间作用力弱，分子可以自由转动，分子链间缺乏足够的联结力，因此，分子之间会发生相互滑动，弹性也就表现不出来了。这种滑动会因分子间相互缠绕而减弱。可是，分子间的缠绕是不稳定的，随着温度的升高或时间的推移缠绕会逐渐松开，因此有必要使分子链间建立较强固的连接。这就是古德伊尔发明的硫化方法。硫化过程一般在 $140\sim150℃$ 的温度下进行。当时古德伊尔的小火炉正好起了加热的作用。硫化的主要作用，简单地说，就是在分子链与分子链之间形成交联，从而使分子链间作用力量增强。

橡胶用作车轮的历史不过一百余年，但人类对于橡胶的需要却日益增长。1845 年汤姆森发明了充气橡胶管套在车子上，并以此获得了专利。以前的车子都是木轮的，或在外部加金属轮箍，但人们发现柔软的橡胶比木头和金属更加耐磨，而且减震性好，使人们乘车时感到很舒适。1890 年轮胎用于自行车，1895 年汽车也装上了轮胎。如此广泛的应用使天然橡胶供不应求，整个军需品生产受到很大威胁。

面对橡胶生产的严峻形势，各国竞相研制合成橡胶。德国首先从异戊二烯中合成了橡胶。当时的德皇威廉二世还用该橡胶制成了轮胎装在皇家汽车上，以此炫耀德国在科技上的成就。这种合成方法有明显缺点：一是由于异戊二烯本身需从天然橡胶中提取，自身很难合成；二是由于聚合时没有规律，制成的橡胶用不了多久就会变黏。看来它也只能用于国事活动的皇家汽车了。只要加入合适的催化剂如稀土元素，就可以制成甚至比天然橡胶还好的"稀土异戊橡胶"。

第一次世界大战时期的德国，在天然橡胶供应被切断后，曾制成一种叫甲基橡胶的合成橡胶，但质量低劣，战后便被淘汰了。第二次世界大战后，各种合成橡胶应运而生。如合成了用钠作催化剂聚合丁二烯制得的丁钠橡胶，用丁二烯和苯乙烯聚合制得的丁苯橡胶，用氯丁二烯聚合制得的氯丁橡胶等。

第二次世界大战中，日本攻占了橡胶产量最大的马来西亚（虽然马来半岛并非橡胶的原产地，但从巴西运来的种子在马来半岛生长茂盛，而在它的原产地产量却逐年下降），对美国的橡胶工业构成严重威胁。可是美国早有准备，在战后大力研究合成橡胶。1955 年利用齐格勒在聚合乙烯时使用的催化剂（也称齐格勒-纳塔催化剂）聚合异戊二烯，首次用人工方法合成了结构与天然橡胶基本一样的合成天然橡胶。不久用乙烯、丙烯这两种最简单的单体制造的乙丙橡胶也获成功。此外还出现了各种具有特殊性能的橡胶。至此，合成橡胶的舞台上已经变得丰富多彩了。

合成橡胶的关键是聚合反应。如何将一个个单体聚合成橡胶分子呢？其中的奥秘是自由基。什么是自由基呢？例如：乙烷分子（C_2H_6）是稳定的，但在某些条件下，如受热、光或某些化学剂作用时，乙烷分子一分为二：生成的两个甲基（·CH_3）都带有一个不成对的电子（也称孤电子）。带有孤电子的原子团就称为自由基，常用 R 表示。游离基性质十分活泼，极易跟别的自由基或者另外的化合物起反应。只要有一个自由基出现，便会跟周围物质立刻发生聚合反应。通过加热不稳定的化合物如过氧化氢（H_2O_2）、过硫酸钾等可以获得自由基。聚合反应一般可分为三步。第一步是链引发，先由过氧化物产生自由基 R，然后 R 使被合成单体的共价键打开，形成活性单体。第二步是链增长，活性单体通过反复地、迅速地与原单体加合，使自由基的碳链迅速增长。第三步是链终止，即在一定的条件下，当碳链聚合到一定程度时，自由基的孤电子变为成对电子。这时游离基特性消失，链就不能再增长了。

上述过程虽有 3 个步骤，但除了引发自由基较慢之外，后两步都是在一瞬间完成的。可以说自由基一旦形成，成百成千成万个单位的双键立刻打开，相继连接成很多个大分子。因此这也称为连锁反应。

人工合成的橡胶在许多地方优于天然橡胶，人工仿照自然，从自然中发现规律，最后超越自然，这正是科学技术的发展规律。

（2）通用橡胶

通用橡胶是指部分或全部代替天然橡胶使用的胶种，如丁苯橡胶、顺丁橡胶、异戊橡胶等，主要用于制造轮胎和一般工业橡胶制品。通用橡胶的需求量大，是合成橡胶的主要品种。

丁苯橡胶是由丁二烯和苯乙烯共聚制得的，是产量最大的通用合成橡胶，有乳聚丁苯橡胶、溶聚丁苯橡胶和热塑性橡胶（SBS）。

顺丁橡胶是丁二烯经溶液聚合制得的，顺丁橡胶具有特别优异的耐寒性、耐磨性和弹性，还具有较好的耐老化性能。顺丁橡胶绝大部分用于生产轮胎，少部分用于制造耐寒制品、缓冲材料以及胶带、胶鞋等。顺丁橡胶的缺点是抗撕裂性能较差，抗湿滑性能不好。

异戊橡胶是聚异戊二烯橡胶的简称，采用溶液聚合法生产。异戊橡胶与天然橡胶一样，具有良好的弹性和耐磨性，优良的耐热性和较好的化学稳定性。异戊橡胶生胶（未加工前）强度显著低于天然橡胶，但质量均一性、加工性能等优于天然橡胶。异戊橡胶可以代替天然橡胶制造载重轮胎和越野轮胎，还可以用于生产各种橡胶制品。

乙丙橡胶以乙烯和丙烯为主要原料合成，耐老化、电绝缘性能和耐臭氧性能突出。乙丙橡胶可大量充油和填充炭黑，制品价格较低，乙丙橡胶化学稳定性好，耐磨性、弹性、耐油性和丁苯橡胶接近。乙丙橡胶的用途十分广泛，可以作为轮胎胎侧、胶条和内胎以及汽车的零部件，还可以作电线、电缆包皮及高压、超高压绝缘材料。还可制造胶鞋、卫生用品等浅色制品。

氯丁橡胶是以氯丁二烯为主要原料，通过均聚或少量其他单体共聚而成的。如抗张强度高，耐热、耐光、耐老化性能优良，耐油性能均优于天然橡胶、丁苯橡胶、顺丁橡胶。具有较强的耐燃性和优异的抗延燃性，其化学稳定性较高，耐水性良好。氯丁橡胶的缺点是电绝缘性能，耐寒性能较差，生胶在贮存时不稳定。氯丁橡胶用途广泛，如用来制作运输皮带和传动带，电线、电缆的包皮材料，制造耐油胶管、垫圈以及耐化学腐蚀的设备衬里。

（3）特种橡胶

特种橡胶是指具有特殊性能（如耐高温、耐油、耐臭氧、耐老化和高气密性等），并应用于特殊场合的橡胶，例如丁腈橡胶、丁基橡胶、硅橡胶、氟橡胶等。特种橡胶用量虽小，但在特殊应用的场合是不可缺少的。

丁腈橡胶是由丁二烯和丙烯腈经乳液聚合法制得的，丁腈橡胶主要采用低温乳液聚合法生产，耐油性极好，耐磨性较高，耐热性较好，粘接力强。其缺点是耐低温性差、耐臭氧性差，电性能低劣，弹性稍低。丁腈橡胶主要用于制造耐油橡胶制品。

丁基橡胶是由异丁烯和少量异戊二烯共聚而成的，主要采用淤浆法生产。透气率低，气密性优异，耐热、耐臭氧、耐老化性能良好，其化学稳定性、电绝缘性也很好。丁基橡胶的缺点是硫化速度慢，弹性、强度、黏着性较差。丁基橡胶的主要用途是制造各种车辆内胎，用于制造电线和电缆包皮、耐热传送带、蒸汽胶管等。

氟橡胶是含有氟原子的合成橡胶，具有优异的耐热性、耐氧化性、耐油性和耐药品性，它主要用于航空、化工、石油、汽车等工业部门，作为密封材料、耐介质材料以及绝缘材料。

硅橡胶由硅、氧原子形成主链，侧链为含碳基团，用量最大的是侧链为乙烯基的硅橡胶。既耐热，又耐寒，使用温度在$-100 \sim 300 \, ^\circ\text{C}$之间，它具有优异的耐气候性和耐臭氧性以及良好的绝缘性。缺点是强度低，抗撕裂性能差，耐磨性能也差。硅橡胶主要用于航空工业、电气工业、食品工业及医疗工业等方面。

聚氨酯橡胶是由聚酯（或聚醚）与二异氰酸酯类化合物聚合而成的。耐磨性能好、其次是弹性好、硬度高、耐油、耐溶剂。缺点是耐热老化性能差。聚氨酯橡胶在汽车、制鞋、机械工业中的应用最多。

（4）合成橡胶生产工艺

合成橡胶的生产工艺大致可分为单体的合成和精制、聚合过程以及橡胶后处理三部分。

单体的生产和精制：合成橡胶的基本原料是单体，精制常用的方法有精馏、洗涤、干燥等。

聚合过程：是单体在引发剂和催化剂作用下进行聚合反应生成聚合物的过程。有时用一个聚合设备，有时多个串联使用。合成橡胶的聚合工艺主要应用乳液聚合法和溶液聚合法两种。目前，采用乳液聚合的有丁苯橡胶、异戊橡胶、丁丙橡胶、丁基橡胶等。

后处理：是使聚合反应后的物料（胶乳或胶液），经脱除未反应单体、凝聚、脱水、干燥和包装等步骤，最后制得成品橡胶的过程。乳液聚合的凝聚工艺主要采用加电解质或高分子凝聚剂，破坏乳液使胶粒析出。溶液聚合的凝聚工艺以热水凝析为主。凝聚后析出的胶粒，含有大量的水，需脱水、干燥。

4.2.2　纤维

（1）概述

淀粉是一种高分子化合物。纤维素和淀粉的分子式是一样的，性质却大不相同了。植物的枝干主要是由纤维素组成的，它们只能用来烧火，人是吃不下去的。我们知道，淀粉和纤维素的分子都是由许多葡萄糖单位连接而成的，但连接方式不同。葡萄糖分子可以正着看（以 u 表示），也可以倒着看（以 n 表示），淀粉分子可以由葡萄糖分子按"…uuuuuu…"的图式缩合而成，而纤维分子则按"…ununun…"的方式缩合而成。这种结构上的差异决定了两者性质上的巨大差异。人类的消化液中含有能使淀粉的"uu"键分解的消化酶，因此能够从淀粉中获得葡萄糖；但同样的酶对纤维素的"un"键却无能为力。实际上没有一种高等生物能够消化纤维素，倒是有些微生物，如寄生在反刍动物和白蚁肠道中的微生物却能做到这一点。纤维素虽不能吃，用途却很大。棉麻纤维素可以用来织布做衣，但它的光泽没有蚕丝织品好，这是因为蚕丝是蛋白质，棉麻是纤维素。影响色泽的主要因素还在其结构形状。蚕丝的形状是圆筒状的，而棉纤维则呈扁平卷曲状。因此用一定的工业方法处理棉纱，就可使它有了丝的光泽，这种方法一般称为丝光处理。经丝光处理过后的棉纱就称为丝光棉。但是这种布料经几次水洗会失去光泽。

人们在偶然之中发现纤维素也可以做炸药。1839 年，德国出生的瑞士化学家舍恩拜因在他家的厨房里做实验，洒了一瓶硫酸和硝酸的混合物。他立刻抓起夫人的棉布围裙去擦，然后把围裙放在火炉上方烘烤。结果，"轰"地一声，围裙着了起来，片刻之间消失得无影无踪。舍恩拜因意识到发明了一种新的炸药。他给这种炸药取名为"火药棉"。由于火药棉威力巨大，而且爆炸时没有烟，这比以前的有烟火药好得多。于是舍恩拜因开始在各国游说他的火药棉秘方，而战火连绵的欧洲对此也十分感兴趣。结果一批批的工厂建起来，但不久，这些工厂就全被炸光了。火药棉太容易爆炸了，稍微受热或碰撞都能引起灾难性的后果。直到 1889 年，杜瓦和阿贝尔把火药棉和硝酸甘油混合，再掺入凡士林并压成线绳状，才是无烟火药的真正问世。在火药棉中，将一个硝酸根与葡萄糖中的一个氢氧根（羟根）连接，这是改造纤维素的一种方法。在这种方法中，所有可被取代的羟基全被硝化了。如果只将其部分羟基硝化会如何呢？是不是就不太容易爆炸了呢？试验结果表明它根本就不会爆炸，却很容易燃烧。这种物质被称为焦木素。焦木素溶于乙醇和乙醚的混合物，蒸发后得到一种坚韧的透明薄膜，称为胶棉。胶棉也很容易燃烧，但无爆炸性。

在焦木素溶于乙醇和乙醚的混合物中，帕克斯加入一种樟脑一类的物质，然后蒸发，得到坚硬固状物。其加热后会变得柔软而富有韧性，可以模塑成各种需要的形状，冷却和变硬之后仍保持这种形状，乒乓球和画图用的三角板等都是这样制得的。可见，纤维素既可以制成棉纱等纤维，也可以做成塑料状的东西，如三角板等。

因此，某种物类能否被称为纤维，并不决定于它是由什么东西构成的，只是决定于它的形态。一般地说，人们把细而长的东西称为纤维。一般纤维的直径纵使眼力再好的人也不可能用尺子测出来。像棉花、羊毛、麻之类的天然纤维的长度约为其直径的 1000～3000 倍。只要直径之小难以用肉眼测量，而其长度约为直径的 1000 倍以上的物质，就是我们所认为的纤维。实际上，对蚕丝和化学纤维而言，长度和直径的比值可能延绵到无穷大。

人类很早就开始养蚕取丝了。这项了不起的成就归属于中华民族。有资料证明五千年前中国人就开始养蚕。蚕是蛾的幼虫，只靠桑叶为食，其饲养过程精细而复杂。养蚕对于西方一直是神秘的，直到公元 550 年，有人偷偷地将蚕种带到君士坦丁堡，欧洲才开始生产蚕丝。蚕丝织成的布虽然华丽，但价格昂贵，人们一直试图寻找合适的替代品。1889 年，席尔顿用硝酸纤维素制得了第一种人造丝。这种丝同蚕丝相比，虽然光泽相似，但却不如蚕丝纤细、柔韧。蚕丝的主要成分是蛋白质，蛋白质也是一种高分子化合物。

人们不仅利用天然高分子制作对人们有用的新的高分子，而且一直试图运用随处可取的无机材料合成高分子。早在 20 世纪 30 年代，美国杜邦化学公司的卡罗瑟斯就开始了这一研究。他希望通过一定的方法，使含氨基和羧基的分子缩合成大环结构分子，以便广泛运用于香料制造业。但事与愿违，最后缩合而成的是一种长链分子。然而，明智的卡罗瑟斯并未忽略这一结果。相反，对此进行了深入研究，终于制成了纤维。最初的纤维质量很不好，强度太差。卡罗瑟斯认为这是由缩合过程中生成的水所引起的。水的存在产生了一个相反作用——水解反应，使聚合不能持续很久。如果缩合在低压下进行，反应生成的水很快就被蒸发，然后被清除掉。1938 年，尼龙研制成功，但它的奠基人却没有看到这一天。卡罗瑟斯于 1937 年卒于费城。

尼龙的强度很高，直径 1mm 的细丝就可以吊起 100kg 的东西。尼龙耐污、耐腐蚀的性能也很好。因此，尼龙一问世就受到了全世界的瞩目。第二次世界大战期间美国陆军收购了全部尼龙产品，用以制造降落伞和百余种军事装备。而 1940 年尼龙长筒女袜刚一投放市场就轰动了世界，4 天之内四百万双袜子一抢而空。

尼龙是真正投入大规模生产的第一种合成纤维。至此，人类希望用煤、空气和水来制造纤维高分子的愿望完满地实现了。从那以后，各种新型纤维一个接一个地被创造出来。如烯类纤维中的维纶和维尼纶，还有永久防皱的涤纶制品等。在我国尼龙也被称为锦纶，因为这是在锦州化工厂首次工业化生产的。

那么，合成纤维是如何合成的？以尼龙为例，我们可以看到，尼龙的学名是聚酰胺纤维，由己二酸和己二胺缩合而成。一般来说，两个或多个有机化合物分子放出水、氨、氯化氢等简单分子而生成较大分子的反应，叫做缩合聚合。尼龙是由几个己二胺和几个己二酸失掉 $n-1$ 个水分子缩合成聚酰胺纤维，我们称之为尼龙 66，其中一个 6 表示己二胺分子的 6 个碳原子，另一个 6 代表己二酸的 6 个碳原子。

纤维为什么会有这样奇特的性质呢？这取决于它的内部结构。虽然目前对纤维内部结构的研究仍处于猜测阶段，但是可以肯定的是，纤维是由高分子组成的，它的内部结构极其复杂。

人们首先提出了缨状微束结构理论。这一理论认为，由于分子间的强大压力，纤维分子有规则整齐排列的部分被称为结晶部分（晶区）；分子链间其他弯曲的运动比较自由的部分称为非晶部分（非晶区），这部分没有规则排列。从整体上看，晶区湮没于非晶区的海洋中。然而，1957 年人们发现聚乙烯分子可以有完全规则的排列，能够形成 100% 的结晶，使这个理论受到严重挑战。因此，人们又相继提出缨状原纤维结构理论和多相结构理论。

仅依据第一种理论，我们已可以解释纤维的许多特性。制造纤维的一个重要条件是在制造过程中，高分子能够取向并形成结晶。如果不能结晶，就可能成为橡胶或普通塑料之类的东西。在结晶部分中，分子间的相互作用力很大，使得晶块刚硬、难弯曲且强度高。非结晶部分恰好相反。因此，纤维中结晶部分与非结晶部分的比例（称为结晶度）愈高，纤维也就越硬，愈难弯曲。合成纤维中的尼龙的强度比天然纤维中的棉纱高，原因就在于其结晶度较高。合成纤维的结晶度也极大影响其共吸湿性。人们知道，羊毛的保暖性很好，其原因在于羊毛纤维卷曲而蓬松，能容纳大量空气。同时，羊毛纤维易于吸水，它在吸附水分时能产生所谓吸附热。因此，突然从室内走到寒冷的户外，羊毛纤维在吸附水分的同时放出热量，使人不觉寒冷。而腈纶纤维由于结晶度高，水分子不易进入结晶内部，因而吸湿性很差，它的导热性也极差，但有较好的保暖性。

　　然而，合成纤维制品也有许多不尽如人意之处。例如，尼龙衣服穿在身上不能吸收皮肤蒸发出来的水分，会使人觉得很不舒服。可见，合成纤维的性能有待于进一步提高。

　　（2）合成纤维的生产方法

　　合成纤维的生产首先是将单体经聚合反应制成成纤高聚物，这些聚合反应原理、生产过程及设备与合成树脂、合成橡胶的生产大同小异，不同的是合成纤维要经过纺丝及后加工，才能成为合格的纺织纤维。高聚物的纺丝主要有熔融纺丝方法，主要决定于高聚物的性能。熔融纺丝是将高聚物加热熔融成熔体，然后由喷丝头喷出熔体细流，再冷凝而成纤维的方法。熔融纺丝速度高，高速纺丝时每分钟可达几千米。这种方法适用于那些能熔化、易流动而不易分解的高聚物，如涤纶、丙纶、锦纶等。溶液纺丝又分为湿法纺丝和干法纺丝两种。湿法纺丝是将高聚物在溶剂中配成纺丝溶液，经喷丝头喷出细流，在液态凝固介质中凝固形成纤维。干法纺丝中，凝固介质为气相介质，经喷丝形成的细流因溶剂受热蒸发，而使高聚物凝结成纤维。溶液纺丝速度低，一般每分钟几十米。溶液纺丝适用于不耐热、不易熔化但能溶于专门配制的溶剂中的高聚物，如腈纶、维纶。熔融纺丝和溶液纺丝得到的初生纤维，强度低，硬脆，结构性能不稳定，不能使用。只有通过一系列的后加工处理，才能使纤维符合纺织加工的要求。不同的合成纤维，其后加工方法不尽相同。

　　按纺织工业要求，合成纤维分长丝和短纤维两种形式。所谓长丝，是长度为千米以上的丝，长丝卷绕成团。短纤维是几厘米至十几厘米的短纤维。短纤维后处理过程主要为：初生纤维-集束-拉伸-热定型-卷曲-切断-打包-成品短纤维。长丝后处理过程主要为：初生纤维-拉伸-加捻-复捻-水洗干燥-热定型-络丝-分级-包装-成品长丝。从上述可以看出，初生纤维的后处理主要有拉伸、热定型、卷曲和假捻。拉伸可改变初生纤维的内部结构，提高断裂强度和耐磨性，减少产品的伸长率。热定型可调节纺丝过程带来的高聚物内部分子间作用力，提高纤维的稳定性和其他物理——机械性能、染色性能。卷曲是改善合成纤维的加工性（羊毛和棉花纤维都是卷曲的），克服合成纤维表面光滑平直的不足。假捻是改进纺织品的风格，使其膨松并增加弹性。合成纤维因具有强度高、耐磨、耐酸、耐碱、耐高温、质轻、保暖、电绝缘性好及不怕霉蛀等特点，在国民经济的各个领域得到了广泛的应用。合成纤维在民用上，既可以纯纺，也可以与天然纤维或人造纤维混纺、交织。用它做衣料比棉、毛和人造纤维都结实耐穿；用它做被服，冬装又轻又暖。锦纶的耐磨性优异，有某些天然纤维的特色，如腈纶与羊毛相似，俗称人造羊毛；维纶的吸水性能与棉花相似；锦纶经特种加工，制品与蚕丝相似等。在工业上，合成纤维常用做轮胎帘子线、渔网、绳索、运输带、工业用织物（帆布、滤布等）、隔声、隔热、电气绝缘材料等。在医学上，合成纤维常用作医疗用布、外科缝合线、止血棉、人造器官等。在国防建设上，合成纤维可用于降落伞、军服、军被，一些特种合成纤维还用于原子能工业的特殊防护材料、飞机、火箭等地结构材料。

　　（3）常见的合成纤维

　　① 涤纶

涤纶学名为聚对苯二甲酸乙二醇酯纤维。1953年美国工业化生产了这种商品名为达可纶的涤纶纤维。在合成纤维中，涤纶是比较理想的纺织材料，世界涤纶纤维的产量1996年为1247万吨，占当年合成纤维总产量的65.5%。我国涤纶纤维产量1996年为210万吨。

生产涤纶的主要原料是对苯二甲酸或对苯二甲酸酯、乙二醇。工业上生产对苯二甲酸乙二醇的工艺路线主要分为酯交换法和直接酯化法两大类。可采取连续法、半连续法和间歇法生产。酯交换缩聚法反应条件缓和，对原料和设备的要求不高，工艺上易于操作和控制，是最早工业化的方法，至今还在应用，但生产步骤多（包括生产对苯二甲酸二甲酯）。直接酯化法反应工序少，原材料消耗少，产品质量较高，但对原料、设备和操作控制的要求较高，是当今的主要生产方法。

涤纶纤维的性能主要表现为：强度比棉花高近1倍，比羊毛高3倍，织物结实耐用；可在70～170℃使用，是合成纤维中耐热性和热稳定性最好的；弹性接近羊毛，耐皱性超过其他纤维，织物不皱，保行性好；耐磨性仅次于锦纶，在合成纤维中居第二位；吸水回潮率低，绝缘性能好，但由于吸水性低，摩擦产生的静电大，染色性能较差。

涤纶作为衣用纤维，其织物在洗后达到不皱、免烫的效果。常将涤纶与各种纤维混纺或交织，如棉涤、毛涤等，广泛用于各种衣料和装饰材料。涤纶在工业上可用于传送带、帐篷、帆布、缆绳、渔网等，特别是做轮胎用的涤纶帘子线，在性能上已接近锦纶。涤纶还可用于电绝缘材料、耐酸过滤布、医药工业用布等。

② 腈纶

腈纶是聚丙烯腈纤维在我国的商品名。腈纶具有优良的性能，由于其性质接近羊毛，故有"合成羊毛"之称。自1950年工业生产以来，已得到很大发展。1996年世界腈纶总产量为252万吨，我国产量为29.7万吨，今后我国将大力发展腈纶生产。腈纶虽然通常称为聚丙烯腈纤维，但其中丙烯腈（习惯称第一单体）只占90%～94%，第二单体占5%～8%，第三单体为0.3%～2.0%。这是由于单一丙烯腈聚合物制成的纤维缺乏柔性，发脆，染色也非常困难。为了克服聚丙烯腈的这些欠缺，人们采用加入第二单体的方法，使纤维柔顺；加入第三单体，提高染色能力。

腈纶的原料为石油裂解副产的廉价丙烯，由于聚丙烯腈共聚物加热到230℃以上时，只发生分解而不熔融，因此，它不能像涤纶、锦纶纤维那样进行熔融纺丝，而采用溶液纺丝的方法。纺丝可采用干法，也可用湿法。干法纺丝速度高，适于纺制仿真丝织物。湿法纺丝适合制短纤维，蓬松柔软，适用制仿毛织物。

腈纶的性能主要表现为：弹性较好，仅次于涤纶，比锦纶高约2倍。有较好的保形性；腈纶的强度虽不及涤纶和锦纶，但比羊毛高1～2.5倍；纤维的软化温度为190～230℃，在合成纤维中仅次于涤纶；耐光性是所有合成纤维中最好的，露天暴晒一年，强度仅下降20%；耐酸、氧化剂和一般有机溶剂，但不耐碱。

腈纶的制成品蓬松性好、保暖性好，手感柔软，有良好的耐气候性和防霉、防蛀性能。腈纶的保暖性比羊毛高15%左右。腈纶可与羊毛混纺，产品大多用于民用方面，如毛线、毛毯、针织运动服、篷布、窗帘、人造毛皮、长毛绒等。腈纶还是高科技产品——碳纤维的原料。

③ 丙纶

丙纶是聚丙烯纤维的商品名称。丙纶于1957年开始工业生产，由于原料只需丙烯，来源极为丰富、价廉，生产工艺简单，是目前最为廉价的合成纤维。丙纶性能良好，发展速度较快，在世界范围内其产量仅次于涤纶、锦纶、腈纶而居于第四位。

生产丙纶纤维的聚丙烯采用溶液聚合方法制成。其热分解温度为350~380℃，熔点为150~176℃，故采用柔软纺丝法。

丙纶的主要性能表现为：丙纶是所有合成纤维总相对密度最小的品种，因此它质量最轻，单位重量的纤维能覆盖的面积最大；强度与合成纤维中高强度品种涤纶、锦纶相近，但在湿态时强度不变化，优于锦纶；耐平磨性仅次于锦纶，但耐曲磨性稍差；对无机酸、碱有显著的稳定性；吸湿性极小，织品缩水率小。但耐光性差，染色性差，静电性大，耐燃性差。此外，丙纶同其他合成纤维一样，不易发霉、腐烂、不怕虫蛀。

丙纶主要用于地毯（包括地毯底布和绒面）、装饰布、土工布、无纺布、各种绳索、条带、渔网、建筑增强材料、包装材料等。其中丙纶无纺布由于其在婴儿尿布、妇女卫生巾的大量应用而引人注目。丙纶还可与多种纤维混纺制成不同类型的混纺织物，经过针织加工制成外衣、运动衣等。由丙纶中空纤维制成的絮被，质轻、保暖、弹性良好。

④ 维纶

维纶是聚乙烯醇缩丁醛纤维的商品名称，也叫维尼纶。其性能接近棉花，有"合成棉花"之称，是现有合成纤维中吸湿性最大的品种。维纶在20世纪30年代由德国制成，但不耐热水，主要用于外科手术缝线。1939年研究成功热处理和缩醛化方法，才使其成为耐热水性良好的纤维。生产维纶的原料易得，制造成本低廉，纤维强度良好，除用于衣料外，还有多种工业用途。但因其生产工业流程较长，纤维综合性能不如涤纶、锦纶和腈纶，年产量较小，居合成纤维品种的第5位。

维纶的主要成分是聚乙烯醇，但乙烯醇不稳定，一般是以性能稳定的乙烯醇醋酸酯（即醋酸乙烯）为单体聚合，然后将生成的聚醋酸乙烯醇解得到聚乙烯醇，纺丝后再用甲醛处理才能得到耐热水的维纶。聚乙烯醇的熔融温度（225~230℃）高于分解温度（200~220℃），所以只能用溶液纺丝法纺丝。

维纶的主要性能表现为：维纶是合成纤维中吸湿性最大的品种，吸湿率为4.5%~5%，接近于棉花（8%），穿着舒适，适宜制内衣；强度稍高于棉花，比羊毛高很多；在一般有机酸、醇、酯及石油灯溶剂中不溶解，不易霉蛀，在日光下暴晒强度损失不大；柔软及保暖性好，相对密度比棉花要小；热传导率低，保暖性好。但具有耐热水性不够好，弹性较差，染色性较差的缺点。

维纶在很多方面可以与棉混纺以节省棉花，主要用于制作外衣、棉毛衫裤、运动衫等针织物，还可用于帆布、渔网、外科手术缝线、自行车轮胎帘子线、过滤材料等。

（4）纤维的改性及特种纤维

随着合成纤维产量的迅速增加，科学技术的不断进步和人民生活水平的提高，人们对纺织纤维的性能要求越来越多样化。为了满足这些需求，得到更高附加价值的纤维，各厂家纷纷研究开发有更新性能的纤维，而其重点，则是对常规化学纤维的改性，也叫差别化。国际上差别化纤维的产量已占合成纤维产量的30%以上。差别化纤维，是指在现有合成纤维的基础上进行化学改性或物理改性的合成纤维。化学改性是通过分子设计，改变已有成纤高聚物的结构，达到改善纤维性能的目的。物理改性则是在不改变成纤高聚物基本结构的情况下，通过改变纤维的形态结构而改善纤维的性能。目前差别化纤维的主要发展方向如下。

① 仿天然纤维

通过异型纺丝/开发细丝/复合纺丝，生产具有仿真效果的合成纤维。如具有丝的光泽/

良好的手感和悬垂性的仿丝型纤维；具有羊毛的自然卷曲及弹性/柔软的光泽和良好的缩绒性的仿毛纤维；具有麻的爽滑透凉性的仿麻纤维等。

② 赋予纤维新的性能

合成纤维受其本身的影响，在一些性能上还不尽如人意，如染色性、吸湿性、阻燃性等，需要不断地加以研究、改进。主要方法有：通过原液着色法、共混法、共聚法、复合法等改善合成纤维的染色性能。通过对纤维大分子的亲水性单体的接枝改性、与亲水性组分共混及组成复合纤维，使纤维具有多孔结构、表面粗糙化及纤维截面异形化等处理，改善合成纤维的亲水性能。通过共混、共聚引入阻燃剂，提高成纤高聚物的热稳定性；通过后处理改性织物阻燃整理等赋予合成纤维阻燃性。通过表面活性剂的表面加工处理，把具有抗静电性能的亲水性聚合体与成纤高聚物共混，改善纤维的抗静电性能。也可通过开发金属纤维、金属镀层纤维、导电性树脂涂层纤维、导电性树脂复合纤维等，改善纤维的导电性能。采用特殊的纺丝和拉伸工艺、共聚改性、异形截面等生产高收缩合成纤维，改善纤维的蓬松性、染色性等。

③ 赋予纤维优良的物理机械性能

如生产具有高强度、高模量、耐高温、耐磨、耐腐蚀等性能的合成纤维等。除了在现有合成纤维的基础上进行改性，以开发人们所希望的性能外，人们也研究制备具有特殊功能的新型纤维，如高强度、高模量纤维、耐高温纤维、耐腐蚀纤维、弹性体纤维、医用功能纤维等。

高强度、高模量纤维主要为芳香族聚酰胺系列，如聚对苯二甲酰对苯二胺、聚对苯二甲酰对氨基苯甲酰胺；高取向的聚烯烃纤维系列，如聚乙烯、聚丙烯。高强度、高模量纤维主要用于防弹背心、防弹帽，制成各种复合材料用于飞机、宇航器材代替铝合金；用于体育器材方面，如网球拍线、赛车服等。

碳纤维是由元素碳组成的纤维状物质。碳纤维可以多种形式与各种基质构成复合材料，用于制造飞机零部件，不但能满足苛刻的环境要求，还大大减轻部件的重量，满足宇航、导弹、航空等部门的要求，还可用于汽车、高尔夫球棒等。

弹性纤维，如聚氨酯弹性纤维，具有相对密度小、染色性好、伸长率大、回弹性好、耐磨、耐扰曲、耐化学试剂等优点，主要用于袜子口、胸罩、腰带、茄克衫、医用内衣等。

耐高温纤维主要有聚四氟乙烯纤维、聚间苯二甲酰间苯二胺纤维、聚酰胺酰亚胺纤维等。

塑料光导纤维按光纤芯的组成可分为聚甲基丙烯酸甲酯类、聚苯乙烯类、重氢化聚甲基丙烯酸甲酯类等。其特点是不受静电、电磁感应的影响，重量轻，柔韧性好，数值孔径大，线径粗，易于光器件耦合连接，用于可见光的传输，可靠性容易确定，价格便宜。可用于光学仪器、汽车、家用电器、计算机、广告显示装置、日用品、玩具等方面。

4.2.3 塑料

（1）简介

也许是因为塑料制品在日常生活中太普遍了，大家对塑料一词熟悉得不能再熟悉了。从字面上理解，塑料指所有可以塑造的材料。但我们所说的塑料，单指人造塑料，也就是用人工方法合成的高分子物质。其实，正是因为有了这种物质，才有了塑料一词。

大家知道，在纤维素中的部分羟根（氢氧根）被硝化后会得到焦木素。焦木素溶于乙醇和乙醚的混合物，再加入樟脑等蒸发后会得到一种物质，它受热后变软，冷却后变硬，这种物质被称为"赛璐珞"。它就是于1865年问世的首批人造塑料。

使塑料从化学实验室中的珍品一跃而成为公众关注的对象，是塑料被引入台球室这一戏剧性事件引发的。以前的台球是用象牙做的，象牙只能来源于死了的大象，数量自然非常有限。19世纪60年代初，有人悬赏1万美元征求台球的最好代用品。1869年，美国的海厄特利用"赛璐珞"制出了廉价台球，从而赢得了这笔奖金。从此，赛璐珞被用来制造各种物品，从儿童玩具到衬衫领子中都有赛璐珞。它还用来做胶状银化合物的片基，这就是第一张实用照相底片。但是赛璐珞中含硝酸根，极易着火而引起火灾。

赛璐珞是由纤维素制成的。因此，它仍然属于高分子化合物。到1909年，人们已能用小分子合成塑料。美国的贝克兰把苯酚和甲醛放在一起加热得到的酚醛树脂，被称为贝克兰塑料。酚醛树脂也是通过缩合反应制备的。其制备过程共分两步：第一步先做成线型聚合度较低的化合物；第二步用高温处理，转变为体型聚合度很高的高分子化合物。第一步得到的物质研磨成粉，再和其他物质如陶土混合加热，熔融后凝固的高分子物质很稳定，再加热的时候不再变软。当然，对塑料加热可以使其损坏。

到了20世纪30年代，人们发现乙烯在高温高压下能形成很长的链。这是因为乙烯中两个碳原子间的双键在高温下有一个键会打开并与相邻分子连接，这样多次重复，就形成了聚乙烯。聚乙烯是一种石蜡状物质，像石蜡一样，呈暗白色，有滑腻感，对电绝缘而且防水，但比石蜡更坚固柔软。遗憾的是，用高温高压方法制造的聚乙烯有一重大缺陷，它的熔点太低，大约等同水的沸点。只要接近熔点温度，它便开始变软而无法工作。其原因是碳链上含有分支，不能形成结晶点阵。

1953年，德国化学家齐格勒发现用烷基铝和四氯化钛作催化剂，可以生成无支链的聚乙烯。而且这一过程可以在室温和常压下进行。齐格勒的工作引起了纳塔的极大兴趣。纳塔在丙烯的聚合反应中用于类似的催化剂，也取得了极大的成功。他们发现，在这种催化剂（后来称为齐格勒-纳塔催化剂）的作用下，乙烯（或丙烯）能够按一定的方向聚合，而改变某些条件时，又可聚合成其他结构不同的物质。

从前，聚合物链的形成是听其自然的，化学家们无法左右最终产物的结构。现在，运用齐格勒-纳塔催化剂，完全可以按照需要者的要求来设计大分子的结构。由于这项了不起的贡献，齐格勒和纳塔获得了1963年的诺贝尔化学奖。

塑料的种类很多。除了酚醛树脂和聚乙烯外，还有聚氯乙烯、聚苯乙烯等。我们常见的有机玻璃，其实也是塑料的一种。它的透明度比普通玻璃还高，有韧性，不易破碎，枪弹打上去也只能穿一个洞。因此，它是制作飞机舱窗的绝好材料。

塑料有许多众所周知的特性。第一，它比较轻。这是相对于金属和有机玻璃而言的。它轻的原因不是因为它是高分子化合物，而是因为它们是有机化合物，即由碳、氢、氧、氮等较轻的元素组成的。第二，塑料不会腐烂也不会生锈。原因也很简单。腐烂是仅见于有机物的现象。腐烂需要水，而塑料根本不吸水；腐烂需要微生物的帮助，而现在还没有发现哪一种微生物是要吃塑料的。同时，既然水不能浸润塑料，塑料上便不会有电流通过发生反应；空气中的氧也很难与塑料发生反应。因此，生锈也是不可能的。但是，这一性质也给人类带来一个严重的问题：由于塑料不易腐烂，大量的塑料废弃无法被自然界吸收、分解，从而造成一定程度的环境污染。可见，如果能造出在一定条件下易于腐烂的塑料，将是有益而有价值的。

日常见到的塑料制品都是很漂亮的。原因在于它们的透明、鲜艳的颜色和表面极好的手感。由于塑料表面光滑，没有漫反射，内部结构上也没有很大的不均匀，从而光线折射率几乎没有差异，几乎全部透过塑料，表现出塑料的透明性。塑料能够染上特别的颜色也得益于它的透明。总之，塑料美观的原因与玻璃大致相同，只是由于没有玻璃硬，塑料在使用的过程中由于擦伤，表面会逐渐变得模糊起来。

塑料不导电，可以用作绝缘材料。也因为它不导电，它积贮的电荷却能吸附灰尘，所以有时也很惹人讨厌。塑料不仅具有上述特性，而且由于它是一种高分子化合物，因而还有一些特殊的性质，如可加工性和高强度。

塑料之所以得名，就在于它的易加工性。在塑料中，既有类似橡胶的弹性体成分，也有对分子间力起主要作用的黏性体成分。正是由于同时具有这两种成分，塑料才具有可塑性，即在加热或加压后变形，在降温或压力消失后维持原形不变。

塑料有不同的强度。一般来说，塑料的分子量越高，其变形就愈困难。也就是说它的强度越高。这是因为决定高分子物质强度的主要是分子间力。分子链越长，分子间作用点越多，链与链之间就易发生滑动或断裂，这种物质就不易被拉断。

由于具有如此众多的优良性能，因而塑料这一新型材料的发展十分迅速。特别是石油化学工业的发展，为塑料生产开辟了更广阔的原料来源，其发展速度更快了。从 1947 年到 1967 年的 20 年间，美国的塑料产量从 60 多万吨增至 600 多万吨。目前，其产量已远远超过有色金属，几乎和钢铁产量持平。钢铁生产已有两千多年的历史，而塑料问世不过百余年，足可见塑料工业发展速度之惊人。

（2）塑料的分类

塑料可按制造过程所采用的合成树脂的性质来分类。一般可分为热塑性塑料和热固性塑料两大类。热塑性塑料是由可以多次反复加热而仍保持可塑性的合成树脂所制得的塑料。热塑料性塑料加热即软化，并能成型加工，冷却即固化，可以多次成型，如聚乙烯、聚氯乙烯等。与热塑性塑料不同，热固性塑料加热即软化，并能成型加工，但继续加热则固化成型。固化后的产品再进行加热，也不能使其熔化。即热固性塑料在成型前是可溶、可熔的，即是可塑的，而一经成型固化后，就变成不熔不溶的了，不能进行多次成型，如酚醛塑料。塑料也可按用途分为通用塑料、工程塑料和特种塑料。通用塑料是大宗生产的一类塑料，其价格低廉，可用于一般用途。工程塑料能作为工程材料使用，具有相对密度小、化学稳定性好、电绝缘性能优越、成型加工容易、力学性能优良等特点。特种塑料具有通用塑料所不具有的特性，通常认为是用于能发挥其特性场合的塑料。一般认为聚乙烯、聚丙烯、聚氯乙烯及聚苯乙烯属于通用料。ABS 也包括在通用塑料中。工程塑料有聚酰胺、聚酯、聚碳酸酯、聚甲醛、聚苯醚、聚砜和聚酰亚胺等，广泛用于化工、电子、机械、汽车制造、航空、建筑、交通等工业。

（3）塑料的制造过程

绝大多数塑料制造的第一步是合成树脂的生产（由单体聚合而得），然后根据需要，将树脂（有时加入一定量的添加剂）进一步加工成塑料制品。有少数品种（如有机玻璃），其树脂的合成和塑料的成型是同时进行的。

合成树脂为高分子化合物，是由低分子原料——单体（如乙烯、丙烯、氯乙烯等）通过聚合反应结合成大分子而生产的。工业上常用的聚合方法有本体聚合、悬浮聚合、乳液聚合和溶液聚合 4 种。

本体聚合是单体在引发剂或热、光、辐射的作用下，不加其他介质进行的聚合过程。特点是产品纯洁，不需复杂的分离、提纯，操作较简单，生产设备利用率高。可以直接生产管材、板材等质品，故又称块状聚合。缺点是物料黏度随着聚合反应的进行而不断增加，混合和传热困难，反应器温度不易控制。本体聚合法常用于聚甲基丙烯酸甲酯（俗称有机玻璃）、聚苯乙烯、低密度聚乙烯、聚丙烯、聚酯和聚酰胺等树脂的生产。

悬浮聚合是指单体在机械搅拌或振荡和分散剂的作用下，单体分散成液滴，通常悬浮于水中进行的聚合过程，故又称珠状聚合。特点是：反应器内有大量水，物料黏度低，容易传热和控制；聚合后只需经过简单的分离、洗涤、干燥等工序，即得树脂产品，可直接用于成型加工；产品较纯净、均匀。缺点是反应器生产能力和产品纯度不及本体聚合法，而且不能采用连续法进行生产。悬浮聚合在工业上应用很广。75%的聚氯乙烯树脂采用悬浮聚合法，聚苯乙烯也主要采用悬浮聚合法生产。反应器也逐渐大型化。

乳液聚合是指借助乳化剂的作用，在机械搅拌或振荡下，单体在水中形成乳液而进行的聚合。乳液聚合反应产物为胶乳，可直接应用，也可以把胶乳破坏，经洗涤、干燥等后处理工序，得粉状或针状聚合物。乳液聚合可以在较高的反应速度下，获得较高分子量的聚合物，物料的黏度低，易于传热和混合，生产容易控制，残留单体容易除去。乳液聚合的缺点是聚合过程中加入的乳化剂等影响制品性能。为得到固体聚合物，经过凝聚、分离、洗涤等工艺过程。反应器的生产能力比本体聚合法低。

溶液聚合是单体溶于适当溶剂中进行的聚合反应。形成的聚合物有时溶于溶剂，属于典型的溶液聚合，产品可做涂料或胶黏剂。如果聚合物不溶于溶剂，称为沉淀聚合或淤浆聚合，如生产固体聚合物需经沉淀、过滤、洗涤、干燥才成为成品。在溶液聚合中，生产操作和反应温度都易于控制，但都需要回收溶剂。工业溶液聚合可采用连续法和间歇法，大规模生产常采用连续法，如聚丙烯等。

（4）塑料的成型加工

塑料的成型加工是指由合成树脂制造厂制造的聚合物制成最终塑料制品的过程。加工方法（通常称为塑料的一次加工）包括压塑（模压成型）、挤塑（挤出成型）、注塑（注射成型）、吹塑（中空成型）、压延等。

压塑也称模压成型或压制成型，压塑主要用于酚醛树脂、脲醛树脂、不饱和聚酯树脂等热固性塑料的成型。

挤塑又称挤出成型，是使用挤塑机（挤出机）将加热的树脂连续通过模具，挤出所需形状的制品的方法。挤塑有时也有于热固性塑料的成型，并可用于泡沫塑料的成型。挤塑的优点是可挤出各种形状的制品，生产效率高，可自动化、连续化生产；缺点是热固性塑料不能广泛采用此法加工，制品尺寸容易产生偏差。

注塑又称注射成型。注塑是使用注塑机（或称注射机）将热塑性塑料熔体在高压下注入到模具内经冷却、固化获得产品的方法。注塑也能用于热固性塑料及泡沫塑料的成型。注塑的优点是生产速度快、效率高，操作可自动化，能成型形状复杂的零件，特别适合大量生产。缺点是设备及模具成本高，注塑机清理较困难等。

吹塑又称中空吹塑或中空成型。吹塑是借助压缩空气的压力使闭合在模具中的热的树脂型坯吹胀为空心制品的一种方法，吹塑包括吹塑薄膜及吹塑中空制品两种方法。用吹塑法可生产薄膜制品，各种瓶、桶、壶类容器及儿童玩具等。

压延是将树脂和各种添加剂经预期处理（捏合、过滤等）后通过压延机的两个或多个转向相反的压延辊的间隙加工成薄膜或片材，随后从压延机辊筒上剥离下来，再经冷却定型的一种成型方法。压延是主要用于聚氯乙烯树脂的成型方法，能制造薄膜、片材、板材、人造革、地板砖等制品。

（5）通用塑料

通用塑料有五大品种，即聚乙烯、聚丙烯、聚氯乙烯、聚苯乙烯及 ABS。它们都是热塑性塑料。

聚乙烯（PE）是塑料工业中产量最高的品种。聚乙烯是不透明或半透明、质轻的结晶性塑料，具有优良的耐低温性能（最低使用温度可达 $-100\sim-70℃$），电绝缘性、化学稳定性好，能耐大多数酸碱的侵蚀，但不耐热。聚乙烯适宜采用注塑、吹塑、挤塑等方法加工。

聚丙烯（PP）是由丙烯聚合而得的热塑性塑料，通常为无色、半透明固体，无臭无毒，密度为 $0.90\sim0.919g/cm^3$，是最轻的通用塑料，其突出优点是具有在水中耐蒸煮的特性，耐腐蚀，强度、刚性和透明性都比聚乙烯好，缺点是耐低温冲击性差，易老化，但可分别通过改性和添加助剂来加以改进。聚丙烯的生产方法有淤浆法、液相本体法和气相法三种。

聚氯乙烯（PVC）是由氯乙烯聚合而得的塑料，通过加入增塑剂，其硬度可大幅度改变。它制成的硬制品以至软制品都有广泛的用途。聚氯乙烯的生产方法有悬浮聚合法、乳液聚合法和本体聚合法，以悬浮聚合法为主。

通用的聚苯乙烯（PS）是苯乙烯的聚合物，外观透明，但有发脆的缺点，因此，通过加入聚丁二烯可制成耐冲击性聚苯乙烯（HTPS）。聚苯乙烯的主要生产方法有本体聚合、悬浮聚合和溶液聚合。

ABS 树脂是丙烯腈-丁二烯-苯乙烯三种单体共同聚合的产物，简称 ABS 三元共聚物。这种塑料由于其组分 A（丙烯腈）、B（丁二烯）和 S（苯乙烯）在组成中比例不同，以及制造方法的差异，其性质也有很大的差别。ABS 适合用注塑和挤压加工，故其用途也主要是生产这两类制品。

（6）工程塑料

常用的工程塑料品种，如聚酰胺、聚碳酸酯、聚甲醛、聚酯、聚苯醚、聚砜，它们都是热塑性塑料。

聚酰胺（PA）又称尼龙，包括尼龙 6、尼龙 66、尼龙 1010、芳香族尼龙等品种，常用的是尼龙 6 和尼龙 66。它们都是尼龙纤维的原料，但也是重要的塑料。尼龙 6 和尼龙 66 都是乳白色、半透明的结晶性塑料，具有耐热性、耐磨性，同时耐油性优良。但有吸水性是其缺点，其机械性质随吸湿的程度有很大变化，而且制品的尺寸也改变。

聚碳酸酯（PC）是透明、强度高，具有耐热性的塑料。尤其是冲击强度大，在塑料中属于佼佼者，而且抗蠕变性能好，甚至在 120℃ 下仍保持其强度。因此，作为工业用塑料而被广泛应用。但是，耐化学药品性稍低，不耐碱、强酸和芳香烃。聚碳酸酯适于注塑、挤塑、吹塑等加工。

聚甲醛（POM）是乳白色不透明的塑料，抗磨性、回弹性及耐热性等性能优良。通过注塑法广泛用于制造机械部件，还可以做弹簧，是典型的工程塑料。

常用的聚酯为聚对苯二甲酸乙二酯（PET），它是由对苯二甲酸与乙二醇进行缩聚反应制得的，也是生产涤纶纤维的原料。这种聚酯具有耐热性和良好的耐磨性，而且有一定强度和优良的不透气性。聚对苯二甲酸乙二酯制成的双向拉伸薄膜广泛用于录音带、电影及照相软片等。双向拉伸吹塑制品的瓶子，由于透明且二氧化碳不易透过，常用作碳酸饮料的容器。

聚苯醚（PPO）是 20 世纪 60 年代发展起来的高强度工程塑料，它有很高的机械强度和抗蠕变性能；电性能优异，耐高温，于120℃、且在很宽的温度范围内，尺寸稳定，力学性能和电性能变化很小；吸湿很小，耐水蒸气蒸煮。广泛用在电子、电器部件、医疗器具、照相机和办公器具等方面。

聚砜（PSF）是20世纪60年代中期出现的一种热塑性高强度工程塑料。聚砜的特点是耐温性好，介电性能优良，在水和湿气或190℃的环境下，仍保持高的介电性能。此外，耐辐照也是它的优点。由于这些独特的性能，它可以用来制作汽车、飞机等要求耐热而有刚性的机械零件，也被用来作尺寸精密的耐热和电器性能稳定的电器零件，如线圈骨架、电位器部件等。

（7）常用热固性塑料

常用的热固性塑料品种有酚醛树脂、脲醛树脂、三聚氰胺树脂、不饱和聚酯树脂、环氧树脂、有机硅树脂、聚氨酯等。

酚醛树脂（PF）是历史上最长的塑料品种之一，俗称胶木或电木，外观呈黄褐色或黑色，是热固性塑料的典型代表。酚醛树脂成型时常使用各种填充材料，根据所用填充材料的不同，成品性能也有所不同，酚醛树脂作为成型材料，主要用在需要耐热性的领域，但也作为黏结剂用于胶合板、砂轮和刹车片。

脲醛树脂（UF）是可用作模压料、黏结剂等的无色塑料，由尿素和甲醛制备。脲醛树脂模压料填加有纤维素。而且硬度、机械强度优良。另一方面，有发脆、具有吸水性、尺寸稳定性不良的缺点，甚至静置也往往产生裂纹。脲醛树脂可制造餐具、瓶盖等日用品和机械零部件，还可做黏结剂。

三聚氰胺-甲醛树脂（MF）又称蜜胺-甲醛树脂。这种塑料弥补了脲醛树脂不耐水的缺点，但价格比脲醛树脂高。由于三聚氰胺-甲醛树脂与脲醛树脂一样无色透明，成型色彩鲜艳，又由于具有耐热性，表面硬度大，机械特性、电学性能良好，耐水性、耐溶剂性和耐化学药剂性优越，所以可用于餐具、各种日用品（包括家具）、工业用品的领域。

不饱和聚酯树脂（UF）是具有不同黏度的淡黄或琥珀色的透明液体。因为不饱和聚酯树脂强度不高，故常加入玻璃纤维等增强材料使用，产品俗称"玻璃钢"。不饱和聚酯树脂固化前呈液体状，而且不加压也可成型，甚至可在常温下固化，因而可用各种加工方法加工成制品。

环氧树脂（EP）是用固化剂固化的热固性塑料。它的粘接性极好，电学性质优良，机械性质也良好。环氧树脂的主要用途是作金属防蚀涂料和黏结剂，常用于印刷线路板和电子元件的封铸。

有机硅树脂与前述的各树脂不同，主要成分不是碳，而是硅，因此价格高。但是有机硅树脂耐热180℃，经特殊处理可耐500℃，耐寒性良好，物理性质不随温度变化，是一种耐化学药品性、耐水性和耐候性优良的热固性塑料，它的耐热制品是生产电子工业元器件的材料。

聚氨酯（PU）品种很多，可制成从轻质热塑性弹性体至硬质泡沫塑料。聚氨酯软质泡沫塑料的密度为 $0.015\sim0.15g/cm^3$，软质泡沫塑料成型为块状，便于切割作家具和包装材料。硬质泡沫塑料可制成各种形式，主要用途是在温度低，要求绝缘性能好，如低温运输车辆作保冷层，还可用于建材，家具等。聚氨酯弹性体是一种合成橡胶，具有优异的性能。

聚甲基丙烯酸甲酯（PMMA）俗称有机玻璃，是无色透明（透光率大于92%）具有耐光性的塑料。容易着色，表面硬度大，机械强度也高，长时间暴露于室外，也不会像其他塑料那样变成黄色，但冲击强度不足。聚甲基丙烯酸甲酯的加工以注塑及挤塑为主，但还能用单体铸塑法制造制品。主要用于光学仪器、灯具，可以代替普通玻璃使用。

氟树脂是分子结构中含氟原子塑料的总称。代表性的氟树脂为聚四氟乙烯。它具有优异的耐热性（260℃）、耐冷性（−260℃）、摩擦系数低、自润滑性很好，且具有极好的耐化学药品性，能在"王水"（硝酸与盐酸混合物）中煮沸，有"塑料王"之美称。但不能用通常的加工方法加工，价格高。氟塑料主要用作防腐、耐热、绝缘、耐磨、自润滑材料，还可用作医用材料。

20世纪高分子化学家已为人类创造出塑料、橡胶、纤维三大高分子合成材料，以及涂料、高性能工程材料等许多用途广阔的高分子材料。21世纪高分子化学家将在对高分子聚合物进行分子设计、结构设计研究的基础上，探讨提高上述材料性能、扩大使用范围的途径；将根据社会要求和科学的最新发展，注意研究开发对环境无污染的高分子材料以及纳米相结构材料、杂化材料等新一类高分子通用材料。在高分子材料领域，高分子化学处于多门学科的交叉点上，它涉及化学、物理、工程等，这是高分子化学发展的极好机遇，主动吸收、运用各学科的知识，改变传统的研究方法，综合各家之长去发展和创新，必将促进高分子化学的更快发展。

4.3 新型高分子材料概述

新型功能高分子是高分子化学与其他学科交叉形成的新领域。它研究和创制国民经济各领域所需的特殊新高分子材料。20世纪功能高分子领域的成就为人类创造了崭新的诸如合成高分子磁体、体内植入可降解吸收的骨科高分子材料等特殊材料，也为高分子材料的发展展现了新思路。目前，新型功能高分子材料主要有两大类，即光、电、磁功能高分子材料和医用高分子材料。从这一动向估计，21世纪的功能高分子研究将注意高分子及其聚合物产生光、电、磁功能的原理，目的是制造性能更好的光、电、磁高分子材料；也将注意研究生物高分子材料的结构与功能的关系，设计、制造用于临床的新高分子化合物及材料，诸如人造骨、人造血液、人造生物膜、人造脏器及其他人体器官治疗和修复的材料。在这方面很需要了解高分子材料在人体内环境中的变化。所以要研究它们在人体内的降解、代谢过程、生物相容性等性质。采用合成高分子表面接枝生物分子以及进一步在合成高分子表面培养细胞或组织的手段，探索新的高分子医用材料。智能高分子材料将是21世纪功能高分子的一个新生长点。鉴于高分子聚合物具有的软物质特性，即易于对外场的作用产生明显的响应，因此合成某些特殊结构的高分子聚合物，研究利用外场的变化来调节其性能和功能的途径，应是智能高分子材料研究的途径。当然智能高分子也应包括对生物大分子的研究。应进一步提倡高分子化学家主动和生物学家、电子学家、计算机学家等进行学术交流，以形成不同的学科交叉，从而深化和扩展功能高分子的研究领域，创造更多新型功能高分子材料。在20世纪，高分子化学主要目的是创造新材料；但是今后将越来越重视对生物大分子的结构与性能的研究。

现在的高分子工业发展更为广阔。功能高分子的巨大应用充分展示了这一点。功能高分子在高分子的主链或支链上加上一种具有某些特殊性质的基团，使它能在光、电、磁、催化和耐高低温、抗氧化等性能方面有特殊性质。常见的功能高分子有离子交换树脂、医用高分子材料、高分子医药和分子催化剂等。

4.3.1　离子交换树脂

离子交换树脂的重要用途之一是提纯物质。水是人类生活和生产上十分重要的物质。但自然界的水中含有多种无机盐、酸和碱等。如井水及河水内含有钙、镁等酸式碳酸盐、硫酸盐等。含有这些盐的水叫做硬水。海水中含有大量食盐。锅炉若用天然水，由于水在变成蒸汽的过程中，水中溶解的盐越积越多，沉积在锅炉内壁形成水垢。水垢传热性很差，不仅浪费燃料，还会引起锅炉爆炸。去掉水中盐分的一般方法是在水中加药剂，或把水加热蒸馏来除去钙、镁杂质。这些方法或者容易引起产生另外的杂质，或者太费燃料。总之，不让人满意。现在改用离子交换树脂处理工业用水，效果就好得多。

离子交换树脂由两部分组成，一部分是树脂构成的骨架，另一部分是和骨架相连的活性交换基团。骨架是网状高分子结构，因此不溶于任何溶剂。活性交换基团是使离子交换树脂具有特性的关键部分。在处理的过程中，水中的金属阳离子被阳离子交换树脂留下，阴离子被阴离子交换树脂留下，剩余的 H^+ 和 OH^- 离子中和掉后，水呈中性，这样就得到了纯水，有时称为去离子水或高纯水。

离子交换技术还可以用于海水淡化，并且应用于医学研究领域。如果人体内胃酸过多，就会引起胃炎、胃溃疡和十二指肠溃疡等疾病。若在食物中加些离子交换树脂，胃酸就可以减少。在 1955 年以前人们还无法贮存一定的备用血液以供急需，因为血液里含有微量钙盐，离开人体后很快就会凝固。用离子交换树脂处理过的血液清除了钙盐，从而可以长期保存。

4.3.2　医用高分子材料

由于各种因素的影响，人体内部器官常会发生病变而机能衰退，甚至损坏。近年来，人们先后研制成功一些合成高分子材料，用来修复或替代某些器官，起到很好的效果。这一类高分子称为医用功能高分子。

医用功能高分子必须具有与所修复或代替的人体器官相应的功能。如作为人工肾脏的材料，要求所用的高分子膜对物质有选择透过性；人工肺用膜要求对氧气和二氧化碳有很好的透过性；而用来做人工神经的材料，就必须有导电性。还有其他总的要求，如不能被人体内酸、碱、酶所腐蚀，也不会在体内导致任何炎症等。

这方面的成就令人眼花缭乱。人工肺、人工血管、人工肾、人工肝脏，甚至人工心脏起搏器都可以安放在人体内或人体外，用来代替脏器组织的功能。从天灵盖到脚趾骨，从内脏到皮肤，从血液到五官都已有了人工代用品。虽然有的并不完善，但随着科学技术的进一步发展，一定会有更多更好的医用功能高分子问世。

现在的药物不论是天然的还是人工合成的，几乎都是小分子化合物。如今，科研人员从药物的"分子设计"出发，已经合成了具有药效的高分子化合物。这些药物毒性小，疗效较高，进入体内能有效地到达患病部位，释放药物缓慢，具有长期疗效。

目前合成的高分子药物有两种类型。一类以高分子作载体，将小分子药物通过化学键接到高分子链上去。如青霉素与阴离子交换树脂的接合，可以克服原药的药效过于快和易引起过敏反应的缺点。另一类高分子本身就有药物作用。这类高分子现正用于抗癌治疗。一旦此举成功，对人类将是莫大的福音。功能高分子的性能是奇特的，它必将在人们的生活中发挥越来越大的作用。

人体细胞中的脱氧核糖核酸，即 DNA 又是什么呢？它是一种高分子，是由脱氧核糖分子连接而成的双链结构。现代生物学已经找到某些方法来控制和改变某些生物体中 DNA 的合成。也许在将来的某一天，人类将会成功地造成各种各样的"人"。但这也许不是件值得庆贺的事，它带来的灾祸可能会远远大于其科学价值。

4.3.3　光功能高分子材料

所谓光功能高分子材料，是指能够对光进行透射、吸收、储存、转换的一类高分子材料。目前，这一类材料已有很多，主要包括光导材料、光记录材料、光加工材料、光学用塑料（如塑料透镜、接触眼镜等）、光转换系统材料、光显示用材料、光导电用材料、光合作用材料等。利用光功能高分子材料对光的透射性能，可以制成品种繁多的线性光学材料，像普通的安全玻璃、各种透镜、棱镜等；利用高分子材料曲线传播特性，又可以开发出非线性光学元件，如塑料光导纤维、塑料石英复合光导纤维等；而先进的信息储存元件兴盘的基本材料就是高性能的有机玻璃和聚碳酸酯。此外，利用高分子材料的光化学反应，可以开发出在电子工业和印刷工业上得到广泛使用的感光树脂、光固化涂料及黏合剂；利用高分子材料的能量转换特性，可制成光导电材料和光致变色材料；利用某些高分子材料的折射率随机械应力而变化的特性，可开发出光弹材料，用于研究力结构材料内部的应力分布等。

4.3.4　高分子磁性材料

高分子磁性材料，是人类在不断开拓磁与高分子聚合物（合成树脂、橡胶）的新应用领域的同时，而赋予磁与高分子的传统应用以新的含义和内容的材料之一。早期磁性材料源于天然磁石，以后才利用磁铁矿（铁氧体）烧结或铸造成磁性体，现在工业常用的磁性材料有三种，即铁氧体磁铁、稀土类磁铁和铝镍钴合金磁铁等。它们的缺点是既硬且脆，加工性差。为了克服这些缺陷，将磁粉混炼于塑料或橡胶中制成的高分子磁性材料便应运而生了。这样制成的复合型高分子磁性材料，因具有比重轻、容易加工成尺寸精度高和复杂形状的制品，还能与其他元件一体成型等特点，而越来越受到人们的关注。高分子磁性材料主要可分为两大类，即结构型和复合型。所谓结构型是指并不添加无机类磁粉而本身具有磁性的高分子材料。目前具有实用价值的主要是复合型。

4.3.5　高分子分离膜

高分子分离膜是用高分子材料制成的具有选择性透过功能的半透性薄膜。采用这样的半透性薄膜，以压力差、温度梯度、浓度梯度或电位差为动力，使气体混合物、液体混合物或有机物、无机物的溶液等分离技术相比，具有省能、高效和洁净等特点，因而被认为是支撑新技术革命的重大技术。膜分离过程主要有反渗透、超滤、微滤、电渗析、压渗析、气体分离、渗透汽化和液膜分离等。用来制备分离膜的高分子材料有许多种类。现在用的较多的是聚砜、聚烯烃、纤维素脂类和有机硅等。膜的形式也有多种，一般用的是平膜和空中纤维。推广应用高分子分离膜能获得巨大的经济效益和社会效益。例如，利用离子交换膜电解食盐可减少污染、节约能源；利用反渗透进行海水淡化和脱盐、要比其他方法消耗的能量都小；利用气体分离膜从空气中富集氧可大大提高氧气回收率等。

　　高分子材料这一学科，目前正处在蓬勃发展之中。相信在未来的岁月里，人类会从其中得到更大的收益。目前，高分子材料所展示的辉煌成就，相比于以后的巨大成果，也许只是沧海一粟。它召唤更多的有志者投身于这一伟大的事业中去。

5 石化与生物技术

5.1 生物技术发展概况

生物技术是探索生命现象和生物物质的运动规律，并利用生物体的机能或模仿生物体的机能进行物质生产的技术；是将生物化学、生物学、微生物学和化学工程应用于工业生产过程（包括医药卫生、能源及农业的产品）及环境保护的技术。

现代生物技术是新兴高新技术领域最重要的三大技术之一，它是在生物学、分子生物学、细胞生物学和生物化学等基础上发展起来的，是由基因工程、细胞工程、酶工程、发酵工程和蛋白质工程五大先进技术所组成的新技术群。它将为解决世界及人类所面临的能源、资源、粮食、环境、健康等问题开辟新的途径。在国民经济中日益显示出其重要地位，已经深刻影响了人类生活及工农业生产、医药卫生、食品、能源等领域。为此，世界各国都把快速发展生物技术作为强国之本。

5.1.1 生物技术发展简史

生物技术需要具有生物活性酶的支持，游离的或固定的细胞或酶又称为生物催化剂。它们在生物反应过程中起着催化剂的作用。酶促反应是生命物质代谢的基本特点。在生物机体内的六大类酶中，酶的本质就是有催化活性的蛋白质。在人体及哺乳动物中，受神经内分泌的调控，酶具有双向调控的能力。实现酶催化作用的条件就是生命物质代谢所需的条件。

生物技术可以大致分为三个发展阶段。

（1）传统的生物技术

生物技术是一门很古老的技术，在人们还没有认识它之前就已经应用了，传统的生物技术从远古时代就开始了，包括农业、畜牧业、食品加工、家禽品种的改良和选育等，当时的生产量很少，例如酱油、醋、酒的制作完全凭经验。以茅台、五粮液为例，我们用先进的色谱仪进行分析，分析出它们香味的组成，再用现代方法加以配制，就是比不上用传统方法做出来的，现在科学技术虽然很发达，仍然取代不了某些原始的生物技术。国外的奶酪也是手工作坊做得好。再如在疾病预防治疗方面，我国古代是领先的，牛痘是预防天花的，公元14世纪是我国最早发现并应用，通过丝绸之路才传到欧洲，因而古老的生物技术至今还有一定的生命力。

（2）工业化的生物技术

20世纪40年代、第二次世界大战期间，各国对抗菌素都很重视，英国有位叫佛雷鸣的发现青霉素，开始的时候比黄金还贵，后来工业化生产青霉素、链霉素，挽救了众多的生命。到50年代迅速发展到几十个品种。随着抗菌素的生产相应带动了工业微生物，发酵工程广泛应用于制酒、制酶、维生素的生产、淀粉加工等，从而初步形成工业化的生物技术。开始抗菌素生产用100t发酵罐，到维生素生产已用到几百吨的发酵罐，这就区别于古老的作坊式的生物技术。

在疫苗生产、生化药物方面发展速度也很快，四五十年代人们对瘟疫很害怕，霍乱、伤寒等死亡率很高，采用疫苗预防接种后，很快控制了流行区域。在生物农药方面有农用抗生素及杀虫的微生物的工业化生产，现在工业化的生物技术已经普遍应用于味精、各种氨基酸、维生素、激素、多糖、酶等的生产，这些产品群已经占据国民经济的重要地位。

（3）以基因工程为核心的现代生物技术

20世纪70年代基因工程才产生，从它的历史看有一个很长的发展过程，人们对遗传本性的了解是从1865年孟德尔科学家在豌豆系统发现一系列遗传规律开始的，到1901年英国摩尔根在研究果蝇遗传中首先提出基因概念，后来知道生物性状是由基因决定的。

50年代，前苏联的米丘林学派强调外界环境对遗传的影响，和摩尔根学派互相争论。当时的前苏联、中国都倾向于米丘林学说，特别是前苏联用行政干预的方式遏止摩尔根学说，使前苏联的生物技术落后美国十多年，到现在还没有恢复过来，这一争论也说明基础研究对整个学科的影响。大量的实验及事实证明摩尔根学说是正确的。

1924年科学家Feulgen首先发现了DNA，它的化学成分为磷酸、脱氧核糖核酸，它不像蛋白质分子，化学结构很简单，没有直接的生物功能，当时并不知道遗传基因就蕴藏其中，认为它只是起结构作用的刚性分子。直到1944年有一位医生Avery在研究由DNA转化非厌氧球菌当中发现DNA是一种遗传物质。1953年科学家Watson和Crick发现DNA由一条链组成，提出了螺旋结构模型，以此作为模板，可以通过对密码A、T、G、C的化学配对衍生出许多子链，从而把遗传信息从双亲传递到子代。它们怎样能传递复杂的信息呢？Crick又发现了遗传密码，每三个成分可编码成氨基酸，从而形成许多蛋白质分子。

发展基因工程要解决两个基本技术，其一是DNA分子很大，依靠内切酶对DNA顺序进行识别、切割、再装配。其二是基因载体，DNA信息在染色体内，分子太大，后来发现小的复制子，可以通过它将目的基因带进去再装配。自从基因工程问世以来，科学家就致力于研究外来基因引入能分裂的组织细胞中，达到改造生物品种的目的。用基因工程对生物进行优选改造比自然的方法好，而且进化更快。

5.1.2 工业生物技术

5.1.2.1 工业生物技术简介

在19～20世纪，人类的化学工业文明取得了辉煌成就，其主要特征是以化石资源为物质基础。进入21世纪，面临化石资源不断枯竭、环境污染日益加剧的严重局面，转向以可再生生物资源为原料、可再生生物能源为能源，环境友好、过程高效的新一代物质加工模式是必然趋势，这种加工模式的核心技术就是工业生物技术（Industrial Biotechnology）。

20世纪后半叶开始，分子生物学的突破性成就引发了现代生物技术发展的三次浪潮。第一次浪潮主要体现在医药生物技术（也称为红色生物技术，Red Biotechnology）领域，其标志是1982年重组人胰岛素上市。第二次浪潮发生在农业生物技术（也称为绿色生物技术，Green Biotechnology）领域，其标志为1996年转基因大豆、玉米和油菜相继上市。以2000年聚乳酸上市为标志的工业生物技术（也称为白色生物技术，White Biotechnology）成为生物技术发展的第三次浪潮，推动着一个以生物催化和生物转化为特征，以生物能源、生物材料、生物化工、生物冶金等为代表的现代工业体系的形成，在全球范围内掀起了一场新的现代工业技术革命。2003年，白色生物技术已影响全球5%的化学品市场（约500亿美元的市场值）。据有关专家预测，至2015年，全世界的化工行业将有1/6的产值源自白色生物技术，金额高达 3050 亿美元。

工业生物技术是指以微生物或酶为催化剂进行物质转化，大规模地生产人类所需的化学品、医药、能源、材料等产品的生物技术。它是人类由化石（碳氢化合物）经济向生物（碳水化合物）经济过渡的必要工具，是解决人类目前面临的资源、能源及环境危机的有效手段。

生物技术在工业上的应用主要分为两类，一是以可再生资源（生物资源）替代化石燃料资源；二是利用生物体系如全细胞或酶为反应剂或催化剂的生物加工工艺替代传统的、非生物加工工艺。

工业生物技术的核心是生物催化（Biocatalysis）。由生物催化剂完成的生物催化过程具有催化效率高、专一性强、反应条件温和、环境友好等优势。美国能源部、商业部等部门预测：生物催化剂将成为 21 世纪化学工业可持续发展的必要工具，生物催化技术的应用可在未来的 20 年中使传统化学工业原材料、水和能源消耗减少 30%、污染物排放减少 30%。世界经济合作与发展组织（OECD）指出："工业生物技术是工业可持续发展最有希望的技术"。

5.1.2.2　工业生物技术的研究热点和未来趋势

当前生物催化和转化技术具代表性的研究热点包括以酶法生产甜味剂阿斯巴甜、L-苯丙酸、抗菌素中间体 6-APA、D-对羟苯甘氨酸和 1,3-丙二醇等。作为生物材料的代表产品聚乳酸，目前已有多家公司大规模生产。2000 年全球以生物法生产的可再生生物能源——液体燃料已近 1000 万吨。

（1）工业生物催化剂改性和提高

生物催化剂是生物催化和转化技术的核心。生物催化剂快速定向改造新技术已被用于上百个酶的进化，大大提高了生物酶的活性和效率。如枯草杆菌蛋白酶 E 在有机溶液中（60%DMF）的活性提高了 170 倍；卡那霉素核苷酸转移酶在 60～65℃的热稳定性提高了 200 倍。今后生物催化剂的研发与改进需要追求如下目标：性能更好（包括选择性、热稳定性、溶剂耐受性等）、催化范围更广、催化功能更多、催化速度更快、生产成本更低。这些目标可具体量化为：酶的温度稳定性提高到 120～130℃、酶活性比现有的在水或有机溶剂中其活性增加 100～10000 倍、产率提高 10～100 倍、酶转化率达到现有化学催化剂的水平；耐久性达到几个月至几年；提高了固定化酶或微生物的活性。近年来，这方面的研究工作主要集中在极端微生物、未培养微生物、共生微生物、非水相催化、分子定向进化、合理化设计等。

① 极端微生物

极端微生物的研究和应用已成为国际热点，高温 DNA 聚合酶、碱性酶、碱性纤维素酶、环糊精酶及极端采油菌已在产业上产生了重要影响。极端微生物研究涉及嗜高温菌、嗜低温菌、嗜盐菌、嗜极端 pH 菌等。嗜高温菌主要应用于食品工业和洗涤剂工业；嗜低温菌有助于提高热敏性产品的产量；嗜盐菌由于在高盐浓度下稳定而被用于含盐体系催化剂。现已筛选出 30 多属中的 70 多种嗜高温菌。最近的研究集中在与工业生物催化相关的极端酶的认定上，这些酶包括：酯酶/脂肪酶、糖苷酶、醛缩酶、腈水解酶/酰胺酶、膦酸酯酶、消旋酶等。

② 未培养微生物

传统的依赖培养的筛选方法损失了绝大部分微生物资源，其原因是群落中绝大部分的微生物不能培养。宏基因组学（metagenomics）研究可以绕过微生物分离培养这一步，直接分析微生物的遗传组成并开发微生物的基因组以用于生物技术。现已开始建立的宏基因组 DNA 文库，大大增加了在特定环境中微生物宏基因组的分析，特别是未培养微生物的代谢特点及相互作用的认识。

③ 非水相酶催化

非水相酶催化反应对一些传统化学催化困难的过程具有重要意义。通过改变溶剂和相条件，可以得到不同空间结构和光学特性的聚合物。尽管非水相体系有诸多优点，但是酶在有机相中由于分子间键能的变化，容易发生结构重排而失活。为了提高酶活性和使用寿命，可采用化学修饰、表面改性、固定化等多种方法，业已取得显著的成果。

④ 催化剂改造的方法学

自然界的酶都是在自然生理条件下进化而来的，当其应用到条件迥然不同的非生理条件下的工业制造过程中，往往稳定性、活性或溶液的兼容性差，因此必须对生物催化剂进行适当改造以适应实际工程的需要。酶的改进技术主要集中于两种方法：a. 基于酶结构和催化机理的理性分子设计；b. 基于随机突变、DNA 重排等技术的定向进化，如：易错 PCR（Error-prone PCR）和 DNA 改组（DNA shuffling）技术。

（2）功能基因组学与代谢工程

代谢工程是在对细胞（包括微生物、植物、动物乃至人体细胞）内代谢途径网络系统分析的基础上，进行定向的、有目的的改变，以更好地理解和利用细胞代谢进行化学转化、能量传递和超分子组装。代谢工程可在细胞与分子水平上认识和改造细胞。代谢工程的核心与功能基因组密切相关。通过对不同细胞菌体进行遗传改变并观察识别所产生的生理响应，代谢工程工作者取得经验从而进一步开展代谢工程研究。根据功能基因组（转录物组、蛋白质组及代谢物组）信息，可以进行代谢网络重建、优化及设计，进而通过代谢工程改进细胞菌体性能。

（3）系统生物学

随着后基因组时代的到来，"系统生物学"这一学科的重要作用受到特别强调。根据系统生物学原理，充分利用不断增加的基因组（序列）数据及生物信息学工具，有机结合转录组学、蛋白质组学，特别是代谢物组学进行代谢工程研究，结合生物信息学和计算生物学的研究，达到改造和控制细胞性质、提高底物利用及产品收率、促进工业生物技术发展的目的。

工业微生物基因资源、生物催化剂多样性是工业生物技术发展的基本动力。实现生物催化多样性的关键基础在于探索微生物（酶）催化功能的多样性，这需要大力研究催化功能基因多样性、微生物（酶）的多样性原理、发掘工具和理论。目前，可以便利地通过互联网获得许多关于生物催化的数据库，例如：University of Minnesota Biocatalysis/Bio-degradation Database 提供了应用于环境和工业生物技术领域的许多重要酶和代谢途径。

尽管生物催化技术的前景非常广阔，但它的发展还受到现有生物技术发展水平和研究水平的制约。目前已定性的酶有 3000 多种，其中商品酶有 200 种左右，而工业上应用的酶仅有 50 多种，至于大量工业生产的酶只有 10 多种，说明酶工程仍然是一门年轻的学科，既预示着有广阔的发展前景，同时也需要加强基础研究。

（4）未来发展趋势的特点

世界各国在工业生物技术研发领域，不仅制定了近期及长远的发展规划，还在政策和资金上给予资助。目前工业生物技术的发展趋势有以下特点。

① 传统的以石油为原料的化学工业发生变化，向条件温和、以可再生资源为原料的生

物加工过程转移。

②利用生物技术生产有特殊功能、性能、用途或环境友好的化工新材料，特别是利用生物技术可生产一些用化学方法无法生产或生产成本高以及对环境产生不良影响的新型材料，如丙烯酰胺、壳聚糖等；

③利用生物生产工艺取代传统工艺，如生物可降解高分子的生产。

④传统的发酵工业已由基因重组菌种取代或改良。

⑤生物催化成为化工产品合成的支柱。

5.2　生物化学工程

在当今生物技术迅速发展转化为商品的时代，生物化学工程产业的发展十分迅猛。据有关方面预测，未来将有 20％～30％的化学工艺过程将会被生物技术过程所取代，生物化学工程产业将成为 21 世纪的重大化工产业。

生物化学工程是生物技术与化学工程技术相互融合与交叉发展的领域，是生物技术的一个分支学科，也是化学工程的主要前沿领域之一，其任务就是把生物技术转化为生产力。现代生物技术的发展离不开化学工程，如生物反应器以及目的产物的分离、提纯技术和设备都要靠化学工程来解决；而化学工业作为传统的基础工业，不可避免地面临着生物新技术的挑战。随着基因重组、细胞融合、酶的固定化等技术的发展，生物技术不仅可提供大量廉价的化工原料和产品，而且还将改变某些化工产品的传统工艺，甚至一些不为人所知的性能优异的化合物也将被生物催化所合成。生物化学工程的发展将有力地推动生物技术和化工生产技术的变革和进步，产生巨大的经济效益和社会效益。

当今社会人类赖以生存的环境不断恶化，资源日益匮乏。随着生物技术的基础研究带动了基因工程、蛋白质工程、代谢工程、生物催化工程等一系列工程体系和系统生物学技术平台等的出现，用以上技术对工业催化用的酶进行改造或去发现新酶。这样，可以不断地整合旧的传统工业，诸如医药、化工、造纸、发酵等产业得到了更新换代，导致新的生物产业，诸如生物材料、生物化学工程、生物环保、生物能源不断出现，使得资源的利用从化石原料的碳氢化合物时代将逐步向碳水化合物时代过渡。世界上正孕育着一场利用生物质可再生资源代替化石资源的变革，一个全球性的产业革命正在朝着碳水化合物为基础的经济时代迈进。这种循环经济对社会和经济的可持续发展具有重大而深远的影响。

目前，世界各国已竞相开展生物化学工程研究开发工作，建立了独立的政府机构，成立了研究组织，制订了近期及长远的发展规划，并在政策上、资金上给予了大量支持。与此同时，许多大型的化工企业，如杜邦、陶氏化学、孟山都、拜耳等公司都在投入巨资和庞大的科技力量进行生物化学工程技术的研究。杜邦公司在去年宣布，该公司今年生物技术产品销售额将占其公司总销售额的 30％。

5.2.1　国内外生物化学工程现状

5.2.1.1　国内生物化学工程现状

目前，全球生物化学工程产业以 18％的年增长速度迅猛发展，未来在化工领域 20％～

30％的化学工艺过程将会被生物过程所取代。我国的生物技术在 20 世纪 80 年代初期开始起步，已经走过了 20 多年的历程。但在此之前，我国在传统的发酵工业方面已有一定的基础，如用微生物发酵法生产酒精、丙酮、丁酮，传统的酱油、醋酿造工业。随着现代生物技术的不断发展，近年来，我国生物化学工程产品的生产得到了长足发展，目前生物化学工程产品也涉及医药、保健、农药、食品与饲料、有机酸等各个方面。

① 医药方面

抗生素得到迅猛发展，青霉素的产量居世界首位。其他生化药物中，初步形成产业化规模的有干扰素、白细胞介素、乙型肝炎工程疫苗。

② 农药方面

生物农药品种达 12 种，主要有苏云金杆菌、井冈霉素、赤霉素等。其中，井冈霉素的产量居世界第一位。

③ 食品与饲料方面

作为三大发酵制品的味精、柠檬酸、酶制剂的产量也有很大的增加，此外酵母及淀粉糖的产量也增加明显。我国的味精生产和消费居世界第一，柠檬酸的生产和出口也居世界第一。

④ 有机酸方面

我国开发的生物法长链二元酸工艺居世界领先地位。

⑤ 保健品方面

我国已能用生物法生产多种氨基酸、维生素和核酸等，其中氨基酸中赖氨酸和谷氨酸的生产工艺和产品在世界上都有一定优势。另外，我国生物法丙烯酰胺的生产能力达到 2 万吨，与日本同处于世界领先地位。

⑥ 其他方面

微生物法生产丙烯酰胺已成功地实现了工业化生产，已建成了万吨级的工业化生产装置；采用发酵法生产维生素 C，为我国独创。生物高分子材料 PHB 的研究及工艺达到了国际水平；黄原胶生产在发酵设备、分离及成本等产业化方面取得了突破性进展；酶制剂、单细胞蛋白、纤维素酶、胡萝卜素等产品的生产开发日益成熟，取得了阶段性的成果。

5.2.1.2 国外生物化学工程现状

由于科研力度的加大，近年来生物化学工程技术取得了许多重大的成果。如微生物法生产丙烯酰胺、脂肪酸、己二酸、壳聚糖、透明质酸、天门冬氨酸等产品的生产已达一定的工业规模；在能源方面，纤维素发酵连续制乙醇已开发成功；在农药方面，许多新型的生物农药不断问世；在环保方面，固定化酶处理氯化物已达实用化水平；在催化方面，生物催化合成手性化合物已成为化学品合成的支柱之一。此外，传统的发酵工业已由基因重组菌种取代或改良，由生物法生产的高性能高分子、高性能液晶、高性能膜、生物可降解塑料等技术不断成熟，利用高效分离精制技术、超临界萃取技术和高效双水相分离技术开发高纯度生物化学品制造技术也不断完善。

5.2.2 石油、天然气资源的生物技术利用

利用生物技术，特别是酶工程和发酵工程技术，来开发利用我国丰富的石油、天然气资

源，已成为我国今后生物技术发展的方向之一。它的开发与突破，将为解决当今世界所面临的能源、粮食、环保三大危机开辟新的道路，对我国工业经济产生深远的影响。

5.2.2.1 单细胞蛋白（SCP）

随着世界人口不断增加，可耕地面积日益减少，动植物蛋白来源严重不足已成为十分突出的问题。目前生产 SCP 多以淀粉、糖、纤维素以及多种工业废液为原料。随着"石油发酵"热潮兴起，以石油、天然气生产 SCP 得到大力开发，主要包括以下两种。

（1）石蜡酵母

该技术开发在 20 世纪 70 年代就已完成，但由于毒性及石油价格不断上涨等因素，尽管其产品营养学及卫生学评价较好，但多数国家均未能工业化。主要原因在于经济效益不佳，如罗马尼亚年产 6 万吨工厂，购进美国国产石蜡每吨 430 美元，而国产收购 SCP 每吨 600 美元，终因成本高而停产。但也不少国家进入工业化生产，如俄罗斯年产 30 万吨 SCP 已经投产。

（2）甲醇蛋白

以甲醇为原料生产 SCP，在英、美、德、日、北欧等国都通过中试，英国 ICI 公司自 1968 年开始，12 年投资 1 亿英镑，于 1979 年建成 5 万吨的甲醇蛋白工厂。产品已行销欧洲市场，效果很好。

5.2.2.2 新型生物塑料

20 世纪 90 年代后期，完全生物降解塑料和所谓全淀粉塑料得到大力发展，使用发酵和合成方法制备能真正降解的塑料及用微生物生产可降解的塑料受到重视。

聚乳酸塑料属新型可完全生物降解性塑料，是世界上近年来开发研究最活跃的降解塑料之一。聚乳酸塑料在土壤掩埋 3～6 个月就会破碎，在微生物分解酶作用下，6～12 个月变成乳酸，最终变成 CO_2 和 H_2O_2。Cargill-Dow 聚合物公司在美国内布拉斯加州 Blair 兴建的 14 万吨/年生物法聚乳酸装置于 2001 年 11 月投产。这套装置以玉米等谷物为原料，通过发酵得到乳酸，再以乳酸为原料聚合，生产可生物降解塑料——聚乳酸。这是目前世界上生产规模最大的一套可生物降解塑料装置。

Cargill-Dow 聚合物公司计划投资 17.5 亿美元扩大该产品的生产能力，到 2009 年在美国的生产能力达到 45 万吨/年。该公司还于 2006 年在美国建设世界级规模生物炼油厂，采用木质纤维素原料，用生物发酵分离工艺生产乙醇、乳酸和木质素（用作燃料）。

罗纳-普朗克（Rhone-poulenc）公司发现了聚酰胺水解酶，可水解聚酰胺低聚物，可消化尼龙废料，为生物法回收尼龙废料打开了大门。

近来人们发现微生物具有合成塑料的能力。以甲醇为原料，利用甲基嗜甲基杆菌可产生大量的聚 β-羟基丁酸酯（PHB），由于原料价格和生产效率等原因，目前 PHB 成本比聚丙烯高一些。ICI 公司已经开始工业化生产，利用该物质的特殊性质制造特殊高价产品，如利用生物降解性做手术缝合线、医药和农药缓释剂等。

由山羊奶生产蜘蛛丝蛋白并加成高强度的纤维，制造成"生物钢"的生物纤维材料，不仅有钢铁的强度，而且可以生物降解，不会带来环境污染，可替代引起白色污染的高强度包装塑料和商业用渔网，以及用于医学方面的手术线或人造肌肤。目前，该材料由于成本的原因只用于重要的国防物资的包装，起着"防弹衣"的作用。这一成果在工业生物技术领域产生了举足轻重的影响。

5.2.2.3 生物制氢

可再生清洁能源中，可以从自然界广泛存在的生物质获取的包括氢气、甲烷、乙醇、甲醇和生物柴油等。其中，氢能源是最清洁的、极具潜力的未来替代能源之一。从世界范围看，氢能经济正呼之欲出。相应的，各国政府也是推动氢能经济的主要力量，日本、欧洲、美国都构建了自身的氢能源路线图，计划 2020～2050 年全面推动氢能经济的实施。中国的氢能燃料电池汽车 863 计划也已完成验收。

然而，相对于日益完备的氢能利用的下游体系，氢气却没有在以可再生资源为原料的生产方面实现突破。生物制氢是解决这一问题的重要途径之一。生物制氢技术包括光驱动过程和厌氧发酵两种路线，前者利用光合细菌直接将太阳能转化为氢气，是一个非常理想的过程，但是由于光利用效率很低，光反应器设计困难等因素，近期内很难推广应用。而后者采用的是产氢菌厌氧发酵，它的优点是产氢速度快，反应器设计简单，且能够利用可再生资源和废弃有机物进行生产，相对于前者更容易在短期内实现。

2005 年，世界首例发酵法生物制氢生产线在我国启动，由哈尔滨工业大学承担的国家"863"计划"有机废水发酵法生物制氢技术生产性示范工程"，2006 年 6 月在哈尔滨国际科技城，日产 $1200m^3$ 氢气生产示范基地一次启动成功。这标志着生物制氢已经由实验室走向工业化。

5.2.2.4 生物燃料

目前开发生物能源是以甘蔗、玉米为原料生产燃料乙醇。另外用大豆、油菜子等为原料的生物柴油的技术也日渐成熟。

（1）发酵法生产燃料级乙醇

全世界乙醇生产中，90%以上采用生物发酵法制取。全球燃料乙醇的总产量约为 3000万吨，其中美国 1400 万吨，巴西 1200 万吨。美国从 20 世纪 70 年代开始发展燃料乙醇，主要利用玉米为原料生产乙醇。美国为推广燃料乙醇制定了经济新政策，对生物能源推广采取减免税收的优惠政策，而对汽油的征税额度很高。随着美国汽油中掺和 MTBE 禁令的推行，生物法生产 MTBE 替代品燃料级乙醇的进程不断加快，主要是加速玉米加工乙醇工厂的建设，积极提倡 E85 汽车燃料，即在汽车燃料中加入 85%的乙醇和 15%的汽油，这不仅可减少汽油的消耗和对环境的污染，还可提高辛烷值。美国乙醇生产量 2001 年增加了 10%，达到 496 万吨/年。到 2003 年，美国乙醇生产能力年增长又增加 30%，近 900 万吨。Archer Daniels Midland 公司是美国最大的乙醇生产商，在中西部有 5 套生产装置，占美国乙醇能力 40%。另外 5 家生产商：Cargill、Williams 能源、High Plaints、Mindwest Grain Processors 和 A. E. Staley 公司，占美国乙醇总产量的 17%，其余是 28 家小型生产厂。美国 2005年能源法提出了生物能源的配额标准，要求从 2006 至 2012 年，生物能源用量要从 1200万吨增加到 2300 万吨，到 2025 年，美国将减少 75%的石油进口。

巴西以甘蔗为原料生产燃料乙醇，2005 年产量为 1200 万吨。巴西所有汽车用汽油均添加 20%～25%的燃料乙醇，还有大量汽车使用纯燃料乙醇，2005 年销售的汽车有 70%可以完全使用燃料乙醇。

（2）生物柴油

欧盟生物能源主要以生物柴油为主，包括大豆、油菜子等为原料生物柴油和以回收动植物废油为原料生产生物柴油。欧盟 15 个成员国年产生物柴油 200 万吨，占世界生物柴油总产量 90%，其中德国为 150 万吨。我国生物柴油规模较小，主要集中在国有企业的研发，单个企业生产能力不超过 10 万吨。国外公司开始进入，如奥地利 Biolux 公司已在山东威海建公司，2006 年底投产，年产 26 万吨。

目前生物柴油主要用化学法生产，采用植物油与甲醇或乙醇在酸或碱性催化剂和 230～250℃下进行酯化反应，生成相应的脂肪酸甲酯或脂肪酸乙酯生物柴油。现正在研究生物酶法合成生物柴油技术。用酶催化大豆油或菜子油制造生物柴油，混在反应物中的游离脂肪酸和水对酶催化剂无影响，反应液静置后，脂肪酸甲酯即可分离。

（3）生物质产业

生物质产业是指利用作物秸秆、林业废弃物、畜禽类粪便等有机废弃物、边际性土地种植能源植物，生产生物基产品、生物燃料和生物能源的一门新兴产业。自 20 世纪末，美欧等发达国家将发展生物质产业作为一项重大的国家战略推进，纷纷投入巨资进行研发。美国计划通过生物质产业为农村提供就业机会，到 2020 年农民每年新增收 200 亿美元。瑞典提出 2020 年后，利用纤维素生物的燃料乙醇全部替代石油燃料，彻底摆脱对石油的依赖。

美国能源部资助用生物质废料生产燃料级乙醇的技术开发，美国目前已拥有用各种植物纤维素生产乙醇的技术，只是工艺成本高，在价格上还没有竞争力，正加大研究经费的投入，争取技术上的突破。美国每年产生约 2.8 亿吨的生物质废料，如谷物茎秆、稻草和木屑等，开发将生物质废料转化为乙醇的酶是生物质制乙醇工业持续发展的关键。最近在这方面已取得了一些可喜的进展。美国 Logen 公司投产了世界上最大的从纤维素废料生产乙醇装置，该装置可使（1.2～1.5)万吨/年麦秆和其他的谷物禾茎转化为（300～400)万升/年燃料级乙醇。

我国批准建设的四家定点燃料乙醇生产厂，包括吉林燃料乙醇有限责任公司、黑龙江华润酒精有限公司、河南天冠集团和安徽丰原生化股份公司（该公司已并入中粮公司）。以上公司以陈化粮为原料，总产能达到年产 102 万吨。2005 年生产燃料乙醇 81 万吨，到 2006 年底达 163 万吨。现已在 9 个省（5 个省全部，4 个省的 27 个地方）开展车用乙醇汽油销售。为扩大生物燃料来源，我国自主开发了以甜高粱茎秆为原料生产燃料乙醇的技术，已在黑龙江、内蒙、新疆、山东、天津等地开展种植甜高粱及燃料乙醇生产试点，同时也在开展用纤维素制取燃料乙醇的技术研究。

5.2.2.5　石油生物脱硫

通过应用生物技术来降低生产清洁燃料的成本已成为当今世界炼油业的热点课题。目前已经和正在开展的工作有柴油、汽油生物脱硫，原油生物脱硫、脱氮、脱金属等。生物脱硫主要是利用细菌的新陈代谢过程，脱除石油中所含的苯并噻吩类等硫化物，也称为微生物脱硫或生物催化脱硫。美国、日本、法国、意大利、加拿大、西班牙、韩国等都在开展这方面的研究工作。

柴油生物脱硫进展最快。美国能源生物系统公司（EBC）接受美国气体技术研究所发现的生物菌种，经过筛选和过程改进，开发了利用生物菌选择性地从柴油或柴油的混合进料中脱硫的工艺。柴油生物脱硫与加氢脱硫相比，投资费用可节约 50%，操作费用节约 20%。柴油生物脱硫技术现在美国已经建成 25 万吨/年工业装置。法国道达尔公司、日本石油能源中心、日本工业技术院生命工程研究所石油产业活性化中心也在开展柴油生物脱硫的小试或中试研究。

汽油生物脱硫技术目前处于生物催化剂研制阶段，汽油中的硫化物组成与柴油不同，因此柴油生物脱硫催化剂不能用于汽油脱硫。美国能源部资助美国能源生物系统公司开展此项研究，目前正在利用转基因技术开发用于汽油脱硫的生物催化剂。

5.2.2.6　微生物采油

在石油开采中，现行的工艺只能从大多数油井中采出 30%～40% 的石油，大部分由于黏度高而遗留在岩石中。随着微生物采油技术的开发，使得采油率不断提高。这主要是由于细菌代谢作用产生大量二氧化碳，二氧化碳与石油混溶，使之膨胀而降低黏度，还可产生大量有机酸，导致过量气体产生，造成压力驱出石油；再有微生物在油层中产生生物表面活性剂，使石油易流动。目前微生物采油主要有两方面：首先是利用微生物产物采油，如利用微生物多糖、表面活性剂等。其二是微生物本身用于采油，注入地下。近年来国内大港油田、中原油田等相继使用了微生物采油技术，大大提高了采油效率。

5.2.2.7　从石油、油渣及废矿中提取金属

利用微生物从石油、油渣及废矿中提取金属是现代生物技术的一个重要方面。这种技术突出优点在于可最大限度地利用资源。可从石油中提取钒、镍、铜等重要金属。利用某些细菌与含铀的矿物做底物培养，则可从低密度的矿中提取铀，当矿中铀含量为 1% 时，铀提取率达 96%，目前加拿大已有年产 60t 的提取生产装置。

5.2.2.8　生物法生产甲醇、醋酸

2000 年，雪佛龙研究和技术公司与 Maxygen 公司签署了为期 3 年的生物法生产特种石化产品合同，一个重点领域是将甲烷生物转化为甲醇，将采用更廉价的、环境更友好的生物过程代替高费用的化学加工过程。塞拉尼斯公司与 Divecsa 公司合作，正在开发生物催化途径生产醋酸工艺。该公司确信，生物催化工艺可节减生产醋酸的能耗和催化剂费用。美国俄克拉何马州立大学正在研究利用厌氧菌种（新棱菌）将合成气（CO、CO_2、H_2）转化成液体产品如乙醇、丁醇和醋酸酯的生物法工艺。研究表明，CO 产生乙醇的产率是生成丁醇和醋酸酯的 9 倍，随着在 CO/CO_2 原料中添加 H_2，提高了乙醇产率。现正在研究工艺条件的优化以达到最高的细胞生长速度，并利用由生物质气化产生的合成气来评价工艺性能。

5.2.3　生物技术在精细化工中的应用

精细化工是当今世界各国发展化学工业的战略重点，精细化工率在相当大程度上反映着一个国家的发达水平和化学工业集约化程度。生物技术在精细化工中的应用及快速发展已经成为化工发展的战略方向之一，在开发新资源、新材料与新能源方面有着广泛的前景。越来越多的大型化工公司为了提高经济效益，增加竞争力，纷纷向生物化学工程和精细化工产业转移。目前，世界各国在生物技术方面投入了大量的资金和人力，其中约有 1/3 用于化学工业领域。

5.2.3.1　丙烯酰胺

其重要用途是生产聚丙烯酰胺，可广泛用于采油、造纸、纺织、化工等领域。世界年产量约 20 万吨以上，我国年产量约万吨。近年来掀起微生物法生产丙烯酰胺的开发热潮。

俄罗斯曾开发出丙烯腈生物催化生产丙烯酰胺的工业方法，并建成 2.4 万吨/年工业装

置。该工艺基于 Rhedoccoccus SPM-8 菌种。

日本日东公司于 1985 年已经建成 4000 吨/年生物法生产装置。而后，日本京都大学发现了 Pseudomonas Chlarordphis B23 和 Rhodococcus Rhodochrous J-1 菌种，对现有装置又进行大规模改造，1991 年使生产能力扩大到 1.5 万吨/年。

微生物方法生产丙烯酰胺具有反应选择性高，产品纯度高，几乎不含杂质，转化率达 99% 以上，常温常压下反应，成本低等优点。

近年来，迪高沙公司、SNF 公司等也推出生物法生产丙烯酰胺技术，并向外输出技术产品。迪高沙公司在俄罗斯 Perm 拥有年产数千吨的生物催化法生产丙烯酰胺装置，产品用于水处理。法国 SNF Floerger 公司是世界领先的聚丙烯酰胺生产商，正在印度扩增水溶性聚丙烯酰胺能力，在法国、美国和中国的新建装置已经于 2002 年投产，该公司在中国泰兴建成 2 万吨/年丙烯酰胺生产线，在美国 Andrezieux 建成两套聚丙烯酰胺生产线，在印度建成年产 4 万吨/年的生产线。

5.2.3.2　生物法生产可生物降解溶剂

杜邦公司开发了生物途径生产可生物降解的溶剂二甲基-2-哌啶，这种溶剂用于金属和电子部件（如计算机电路板）清洗。杜邦称这种溶剂为 Xol-vone，它通过细菌与 2-甲基-戊二腈（MGN）（生产尼龙的联产品）反应制得。细菌反应与替代的化学路线相比，产率较高，杂质较少。该工艺过程的关键是凝胶涂层，它将细菌包胶起来，但允许它与 MGN 反应。生物催化剂优于化学催化剂，包胶可降低费用。细菌直径仅 $2\sim3\mu m$，将细菌与凝胶包胶，形成小球，这使细菌易于处理。反应发生在相对较低温度的水中，与替代的催化化学路线相比，毒性很小，被包胶的细菌在含 MGN 的反应容器内搅拌几小时，随着液体通过小球，MGN 与细菌酶反应生成产品。在反应过程中，酶不被消耗掉，因此小球可重复使用。

5.2.3.3　生物法生产 1,3-丙二醇

3-羟基丙酸（3-HP）是最有前景的生物法产品之一，这是一种从碳水化合物如谷物发酵生产的有机酸。3-HP 可制取 1,3-丙二醇，1,3-丙二醇是生产 PTT（聚对苯二甲酸丙二醇酯）树脂的原材料之一，也可转化为生产丙烯酸酯、尼龙和多元醇的中间体。杜邦公司与 Tate & Lyle 公司〔英国〕、Genencer 国际公司〔美国〕合作，投产了从谷物〔而不是从石油〕生产 1,3-丙二醇（PDO）的中型装置。PDO 是杜邦公司聚对苯二甲酸丙二醇酯的关键成分。从谷物用生物法制造这种聚合物的总费用比现在从石油化工产品制造要便宜 25%。91t/a 的中型装置位于美国伊利诺伊州 Decatur 的 Tate & Lyle 公司谷物加工工厂内。在新的发酵工艺中，由磨碎的潮湿谷物得到的葡萄糖经两步法转化成 PDO。第一步由细菌发酵转化成丙三醇，第二步将丙三醇发酵转化成 PDO。产品从细胞质中分离出来，并用蒸馏提纯。

5.2.3.4　生物法生产精细化学品

德固萨公司的护理用特种化学品装置采用生物催化法生产脂肪酸衍生的酯类，用于个人护理用品。一套低聚物/硅酮装置用生物法生产涂料添加剂用硅酮丙烯酸酯。还将采用最新的酶催化工艺生产聚甘油酯（用作脱臭剂的活性组分）。

巴斯夫公司致力于生物催化生产手性中间体（商业名称 Chipros）的研发，2001 年已有两套新装置投产。在美国 Geismar 的装置生产 2500t/a 甲氧基异丙基胺——谷物除草剂中间

体。另一套在德国 Ludwigshafen 的多用途装置生产 1000 吨/年各种手性中间体。

5.2.3.5　生物法生产氨基酸

德固萨精细化学品业务部门开发了生物催化工艺生产氨基酸，该 Hydantoinase 工艺已首次用于德固萨公司在哈诺的 CGMP 多用途装置，生产非天然 L-氨基酸，它可用于生产高血压用医药。迄今，该产品仅能通过复杂的化学途径才能生产。在新工艺中，改进型微生物——全细胞催化剂将 D,L-乙内酰脲中间体直接而完全地转化为 L-氨基酸，因而实现了一步法生产工艺替代多个步骤。微生物随后用超级离心分离，并用超级过滤生成无生物体产品，可满足医药工业高标准要求。该工艺过程不仅比传统路线快捷而简单，而且更为灵活，有很宽的应用范围。

5.2.4　生物制药

从 1982 年第一个新生物技术药物基因重组胰岛素上市至今，生物制药已走过 20 余年历史，目前有 100 多种生物技术药物。2003 年 6 月～2004 年 6 月，生物技术药物中的主要组成部分——基因重组类生物技术药物的年销售额已突破 400 亿美元，制药业的增长速度放慢，但生物制药却在加速发展，从 1998 年开始，连续 7 年增长速度保持在 15%～33%，生物制药已成为制药业乃至整个国民经济增长中的新亮点，被普遍认为是"21 世纪的钻石产业"。

生物技术药物主要包括激素、酶、生长因子、疫苗、单克隆抗体、反义寡核苷酸或核酸、细胞治疗或重组工程产品等。

5.2.4.1　重组蛋白

重组蛋白是生物技术药物最主要的一类，如基因重组的胰岛素、干扰素、促红细胞生成素、组织型纤溶酶原激活剂、融合蛋白、基因工程乙肝疫苗、SARS 疫苗、基因重组的治疗性抗体等。基因重组胰岛素上市后，又经蛋白质工程技术改构，出现了第二代胰岛素即速效和长效胰岛素。由于全球糖尿病治疗市场巨大，基因重组胰岛素类产品年销售额超过 72 亿美元。重组生长激素也是最早获得批准上市的现代生物药物之一，近年发现该药物还具有美容的功效，2005 年全球生长激素市场超过 23 亿美元。细胞因子、粒细胞集落刺激因子（G-CSF）、白细胞介素等产品，主要用于肿瘤放、化疗后出现白细胞、血小板减少等并发症的治疗。其中销售额最高的是 G-CSF 产品，2005 年达 35 亿美元。抗病毒药物、治疗肾性贫血和肿瘤化疗引起的红血球减少症的促红细胞生成素等 2005 年销售额达 40 亿美元。

5.2.4.2　疫苗

有许多病毒疫苗是通过细胞培养来生产的，如甲肝疫苗等。以重组乙肝疫苗为代表的疫苗类产品，如甲肝和乙肝二价肝炎疫苗、（乙肝、白喉、破伤风、百日咳和脊髓灰质炎）五价疫苗等市场均在 8 亿左右，2006 年 6 月美国 FDA 还批准了基因重组乳头瘤病毒疫苗用于预防宫颈癌，这是全球批准的第一种肿瘤疫苗。另外，艾滋病疫苗、肺结核疫苗、疟疾疫苗等 100 多个疫苗已进入临床试验。疫苗除了在疾病预防中发挥重大作用，在疾病治疗上日益得到了应用。

5.2.4.3 治疗性抗体

抗体药物是目前美国 FDA 批准上市品种最多的一类生物技术药物，在批准的 80 多种基因工程和抗体工程产品中，抗体类产品有 21 种，其中有 18 种是人源（化）抗体，只有 3 种鼠源抗体。这 21 种抗体药物主要用于治疗肿瘤、自身免疫性疾病、心血管疾病和抗移植排斥。近年来新开发的多种治疗风湿性疾病的抗体药物如 Infliximab、Remicade、Enbrel、Humira 等在欧美广泛用于治疗风湿性疾病。除此之外，还有 100 多个抗体进入临床研究，500 多个抗体药物处于临床前研究。2005 年治疗性抗体药物销售额超过了 170 亿美元，预测 2010 年将达 300 亿美元。据悉，目前全球所有的大制药公司和上百家小制药公司，没有哪一家不涉足抗体药物的研发工作。

5.2.4.4 核酸类产品

反义寡核苷酸和 RNAi（RNA 干扰）等核酸类药物、治疗性疫苗、基因疗法和细胞治疗产品是最近十几年来出现的新型生物技术药。这 4 类药物大部分停留在临床试验阶段，上市的产品很少。1998 年美国 FDA 批准了第一个反义寡核苷酸药物上市，2006 年第二个反义寡核苷酸药物上市。

5.2.4.5 组织工程类产品

目前 FDA 批准了 6 种组织工程皮肤，如 Apligraf、Dermagraft、OrCell 等和 1 种组织工程软骨 Carticel。还有多种组织工程产品正在临床试验，如人造肝、人造血管等。

5.2.4.6 抗生素

在目前各类药物中，抗生素用量最大，采用基因工程与细胞工程技术和传统生产技术相结合的方法，选育优良菌种，生产高效低毒的广谱抗生素是当前的趋势。

5.2.5 生物农药

鉴于环境保护、农业可持续发展以及绿色食品生产的需要，生物农药的研发无疑是一个热点。发酵技术和基因工程技术将使生物农药的开发、生产和发展起突破性的作用。先进高效的发酵技术将大大提高生物农药的产量、质量和效益，而基因工程将使生物农药的开发具有突破性。

5.2.5.1 防治虫害的生物农药

防治虫害的生物农药主要源于昆虫病原微生物和植物杀虫剂。已报道的昆虫病原微生物达 2000 多种，其中细菌 100 多种，真菌 800 多种，病毒 1600 多种，线虫 30 多种。其中不少种类已被开发利用，主要集中在细菌的芽胞杆菌属、真菌的丝孢菌纲和杆状病毒。

微生物源杀虫剂通过产生特异性的毒素破坏害虫代谢平衡，或者通过苗头体在虫体内繁殖而引发流行病达到杀虫功效。苏云金芽胞杆菌（Bt）是开发历史最久，应用最成功的微生物杀虫剂。它占据了生物农药 90% 以上的市场，仅国内，其应用面积就达到 300 万公顷以上。Bt 产生的 δ-毒素，可以杀死 150 多种昆虫而对人畜无害，它具有多个亚种和多种血清型，难于产生抗性。近年来，国内外专家致力于 Bt 的高效剂型增效因子、发酵工艺、广谱毒性重组 Bt 以及转基因植物的研究，取得了较大的成果。

除了微生物活体外，许多微生物代谢产物也具有杀虫活性。抗生素是开发历史较久，成果较丰的一类。浏阳霉素、杀虫蚜素早已大面积推广，其效果显著，但发酵效价较低。国内外目前最受注目的杀虫素当属阿维菌素，它是一种十六元大环内酯类物质，可以抑制无脊椎动物神经传导物质而使昆虫麻痹致死，其杀虫范围广并具内吸性，被认为是农业生产最具潜力的抗生素。最早由美国 Merck 公司开发成功。

5.2.5.2 防治病害的生物农药

用于植物病害防治的生物农药主要是抗生素类物质。20 世纪 60～80 年代，我国成功研制了春雷霉素、庆丰霉素、井冈霉素、多抗霉素、公主霉素、多效霉素、农抗 120 等。进入 90 年代，一些新的抗生素如中生霉素、武夷霉素、宁南霉素获得开发。在国外，日本一直居于抗生素生产的主导地位。

5.2.5.3 防治杂草的生物农药

用于防治杂草的生物农药主要是放线菌产生的抗生素和杂草病原真菌。双丙氨膦（Bialaphos）是第一个商品抗生素除草剂，最早由日本开发成功，可用于非耕地和果园杂草的防治。

5.2.5.4 植物生长调节剂

大多数的植物生长调节剂如赤霉素、生长素、细胞生长素、乙烯都可以化学合成并用于生产，其中以赤霉素应用最为广泛。脱落酸因其化学合成物是外消旋体，使得在生产和应用上受到限制。利用微生物发酵生产脱落酸是一条新途径。日本 Toray 公司 20 世纪 90 年代开创了微生物发酵生产脱落酸的先例。后来国内也建立了高效的脱落酸发酵工艺，其产量和生产规模居世界水平。

5.2.6 生物技术在资源与环境保护领域中的应用

生物技术是充分利用自然资源，有效发挥其作用的良好手段，它能克服不少治污又致污的缺点。现代生物技术将会在 21 世纪的资源与环境保护领域中发挥重要作用。

5.2.6.1 废水的生物处理

废水的处理方法有物理法、化学法、物化法和生物法，由于生物处理技术运行成本低，管理简单，操作方便，生物处理技术是污水净化技术中使用最多的一种方法。污水的生物净化过程实质上就是微生物的连续式发酵。现代生物技术诞生后，由于现代生物技术进入污水净化领域，使得污水生物处理效率得到大幅度的提高（大约在 20％左右）。我国是一个水资源短缺的国家，人均占有水资源量不到世界人均占有水资源量的 1/4，水资源短缺一直是影响国民经济持续发展的瓶颈，中水的回用就显得十分重要，预期生物技术将在废水的净化和中水的回用中大有作为。

将好氧厌氧发酵处理废水的工艺相结合，是目前废水处理的发展趋势。主要包括水解-好氧生物处理法、生物除磷脱氮技术和间歇式活性污泥法。

采用生物强化技术处理废水，能有效地达到脱磷脱氮和解毒等功效。现在欧美约有

70％的污水处理采用生物膜反应器法，该法具有管理方便、运行费用低等优点，但其造价高。鉴于此，加拿大、丹麦、美国已先后开发出新型生物膜反应器，其发展的总趋势是最大限度地增加反应体系中的生物量和生物类群，最高水平发挥微生物降解污染物的活性。

生物絮凝剂由于具有降解性能好、应用广泛、成本低、操作简单及不会导致二次污染等优点，已日益引起人们的关注。

5.2.6.2　废气的生物处理

气态污染物的生物净化是利用微生物活动将废气中的有毒有害物质转化成简单的无机化合物及细胞质。微生物生长系统主要有悬浮生长系统、附着生长系统（生物滤床）和生物滴滤床。目前，适合处理的气态污染物主要有乙醇、硫醇、酚、甲酚、吲哚、脂肪酸、乙醛、酮、二硫化碳、氨和胺等。

国外进行了NO_x废气的生物净化研究。K. H. Lee利用悬浮生长系统将脱氮杆菌驯化后通往含NO的混合气体，NO的净化率达98％，爱德华国家工程实验室研究出一种含降解微生物的塔，含NO的烟气在其中停留1min，NO的降解率达到99％。

5.2.6.3　废渣、土壤的生物处理

微生物数量及污染物降解菌数量是污染的土壤中微生物活力的反映。污染物可作为微生物生长所需底物，若环境中底物浓度低到难以维持微生物种群的降解需要时，则需加入其他底物以维持降解过程的进行，固废渣土壤污染治理的生物技术包括原位及非原位生物处理技术。主要的原位生物处理方法有直接接入外源的污染物降解菌（可结合微生物胶囊技术）和生物通气强迫氧化法。对于污染物扩散浅易挖掘且不宜进行现场生物治理的宜采用非原位处理方法，此方法包括土地处理技术、堆肥式处理、生物堆层技术和泥浆技术等。如果将原位与非原位处理技术相结合也是一种有效的生物治理技术。治理土壤重金属污染，则可利用原土壤中的土著微生物或向污染环境中补充经过驯化的高效微生物。另外，固体废弃物的处理方法也正在向资源化、综合处理的方向发展，如固体废弃物堆肥化处理、城市生活垃圾填埋等。

5.2.6.4　生物环境监测

环境生物技术不仅单纯适用于环境污染治理，如今已相当广泛地应用于环境监测。现在生物技术的开发应用，为环境领域提供了崭新的监测技术，一批灵敏度高、性能专一的监测技术设备先后得到开发与应用。如生物传感器、简便的单克隆抗体试剂盒、DNA探针、聚合酶链式反应技术（PCR）、酶联免疫吸附检测（ELISA）试剂盒、DNA指纹图谱技术等，这些都为环境监测提供了有力武器，尤其是生物传感器的研究报道最多，常见的几种生物传感器有BOD（生化需氧量）传感器、测定抗乙酰胆碱酯酶类农药的生物传感器、测定抗除草剂用的生物传感器、测定水中重金属毒物的生物传感器，另外还有测定硝酸盐、亚硝酸盐、磷酸盐、硫化物、酚、氰化物和诱变性的传感器，测定CO、CO_2、CH_4、SO_2和NO_2等气体含量的传感器。

6 石化与机械

6.1 化工机械制造概况

化工机械是实现化工生产的硬件，是石化企业的主要组成部分。化学工业是多品种的基础工业，为了适应化工生产的多种需要，化工设备的种类很多，设备的操作条件也十分复杂。有时对于某种具体设备，既有温度、压力的要求，又有耐腐蚀要求。一般来讲，按操作压力来说，有真空、常压、低压、中压以及高压和超高压容器设备。按操作温度来说，有低温、常温、中温和高温设备。按照不同的作用机理，传统的化工机械设备可分为传热设备、混合设备、粉碎设备、输送设备、制冷设备、传质设备、储运设备、反应设备、压力容器、仪器仪表、橡胶设备、分离设备、包装设备、环保设备、干燥设备、成型设备、泵阀设备、塑料设备、制药设备等。可以说，化工机械制造业无处不在，它涉及石化生产的方方面面。

石油化工是我国的支柱产业，在我国国民经济中占有重要地位。化学工业行业多、品种多、工艺技术更多，各有其发展前景。但从整体看，化学工业中各行业和品种生产工艺过程基本上都可以用图 6-1 所示的模式作范例进行表征和分析。化工生产工艺的核心是化学反应，即各种单元工艺，而其核心技术是催化。预处理和分离精制的核心是单元操作，亦即化学工程。可以看出，化工机械与设备作为化学反应和单元操作的载体，是必不可少的环节。

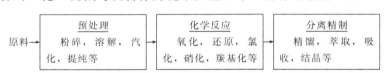

图 6-1　化学工业生产工艺过程

化工机械制造主要包括三大部分：化工设备材料的选择和应用；化工容器的设计；以及典型化工设备如塔设备、换热器、搅拌器等的机械设计。化工机械制造业的发展也是围绕着以上三个环节展开的。

6.1.1　化工设备材料

6.1.1.1　概述

操作的多样性造成了化工设备材料选用的复杂性，合理选用化工设备材料是设计化工设备的重要环节。选择材料时，必须根据材料的各种性能及其应用范围综合考虑具体的操作条件，抓住主要矛盾，遵循适用、安全和经济的原则。选用材料的一般要求如下。

① 材料品种应符合我国资源和供应情况。
② 材料可靠，能保证使用寿命。
③ 要有足够的强度，良好的塑性和韧性，对腐蚀性介质能耐腐蚀。
④ 便于制造加工，焊接性能好。
⑤ 经济上合算。

例如，对于压力容器钢材来说，对于中、低压和高压容器，经常处于有腐蚀性介质的条件下工作,除了承受较高的介质压力(内压力或外压力)以外,有时还会受到冲击和疲劳载荷的作用;在制造过程中,还要经过各种冷、热加工(如下料、卷板、焊接、热处理等)使之成型;因此,对压力容器用钢板有较高的要求:除随介质的不同要有耐腐蚀要求外,还应有较高的强度、良好的塑性、韧性和冷弯性能,缺口敏感性要低,加工和焊接性能良好。对低合金钢要注意是否有分层、夹渣、白点和裂纹等缺陷,尤其是白点和裂纹是绝对不允许存在的。对中、高温容器,由于钢材在中、高温的长期作用下,金相组织和力学性能等将发生明显的变化,又由于化工用的中、高温设备往往都要承受一定的介质压力,选择中、高温设备用钢时,还必须考虑到材料的组织稳定性和中、高温的力学性能。对于低温设备用钢,还要着重考虑设备在低温下的脆性破裂问题。

材料的性能包括力学性能、物理性能、化学性能和工艺性能等。构件在使用过程中受力(载荷)超过一定限度时,就会发生变形失效,甚至断裂。材料在外力或外加能量的作用下抵抗外力所表现的行为,包括变形和抗力,即外力作用下不产生超过允许的变形或不被破坏的能力,叫做材料的力学性能,通常材料在外力作用下表现出来的弹性、塑性、强度、硬度和韧性等特征指标来衡量。

6.1.1.2　化工设备的腐蚀及防腐措施

腐蚀是影响金属设备及其构件使用寿命的主要因素之一。化工与石油化工以及轻工、能源等领域,约有 60% 的设备失效与腐蚀有关。在化学工业中,金属(特别是黑色金属)是制造设备的主要材料,由于经常要与腐蚀性介质和各种酸、碱、盐、有机溶剂及腐蚀性气体等接触而发生腐蚀,要求材料具有较好的耐腐蚀性。又因腐蚀不仅造成金属和合金材料的巨大损失,影响设备的使用寿命,而且使得设备的检修周期缩短,增加非生产时间和修理费用,还由于腐蚀使设备及管道的跑、冒、滴、漏现象更为严重,使原料和成品造成巨大损失,影响产品质量并且污染环境,损害人的健康;甚至导致设备爆炸、火灾等事故,造成巨大的经济损失甚至危及人的生命。

常见化工设备的腐蚀主要如下。

① 化学腐蚀

即金属遇到干燥的气体和非电解质溶液发生化学作用所引起的腐蚀,化学腐蚀的产物在金属的表面上,腐蚀过程中没有电流产生。例如金属的高温氧化及脱碳、氢腐蚀等。

② 电化学腐蚀

是指金属与电解质溶液相接触产生电化学作用引起的破坏。电化学腐蚀过程是原电池的工作原理,腐蚀过程中有电流产生,使其中电位较负的部分(阳极)失去电子而遭受腐蚀。

③ 晶间腐蚀

一种局部的、选择性的腐蚀破坏。这种腐蚀破坏沿金属晶粒的边缘进行,腐蚀性介质渗入金属的深处,腐蚀破坏了金属晶粒之间的结合力,使得金属之间的强度和塑性几乎完全丧失,从材料表面看不出异样,但内部已经瓦解,用锤轻击,就会碎成粉末。奥氏体不锈钢的晶间腐蚀如图 6-2 所示。

④ 应力腐蚀

亦称腐蚀裂开,它是指金属在腐蚀性介质和拉应力的共同作用下产生的一种破坏形式,在应力腐蚀过程中,腐蚀和拉应力起着互相促进的作用。应力腐蚀包括孕育阶段、腐蚀裂纹扩展阶段和最终破坏阶段。应力腐蚀的裂纹扩展示意图如图 6-3 所示。

为了防止化工与石油化工生长设备被腐蚀,除选择合适的耐腐蚀材料制造设备外,还可

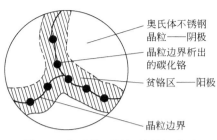

图 6-2 奥氏体不锈钢的晶间腐蚀

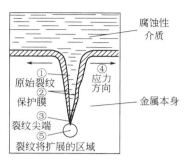

图 6-3 应力腐蚀的裂纹扩展

以采用多种防腐蚀的措施对设备进行防腐。具体措施有以下几种。

① 衬覆保护层

在耐腐蚀性较弱的金属上衬上一层耐腐蚀性较强的金属或非金属材料。

② 电化学保护：主要有阴极保护和阳极保护两种方法。

③ 添加缓蚀剂：在腐蚀介质中加入少量物质，可以使金属的腐蚀速度降低甚至停止，这种物质称为缓蚀剂。但是加入缓蚀剂不应影响化工工艺过程的进行，也不应该影响产品的质量。

6.1.1.3 化工设备材料的选择原则

在设计和制造化工容器与设备时，合理选择和正确使用材料是一项十分重要的工作。以压力容器用钢的选择为例，必须综合考虑容器的操作条件、材料的使用性能、材料的加工工艺性能以及容器结果和经济上的合理性。

（1）选材的一般原则

① 遵循标准：GB 150—1998《钢制压力容器》《压力容器安全技术监察规程》；HGJ15-89《钢制化工容器材料选用规定》。

② 当压力容器使用普通低碳钢制造时，常用 Q235B、Q235C。

③ 考虑经济性。

（2）其他指导准则

① 碳素钢用于介质腐蚀性不强的常、低压容器或壁厚不大的中压容器。

② 低合金钢，用于介质腐蚀性不强的中、高压容器。

③ 不锈钢用于介质腐蚀性较强的场合。

④ 耐热钢用于高温场合。

⑤ 奥氏体不锈钢不能用于易发生晶间腐蚀的场合。

（3）标准零部件（如法兰、人孔、手孔等）的材料选择符合国家标准或行业标准。

6.1.2 典型化工设备制造

从原材料到产品，要经过一系列物理的或化学的加工处理步骤，这一系列加工处理过程需要由设备来完成物料的粉碎、混合、储存、分离、传热、反应等操作。比如，流体输送过程需要有泵、压缩机、管道、储罐等设备。各种设备必须满足相应的设计和技术要求。对设备进行及时的创新设计、采用新的材料、运用新的工艺流程都可以优化整个生产过程。目前，对于化工容器的设计方法和技术已经很成熟，化工机械研究人员的注意力很大程度上都集中于典型化工设备的结构优化和设计创新，其中包括塔设备、反应设备、换热设备等。

6.1.2.1 塔设备

在化工、炼油、医药、食品及环境保护等工业部门，塔设备是一种重要的单元操作设备，它的应用面广、量大。据统计，塔设备无论其投资费用还是所消耗的钢材重量，在整个过程设备中所占的比例都相当高。其中，在化工及石油化工中占到 25.4%，在炼油及煤化工中占到 34.85%，在化纤生产中占到 44.9%。

塔设备的作用是实现气液相或液液相之间的充分接触，从而达到相际间传质及传热的目的。塔设备广泛用于蒸馏、吸收、气提、萃取、气体洗涤、增湿及冷却等单元操作中，其操作性能的好坏，对整个装置的生产，产品质量、产量、成本以及环境保护、"三废"处理等都有较大的影响。因此对塔设备的研究一直是工程界所关注的热点。

塔设备种类很多，按操作压力分为加压塔、常压塔及减压塔；按单元操作分为精馏塔、吸收塔、解吸塔、萃取塔、反应塔、干燥塔等；按照内件结构分为填料塔和板式塔，这两种也是工业上应用最广泛的。

6.1.2.2 反应设备

反应设备即化学反应器，是指在其中可以实现一个或是几个化学反应，并使反应物通过化学反应转变为反应物的设备。典型的化工生产流程如图 6-4 所示。

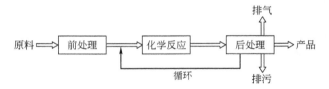

图 6-4 化工生产的典型流程

反应设备是过程工业中的核心设备，因而需要对其进行正确的选型、确定最佳操作条件、设计高效节能的反应设备。

由于化学产品种类繁多，物料的相态各异，反应条件差别很大，工业上使用的反应器也千差万别。按照物料的相态可分为单相反应器和多项反应器；按照操作方式可分为间歇式、连续式和半连续式反应器；按照物料的流动状态可分为活塞流型和全混流型反应器；按传热情况分为无热交换的绝热反应器、等温反应器和非等温非绝热反应器；按设备的结构特征形式分为搅拌釜式、管式、固定床和流化床反应器等。

6.1.2.3 换热设备

换热器是许多工业部门广泛应用的通用工艺设备。通常，在化工厂的建设中，换热器约占总投资的 11%。在现代石油炼厂中，换热器约占全部工艺设备投资的 40% 左右，其先进性、合理性和运转可靠性将直接影响产品的质量、数量和成本。根据不同的目的，换热器可以是热交换器、加热器、冷却器、蒸发器、冷凝器等。由于使用条件的不同，可以有各种各样的形式和结构，在生产中换热器有时是一个单独的设备，有时则是某一工艺设备的组成部分。此外，换热设备也是回收余热、废热特别是低位热能的有效装置，从而提高热能的利用率，降低燃料消耗和电耗，提高工业生产经济效益。

在工业生产中，由于用途、工作条件和物性特性的不同，出现了各种不同形式和结构的换热设备。(a) 直接接触式换热器，又称混合式换热器，如冷却塔、气压冷凝器等；(b) 蓄热式换热器，又称回热式换热器，如回转式空气预热器；(c) 中间载热体式换热器，如热管式换热器；(d) 间壁式换热器，如蛇管式换热器、套管式换热器、管壳式换热器、缠绕管式换热器、板式换热器、螺旋板式换热器、板翅式换热器、板壳式换热器、伞板式换热器等。其中，管壳式、间壁式换热器是工业生产中应用最为广泛的换热器。

管壳式换热器因具有可靠性高、适应性广等优点，在各工业领域中得到最为广泛的应用。近年来，尽管受到了其他新型换热器的挑战，但是反过来也促进了其自身的发展。在换热器向高参数、大型化发展的今天，管壳式换热器仍占主导地位。其次，板壳式换热器是目前国际上先进的高效、节能型换热设备。板壳式换热器采用波纹板片做为传热元件，波纹板片具有"静搅拌"作用，能在很低的雷诺数下形成湍流，传热效率是管壳式换热器的2～3倍。同时还大大降低了结垢，从而使设备的维护和清扫非常方便。板壳式换热器可实现真正的"纯逆流"换热，与管壳式换热器相比，冷端及热端温差小，可以多回收热量，从而可大大节约装置的操作费用。板壳式换热器与管壳式换热器相比，还具有结构紧凑的优点，因此，在完成同样换热任务的情况下，板壳式换热器的体积小、重量轻，从而可大大节约用户的设备安装空间及安装成本。

衡量一台换热器好坏的标准是传热效率的高低，流体阻力小，强度足够，结构合理，安全可靠，节省材料；成本低；制造、安装、检修方便。不同换热器具有不同特点，例如板式换热器传热效率高、金属消耗量低，但流体阻力大、强度和刚度差，制造维修困难；而列管式换热器传热效率、紧凑性、金属消耗量等方面均不如管式换热器，但其结构坚固、可靠性程度高、适应性强、材料范围广。因而，目前仍是石油、化工生产中，尤其是高温、高压和大型换热器的主要结构形式。

6.1.2.4　压缩机

气体压缩机是石化生产装置中常用的气体压缩机，有离心式气体压缩机和往复式气体压缩机。多年来，我国压缩机制造业在引进国外技术，消化吸收和自主开发基础上，攻克不少难关，取得重大突破。例如，催化裂化装置用的主风机和富气压缩机、加氢装置用的循环氢压缩机、新氢压缩机、乙烯三大压缩机、化肥四大压缩机组等已大量在石化生产中应用。其中，水平剖分式离心压缩机和轴流式压缩机制造技术已接近或达到国际同类产品先进水平，往复式活塞压缩机达到国际同类产品水平。目前，离心式压缩机的国际发展方向是压缩机容量不断增大、新型气体密封、磁力轴承和无润滑联轴器相继出现；高压和小流量压缩机产品不断涌现；三元流动理论研究进一步深入，不仅应用到叶轮设计，还发展到叶片扩压器静止元件设计中，机组效率得到提高；采用噪声防护技术，改善操作环境等。

我国离心压缩机在高技术、高参数、高质量和特殊产品上还不能满足国内需要，50%左右产品需要进口。另外，在技术水平、质量、成套性上和国外还有差距。随着石化生产规模不断扩大，我国离心压缩机在大型化方面将面临新的课题。与国外往复式压缩机技术水平相比，我国的主要差距为基础理论研究差，产品技术开发能力低，工艺装备和实验手段后，产品技术起点低，规格品种、效率、制造质量可靠性差。另外，技术含量高和特殊要求的产品还满足不了国内需求。

国外往复式活塞压缩机发展方向为大容量、高压力、结构紧凑、能耗少、噪声低、效率高、可塑性好、排气净化能力强；普遍采用撬装无基础、全罩低噪声设计，大大节约了安装、基础和调试费用；不断开发变工况条件下运行的新型气阀，使气阀寿命大大提高；在产品设计上，应用压缩机热力学、动力学计算软件和压缩机工作过程模拟软件等，提高计算准确度，通过综合模拟模型预测压缩机在实际工况下的性能参数，以提高新产品开发的成功率，压缩机机电一体化得到强化。采用计算机自动控制，自动显示各项运行参数，实现优化节能运行状态，优化联机运行，运行参数异常显示，报警与保护；产品设计重视工业设计和环境保护，压缩机外形美观更加符合环保要求等。

6.2 化工设备与机械

化工设备与机械是指化工生产中涉及的机械部分，了解其相关知识对于更深入地理解化工机械设备设计过程有一定帮助。一般地，化工机械设备可分为静设备和动设备。静设备主要包括反应器、塔设备、换热器和化工管道等，动设备主要包括泵和压缩机等。

6.2.1 反应器

反应器即化工容器或反应设备，是过程工业中的核心设备，需进行正确地选型、确定最佳操作条件才会设计出高效节能的反应设备。

6.2.1.1 设计步骤

化工容器及设备的设计是一个实践性很强的工作，必须包括调查研究定方案、工艺计算、机械计算以及绘制施工图等几个重要部分。有了施工图就可以投入制造，在制造、装配、检验以及运转过程中发现在设计中存在的问题，再作必要的修改，使之达到正确设计的要求。

调查研究包括查阅必要的技术资料，从使用单位了解设备的特性以及在运转中存在的问题，分析问题存在原因，寻找解决问题的措施。确定出合理的初步设计方案。工艺计算是在初步方案确定以后，根据任务提供的原始数据进行设计计算，并定出各设备的工艺尺寸。该工艺尺寸一般是指设备的直径、长度等。在计算前需要绘制结构草图。考虑到设备受介质温度、压力、腐蚀情况以及制造安装等因素来确定设备零部件的结构尺寸，使零部件必须满足强度、刚度、稳定性等指标，确保设备正常安全工作。然后绘制施工图。装配、检修以及运转中发现设计中存在的问题，提出修改方案才能使设备达到正确设计要求。

6.2.1.2 化工容器的结构与选型

化工容器及设备的类型及其主要尺寸的选择，决定于它们在整个生产中的地位，所担负的生产任务以及生产过程的条件（压力、温度、物态等）。各部件的具体尺寸及结构不仅决定于生产的要求，而且也取决于所选材料的强度与刚度、制造工艺、操作方法以及安全技术等一系列因素。对于化工容器、设备选型，以及其零部件的结构进行设计时，必须满足技术经济指标与结构性指标两个方面的要求。

搅拌设备在工业生产中应用范围很广，尤其是化学工业中，很多的化工生产都或多或少地应用着搅拌操作。化学工艺过程的种种化学变化，是以参加反应物质的充分混合为前提的。对于加热、冷却和液体萃取以及气体吸收等物理变化过程，也往往要采用搅拌操作才能得到好的效果。搅拌设备在许多场合是作为反应器来应用的。搅拌器的转动可以影响釜内流场的流型，增加流体的混合程度，实现强化传热，进而影响整个化学反应器的反应效率。而搅拌情况的改变，会很直接影响产品质量和数量。例如在三大合成材料的生产中，搅拌设备作为反应器，约占反应器总数的90%。其他如染料、医药、农药、油漆等行业，搅拌设备的使用亦很广泛。搅拌设备的应用范围之所以这样广泛，还因搅拌设备操作条件（如浓度、温度、停留时间等）的可控范围较广，又能适应多样化的生产。

机械搅拌反应器是一种常用的化学反应器，搅拌器作为叶轮机械，属于流体机械的一种。搅拌器的转动可以影响釜内流场的流型，增加流体的混合程度，实现强化传热，进而影响整个化学反应器的反应效率。

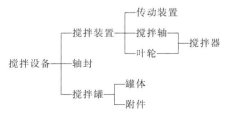

图 6-5　搅拌设备组成

搅拌设备主要由搅拌装置、轴封和搅拌罐三大部分组成，其构成形式如图6-5所示。

搅拌设备的作用包括：（a）使物料混合均匀；（b）使气体在液相中很好地分散；（c）使固体粒子（如催化剂）在液相中均匀地悬浮；（d）使不相溶的另一液相均匀悬浮或充分乳化；（e）强化相同的传质（如吸收等）；（f）强化传热，混合的快慢、均匀程度和传热情况好坏，都会影响反应结果。对于非均相系统，则还影响到相界面的大小和相间的传质速度，情况就更为复杂，所以搅拌情况的改变，常常很敏感地影响到产品质量和数量。搅拌设备的结构如图6-6所示。

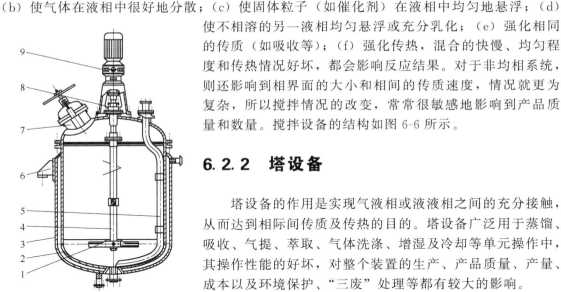

图 6-6　搅拌设备结构
1—搅拌器；2—罐体；3—夹套；4—搅拌轴；5—压出管；6—支座；7—人孔；8—轴封；9—传动装置

6.2.2　塔设备

塔设备的作用是实现气液相或液液相之间的充分接触，从而达到相际间传质及传热的目的。塔设备广泛用于蒸馏、吸收、气提、萃取、气体洗涤、增湿及冷却等单元操作中，其操作性能的好坏，对整个装置的生产、产品质量、产量、成本以及环境保护、"三废"处理等都有较大的影响。

塔设备种类很多，填料塔和板式塔是工业上应用最广泛的两种类型。不论板式塔或填料塔，从设备设计的角度看，基本上由塔体、内件、支座、附件构成。塔体包括筒体、封头和连接法兰等，内件是指塔板或填料及其支撑装置，支座一般为裙式支座，附件包括人孔、进出料接管、各仪表接管、液体和气体的分配装置、塔外的扶梯、平台和保温层等。图6-7和图6-8分别为填料塔及板式塔的结构简图。

6.2.2.1　板式塔结构

板式塔包括如下几部分结构内容。

（1）塔体与裙座结构

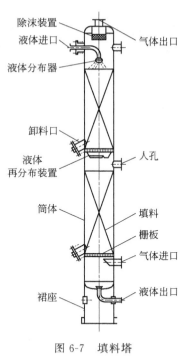

图 6-7 填料塔

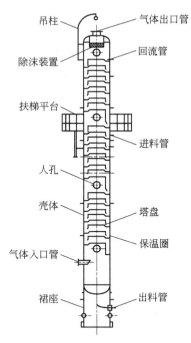

图 6-8 板式塔

塔体是指筒体和封头部分，裙座是指整个塔体的支撑部分，塔体与裙座之间通过对接或搭接的焊接方式进行连接。

（2）塔盘结构

它是塔设备完成化工过程和操作的主要结构部分。它包括塔盘板、降液管及溢流堰、紧固件和支承件等。

（3）除沫装置

用于分离气体夹带的液滴，多位于塔顶出口处。

（4）设备管道

包括用于安装、检修塔盘的人孔，用于气体和物料进出的接管，以及安装化工仪表的短管等。

（5）塔附件

包括支承保温材料的保温圈，吊装塔盘用的吊柱以及扶梯平台等。

一般说来，各层塔盘的结构是相同的，只有最高一层、最低一层和进料层的结构和塔盘间距有所不同。最高一层塔盘和塔顶距离常高于塔盘间距，有时甚至高过一倍，以便能良好地除沫。在某些情况下，在这一段上还装有除沫器。最低一层塔盘到塔底的距离也比塔盘间距高，因为塔底空间起着贮槽的作用，保证液体能有足够储存，使塔底液体不致流空，进料塔盘与上一层塔盘的间距也比一般高。对于急剧气化的料液在进料塔盘上须装上挡板、衬板或除沫器，在这种情况下，进料塔盘间距还得加高一些。此外，开有人孔的塔板间距较大，一般为 70mm。

6.2.2.2 填料塔结构

填料塔在传质形式上与板式塔不同，它是一种连续式气液传质设备。这种塔由塔体、喷淋装置、填料、再分布器、栅板以及气、液的进出口等部件组成。

（1）喷淋装置

液体喷淋装置设计的不合理，将导致液体分布不良，减少填料的润湿面积，增加沟流和壁流现象，直接影响填料塔的处理能力和分离效率。液体喷淋装置的结构设计要求是能使整个塔截面的填料表面很好润湿，结构简单，制造维修方便。

喷淋装置的类型很多，常用的有喷洒型、溢流型、冲击型等。

（2）支承结构

填料的支承结构不但要有足够的强度和刚度，而且须有足够的自由截面，使在支承处不致首先发生液泛。

6.2.3 换热器

换热设备是使热量从热流体传递到冷流体的设备，它是化工、炼油、动力、食品、轻工、原子能、制药、机械及其他许多工业部门广泛使用的一种通用设备。

6.2.3.1 基本原理

将一温度较高的热流体的热量传给另一温度较低的冷流体的设备叫做换热设备。这些设备是为了达到加热与冷却的目的，对于那些需要降温的热流体与需要提高温度的冷流体，经过换热设备相互换热，既可回收能量，又可降低冷却水消耗。例如：在原油初馏装置中，分馏塔的馏出油具有较高的温度、离开塔后需要进行冷却，而进入加热炉的原油温度较低，需要加热。此时，如果使原油和分流塔馏出油在换热设备里换热，既提高了原油温度，又降低了馏出油温度，可谓一举两得。由于换热设备具有上述重要作用，因此在石油化工工业中得到了广泛的应用。

6.2.3.2 换热设备的分类

按照换热设备的用途不同，可分为四类。

（1）加热器

主要用途为了加热的换热器叫做加热器。

（2）冷却器

用水等冷却剂来冷却物料的换热器叫做冷却器，如塔的馏出线、冷却器等。

（3）冷凝器

经过换热后蒸汽冷凝成液体，通常把这类换热器叫做冷凝器，如分馏塔顶、汽油冷凝器等。

（4）重沸器

用水蒸气或热油加热分馏塔底产品，使其汽化的换热器。又叫再沸器。

按照传热方式的不同，换热设备可分为三类。

（1）混合式换热器

利用冷、热流体的直接接触与混合作用进行热量的交换。这类换热器结构简单，常做成塔状。

（2）蓄热式换热器

在这类换热器中，能量交换是通过格子砖或填料等蓄热体来完成的；首先让热流体通过，把热量积蓄在蓄热体中，然后让冷流体通过，把热量带走，由于两种流体交变，转换输入，因此，可避免地存在着一小部外流体相互掺和现象，造成流体的"污染"。

（3）间壁式换热器

这是工业上应用最为广泛的一类换热器。冷、热流体被一固体壁面隔开，通过壁面进行传热。管壳式换热器即为其中最常用的一种。

在工业生产中，管壳式换热器因具有可靠性高、适应性广等优点，在各工业领域中得到最为广泛的应用。近年来，尽管受到了其他新型换热器的挑战，但是反过来也促进了其自身的发展。在换热器向高参数、大型化发展的今天，管壳式换热器仍占主导地位。图 6-9 为固定管板式换热器的结构。

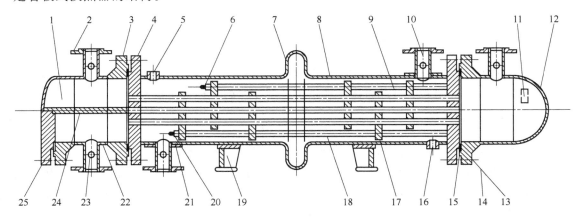

图 6-9　固定管板式换热器

1—管箱；2—接管法兰；3—设备法兰；4—壳体法兰；5—排气管；6—拉杆；
7—膨胀节；8—壳体；9—换热器；10—壳体接管；11—吊耳；12—封头；
13—双头螺栓；14—螺母；15—垫片；16—排液管；17—折流板或支撑板；
18—定居管；19—支座；20—拉杆螺母；21—防冲板；22—管箱壳体；
23—管程接管；24—分程隔板；25—管箱盖

6.2.4　化工管道

6.2.4.1　管道设计的一般程序和主要内容

图 6-10 为管道结构简图。

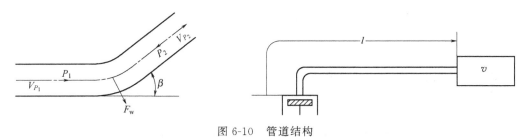

图 6-10　管道结构

管道的工程设计一般分为两步，首先根据已批准的项目建议书和可行性研究报告做初步设计，经上级部门审查批准后再做施工图设计。在过程装置的设计中都包括各种压力管道的设计。

在初步设计阶段，压力管道的设计人员按照物料的流量及该物料一般允许的管内流速确定管径，按照不同介质的物理化学性质、公称压力等级、设计温度等因素选择管道和阀门、法兰等附件的材料、尺寸、型号规格，初估材料重量。根据管道仪表流程图、设备布置图和设备图绘出管道布置图，主要管道空视草图，并对主要管道进行强度计算，对于高温管道要绘出应力空视草图并进行柔性分析。

施工图设计阶段，根据修订的管道仪表流程图、设备布置图和设备图绘制详细的管道平、立面布置图，管道空视图、管口方位图、蒸汽伴热管系图等。在最后修改定稿后绘制图纸目录、管道安装一览表、综合材料表、油漆保温一览表等。

6.2.4.2 管子选型

管子的选型涉及材料、品种、规格等多种参数，需查表进行管道设计。

（1）选择材料

确定材料主要依据介质的腐蚀特性、公称压力、设计温度和工作环境等。用于食品的管子，考虑到食品卫生的严格要求，管子材料选用不锈钢。

（2）管子的规格尺寸

管子的规格尺寸包括直径和壁厚，无缝钢管用外径和壁厚表示。管径的大小一般根据介质的体积流量和该介质常用的管内流速计算；壁厚根据受力情况算出理论壁厚，再加上腐蚀余量，并且考虑管子壁厚的负偏差和加工减薄的因素确定最小壁厚，然后就可以按照管子的标准尺寸系列圆整后确定管子规格。对于高压大直径或者特种贵重材料的管道，由于其对投资成本影响明显，对尺寸规格的确定更为慎重。

6.2.4.3 管件选型

弯头、三通、管帽、异径管等管件的材料、直径、壁厚等要与管子一致。

6.2.4.4 阀门选型

选择阀门要考虑管道的设计压力、设计温度、介质特性，还要注意阀门的连接方式，连接方式有螺纹连接、法兰连接和焊接三种。常用阀门主要有闸阀、截止阀、止回阀、节流阀、蝶阀、疏水阀等。

6.2.4.5 法兰选型

法兰的选用主要根据工作压力、工作温度和介质特性。还要注意与之相连的设备、机器的接管和阀门等管件、附件的连接形式和尺寸一致。

6.2.4.6 管道布置图

管道布置设计应根据管道仪表流程图和设备布置图进行，必须严格按照现行的相关标准、规范、规定进行设计。它与机器、设备的管口方向和接管法兰空间位置有关，与建筑物、管道支吊架的形式和位置有关，要考虑阀门操作方便，还要考虑管道具有足够的热补偿和必要的抵抗震动的能力。管道布置图要做详细的标注，一般都比较复杂，一张图纸往往很难表达清楚设备的具体布置。所以，一个装置的管道布置图大多需要用若干张图纸才能将管道布置表达清楚。

6.2.4.7　管道的支座设计

在化工管道设计过程中，除了走向正确，正确与机器、设备的管口相连外，还要考虑支撑。要考虑受到的各种外载荷，对高温管道特别要注意热膨胀，对机器管道有时还要考虑振动。支撑管道的管架通常由土建主结构和各种支、托、吊结构组成。一般说的支架设计是指支、托、吊架的设计，也包括生根在建筑物上的各种支架和 2m 以下的独立支架设计。管道支架的选型和设置位置的确定是支架设计的关键，支架的形式、数量、位置适当就能使管道受力合理，支架材料消耗小，达到经济、可靠、美观、便于施工管理的目标。

支架按照它们的作用可以分为三大类。

（1）承重架

滑动架、杆式吊架、恒力架、滚动吊架。

（2）限制性支架

导向架、限位架、固定架。

（3）减振架

弹簧减振架、油压减振架。

6.2.5　泵

在石油和化工生产中，由于所输送的液体有的具有腐蚀性，有的含有固体颗粒，有的黏度很高；所输送介质的温度高的达 400℃，低的达 -200℃，所输送介质的压力可高达 200MPa，同时，由于石油和化工生产大多是连续性生产，要求泵的可靠性强，能长期安全运转，一旦发生事故能很快地排除，对于一些石油和化工用泵，在泵的类型、密封装置的结构形式以及泵的制造材料等方面又有其自身的特点。

6.2.5.1　泵的定义

泵用来输送液体并提高液体的压力。按工作原理和结构特征可分为三大类。

（1）容积式泵

它是利用泵内工作室容积的周期性变化而提高液体压力，达到输液的目的。如柱塞泵、隔膜泵、齿轮泵、螺杆泵、滑板泵等。

（2）叶片式泵

它是一种依靠泵内作高速旋转的叶轮把能量传给液体，进行液体输送的机械。如离心泵、混流泵、轴流泵及漩涡泵等。

（3）其他类型泵

包括一些利用液体静压或流体的动能作为输运流体的动力。如喷射泵、空气升液器及水锤泵等。

各种类型的泵都有各自的特点和应用范围，可根据实际所需流量和能量头的大小，以及所输送液体的性质来进行合理的选用。

6.2.5.2　离心泵的工作原理

离心泵的主要构件有叶轮、转轴、吸液室、蜗壳、填料函及密封环等，见图 6-11。图 6-12 为离心泵的一般装置示意图。

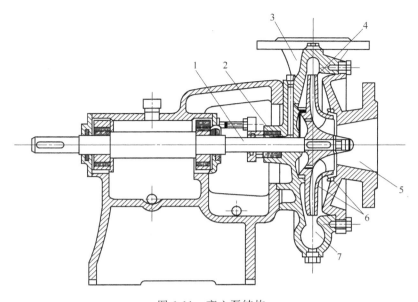

图 6-11　离心泵结构

1—转轴；2—填料函；3—阀压管；4—叶轮；5—吸液室；

6—密封环；7—蜗壳

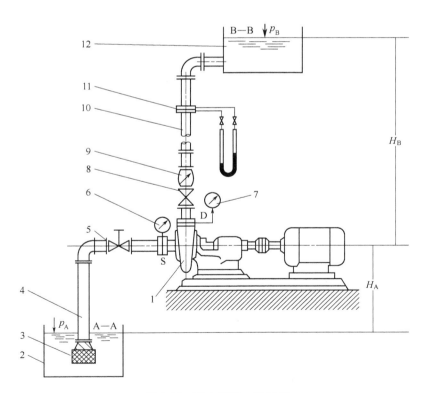

图 6-12　离心泵的一般装置

1—泵；2—吸液罐；3—底阀；4—吸入管路；5—吸入管调节阀；

6—真空表；7—压力表；8—排出管调节阀；9—单向阀；10—排

出管路；11—流量计；12—排液罐

离心泵在运转之前应在泵内先灌满液体,将叶轮全部浸没。当泵运转时,原动机通过泵轴带动叶轮高速旋转,叶轮中的叶片驱使液体一起旋转,因而产生离心力。在此离心力的作用下,叶轮中的液体沿叶片流道被甩向叶轮外缘,流经蜗壳送入排出管,当叶轮将液体甩向外部,在叶轮中间的吸液口处形成低压,因而吸液罐中的液体表面和叶轮中心处就产生了压差。在此压差的作用下,吸液罐中的液体便不断地经吸入管路及泵的吸液室进入叶轮中。在叶轮旋转过程中,一面不断地吸入液体。一面又不断地给吸入液体一定的能量,将液体排出并输送到工作地点。由此可见,离心泵能够输送液体,主要是依靠它的离心力作用,故称其为离心泵。

6.2.5.3 离心泵的工作特点

与其他类型泵相比,离心泵具有下列优点。

① 转速高,一般离心泵转速在 700~3500r/min,它可以直接和电动机或蒸汽轮机相连接。同一流量和压力的离心泵和往复泵相比较,离心泵重量轻、占地面积小,运转稳定,故设备费用较低。

② 离心泵没有吸入阀和排送阀,因而它工作时的可靠性增强,修理费用降低。

③ 离心泵在运转时可以利用调节阀的不同开度,很方便地在限定范围内调节泵的流量,使泵的操作很简便。

④ 离心泵流量均匀,运转时无噪声。

⑤ 可以输送带杂质的液体。

由于离心泵有上述特点,所以在国民经济各部门中得到了十分广泛的应用。

离心泵的缺点如下。

① 离心泵无自吸作用,在启动离心泵之前一定要在吸入管及叶轮中充满液体。

② 由于它无自吸作用,所以有少量气体进入吸液管时易使泵产生气缚现象。

③ 离心泵不能用在大能头小流量的地方。

6.2.5.4 离心泵的分类

离心泵的类型很多,对于不同的用途就有不同的结构。按叶轮的吸入方式,可分为单吸式泵和双吸式泵;按级数即泵中叶轮数,可分为单级泵和多级泵;按壳体剖分方式,可分为中开式泵和分段式泵。

6.2.5.5 离心泵的选用

(1) 对所选离心泵的要求

在生产实际中,根据工艺要求选择离心泵时,应考虑以下几点。

① 必须满足生产工艺提出的流量、扬程及输送介质性质的要求。

② 离心泵应有良好的吸入性能,轴封严密可靠,润滑冷却良好,零部件有足够的强度以及便于操作和维修。

③ 泵的工作范围广,即工况变化时仍能在高效区工作。

④ 泵的尺寸小,重量轻,结构简单,成本低。

⑤ 其他特殊要求,如防爆、抗腐蚀等。

(2) 选泵的方法和步骤

① 列出基础数据

　　根据工艺条件，详细列出基础数据，包括介质的物理性质（密度、黏度、饱和蒸汽压、腐蚀性等，操作条件、操作温度、泵进出两侧设备内的压力、处理量等）以及泵所在位置情况，如环境温度、海拔高度、装置平竖面要求、进出口设备内液面至泵中心线距离和管线当量长度等。

　　② 估算泵的流量和扬程

　　③ 选择泵的类型及型号

　　根据被输送介质的性质来确定应选择泵的类型

　　④ 进行泵的性能校核

　　根据流程图的布置，计算出最困难条件下泵入口的实际吸入真空度，或装置的有效汽蚀余量，与泵的允许值相比较。或根据泵的允许吸入真空度或泵的允许汽蚀余量，计算出泵允许的几何安装高度，与工艺流程图中拟确定的安装高度相比铰。若不能满足时，就必须另选其他泵，或变更泵的位置，或采取其他措施。

　　⑤ 计算泵的轴功率和驱动机功率

　　根据泵所输送介质的工作点参数按公式求出泵的轴功率，然后求出驱动机功率，从而选配合适的驱动机。

6.2.6　压缩机

　　压缩机是一种用来压缩气体提高气体压力或输送气体的机械，在国民经济各部门和人民生活中的应用十分广泛，随着生产技术的不断发展，压缩机的种类和结构形式也日益增多，是石化工业中不可缺少的主要设备。石化工业生产中常用的气体压缩机有离心式气体压缩机和往复式气体压缩机，图 6-13 为一台往复式压缩机机组。

图 6-13　往复式压缩机机组

　　早在三千多年前，勤劳的中国人民便掌握了鼓风冶炼技术。当时用的鼓风设备就是一种属于容积式的"压缩机"的原始雏形，某些地方至今还沿用的风箱与活塞式压缩机极为相似了。

　　压缩机的种类很多，按其工作原理可分为两大类。

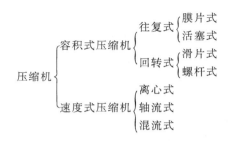

压缩机在石油、化工、冶金、矿山及国防工业中已成为必不可少的关键设备。其主要的应用场合如下。

（1）化工生产中的应用

例如在合成氨的生产中，根据生产工艺的要求必须将原料气在不同的压力和温度下进行净化、合成（合成要加压到320kPa）。

（2）动力工程上的应用

以压缩空气作为动力气源来驱动各种风动机械、风动工具，在冶金、机械工业中广泛被采用，用于控制仪表及自动化装置上的气压力，都要求较高的空气压力。

（3）气体输送

在石油、化工生产中，许多原料气体的输送常用压缩机增压。例如远程管道输送煤气。此外，在化工生产中为了使系统内未反应气体循环再用，常用循环压缩机加以增压。

6.3 化工机械的新发展

发展高效、节能、环保的制造业是国民经济可持续发展的必然选择。过程工业设备的机械化、自动化和智能化是发展的必然趋势。我国及世界上主要发达国家都已把"先进制造技术"列为优先发展的战略性技术之一。结合国内外的技术进步与发展，过程装备行业应朝着过程强化技术、计算机应用技术、新材料技术、再制造技术、过程装备成套技术等方向发展。

6.3.1 过程设备强化技术

过程装备是用于完成各种流程性物料单元操作过程（热量传递、质量传递、能量传递、反应过程）的一套完整装置。对于过程装备而言，过程强化技术仍然是当前过程装备技术的重要研究内容。过程强化是指能显著减小工厂和设备体积、高效节能、清洁、可持续发展的过程新技术，它主要包括传热、传质强化以及物理强化等方面，其目的在于通过高效的传热、传质技术减小传统设备的庞大体积或者极大地提高设备的生产能力，显著地提升其能量利用率，大量地减少废物排放。

6.3.1.1 换热设备强化传热技术

典型的换热设备强化传热技术主要体现在管程设计、壳程设计两方面。管程强化传热主要是优化换热管结构，如采用螺纹槽管、横纹槽管、缩放管、管内插入物等。壳程强化传热：一是改变管子外形或在管外加翅片，如采用螺纹管、外翅片管等；二是改变壳程挡板或管束支承结构，使壳程流体形态发生变化，以减少或消除壳程流动与传热的滞流死区，使换热面积得到充分利用。在强化传热技术方面，最近兴起了一种电场强化冷凝传热技术，进一步强化了对流、冷凝和沸腾传热，适用于强化冷凝传热和低传热性介质的冷凝。同时不断诞生新型换热设备如板翅式换热器等，也为换热设备强化传热增添了新的研发方向。

6.3.1.2 塔设备中强化传质技术的应用

过程设备中用于传质的主要设备是塔设备。塔设备的强化传质技术主要体现在填料和塔盘的设计上。填料是填料塔的核心内件，它为气-液两相接触进行传质和换热提供了表面。填料一般分为散装填料和规整填料。在乱堆的散装填料塔内，气液两相的流动路线往往是随机的，加之填料装填时难以做到各处均一，因此容易产生沟流等不良情况，这样规整填料就应运而生。目前可根据需要制成金属波纹填料、金属丝网填料、塑料及陶瓷波纹填料。塔盘结构在一定程度上决定了它在操作时的流体力学状态及传质性能，目前我国已成功开发出一系列高性能的塔盘，如高通量 DJ 塔盘、高效率高弹性的立体传质塔盘、微分浮阀塔盘、并流喷射式复合塔盘、Super-V 型浮阀塔盘等。

6.3.1.3 超重力技术

超重力技术是一种物理强化技术，它是指利用装置旋转产生比地球重力加速度大得多的超重力环境。它主要用于强化传递和多相反应过程，其原理在于：在超重力环境下，液体表面张力的作用相对变得微不足道，并且液体在巨大的剪切和撞击下被拉伸成极薄的膜、细小的丝和微小的液滴，产生出巨大的相间接触面，因此极大地提高了传递速度，强化了微观混合。在超重力环境下，分子扩散和相间传质过程得到增强，整个反应过程加快、气体线速度大幅提高，这样设备的生产效率得到显著提高。

6.3.1.4 微技术

对于过程设备而言，微技术是指通过过程效率的强化减小传统设备的庞大体积。过程装备微技术可以大大提高过程传递的速率，由于研究尺度的微细、面积比的增大、表面作用的增强，从而导致传递效果明显地增强。目前已出现的微小机械还有：微型反应器、微型热泵、微型吸收器、微型燃烧器、微型换热器、微型蒸发器等。

6.3.2 计算机及应用技术

6.3.2.1 模拟技术

宏观模拟由于化工过程大多处于高温、高压、易燃、易爆、易腐蚀、有毒等恶劣环境下，一旦发生事故，后果将不堪设想。那么用计算机对装备失效的状况进行模拟，并对装备寿命进行预估就显得尤为重要。与传统的安全评定与延寿技术相比，计算机模拟技术具有诸多优势。

微观模拟对于大多数物质转化过程而言，目前普遍采用的平均方法无法表达过程的内在机理，也不具有预测的功能，这时就应在过程生产体系的多尺度效应上进行分析，解决这一问题最佳途径在于利于计算机技术模拟过程的微观机理，分析过程设备内的复杂过程，从而实现工艺设备的进一步放大与结构优化。

6.3.2.2 虚拟现实技术

虚拟现实技术是一种三维计算机图形技术与计算机硬件技术发展而实现的高级人机交互技术，通过发展装备的三维动态模拟实现对装备的虚拟设计与制造。在虚拟环境中，设计者通过直接三维操作对产品模型进行管理，以直观自然的方式表达设计概念，并通过视觉、听觉与触觉反馈感知产品模型的几何属性、物理属性与行为表现。虚拟现实技术从本质上讲是对真实制造过程的动态仿真，是将通过计算机仿真而获得的产品原型代替传统的样品进行试验。

6.3.3 新材料技术

材料是科学技术和工农业发展的基础，材料科学与过程装备的发展密切相关，过程装备的发展依赖于新材料的开发。

6.3.3.1 新金属材料

过程装备的发展离不开高性能、高水准的金属材料，对于过程装备而言，金属材料的体系已经相对完善。新金属材料的开发在于对传统材料的改进。目前，获得高性能、高水准的新金属材料所采用的技术核心是在金属中添加所需的合金元素和改善发展新的制备工艺。如：机械合金化弥散强化高温合金（ODS）的发明大大提高了合金的高温强度。在制备工艺方面，对传统热处理工艺进行改进，将金属的冷却速度控制在 $(10\sim5)K/s\sim(10\sim6)K/s$ 时，可获得很好的非金态金属，其强度是普通碳钢的 10 多倍，它不仅具有高韧性，而且能耐强酸强碱。

6.3.3.2 精密陶瓷材料

陶瓷材料在力学性能上具有高硬度、高强度模量、高脆性、低抵抗强度及较高的抗压强度、优良的高温强度和低热震性；在物理、化学性能上具有热性能、电性能、化学稳定性。因此，陶瓷材料被称为三大固体材料之一。陶瓷材料早已运用在过程机械中，如反应器、换热器、泵等。目前，在过程装备领域，陶瓷材料的研究主要在于纳滤陶瓷膜、陶瓷内衬复合钢管及陶瓷换热器的开发。

6.3.3.3 高分子材料

高分子材料特别是塑料具有相对密度小、耐腐蚀、绝缘、耐磨等性能。目前在化工设备中应用得较为普遍的是聚四氟乙烯（PTFE），同时根据应用场合的不同，近年来开发了聚丙烯、四氟乙烯与全氟代烷基乙烯基醚共聚物（FA）和聚全氟代乙丙烯（FEP）等，但由于塑料具有刚度差、强度低、耐热性低、膨胀系数大、热导率小、易老化等缺点，高分子材料在过程装备中的广泛应用仍需科研工作者的不断努力，但也是必然趋势。

6.3.3.4 复合材料

复合材料具有重量轻、比强度高、力学性能可设计性好等普通材料不具有的显著特点，是过程装备材料选择的主要趋势。由于复合材料既保持了组成材料的特性又具有复合后的新性能，并且有些性能往往大于组成材料的性能总和，因此复合材料已运用到多种行业中。当前复合材料的发展趋势为由宏观复合向微观复合发展，由双元复杂混合向多元混杂和超混杂方向发展，由结构材料为主向与功能复合材料并重的局面发展。

6.3.3.5 纳米材料

纳米科学技术是 20 世纪 80 年代末刚刚诞生并正在崛起的新技术，它目前是各国科学家最为关注的领域。纳米是一个尺度概念，并没有确切的物理内涵。当物质到纳米尺度以后，大约是在 $1\sim100nm$ 这个范围空间，物质的一系列性能就会发生显著变化，出现一些特殊性能，如出现异常的吸附能力、化学反应能力、分散与团聚能力等，这种既不同于原来组成的原子、分子，也不同于宏观的物质的特殊性能构成的材料，即为纳米材料。它包括金属、非金属、有机、无机和生物等多种粉末材料。

鉴于纳米材料的诸多优势，与纳米相关的技术也逐渐运用于过程装备中，如粉体设备技术是化工机械技术的主要分支，而纳米粉体的制备技术则是其前沿技术。目前中国首创的超重力反应沉淀法（简称超重力法）合成纳米粉体技术已经完成工业化试验。一般的陶瓷无塑性，而纳米颗粒组成超塑性的氧化锆陶瓷的伸缩量可达 800%，这是传统陶瓷所无法比拟的。

6.3.4 再制造技术

当今世界，随着人类对自然资源的过度利用以及环境保护意识的依然欠缺，导致全球环境污染、资源短缺、生态破坏等系列问题更为突出，发展高效、节能、环保的制造业成为国家可持续发展的迫切选择。

再制造技术是先进制造技术的延伸和发展，它属于绿色先进制造技术。在充分发挥旧设备潜力的基础上，通过对服役产品进行科学评估、综合考虑、技术改造、整体翻新以及再设计，使得废旧产品在对环境的负面影响小、资源利用率高的情况下高质量地获得再生，它不仅能够恢复产品原有性能，还能赋予旧设备更多的高新技术含量，从而最大限度地延长产品的使用寿命。简言之，再制造工程是废旧装备高技术维修的产业化。再制造的重要特征是再制造产品质量和性能达到或超过新品，成本却只是新品的 50%，节能 60%，节材 70%，对环境的不良影响显著降低。但是再制造不同于维修，维修是在产品的使用阶段为了保持其良好技术状况及正常运行而采取的技术措施，具有随机性、原位性、应急性。而再制造则是将大量同类的废旧产品回收拆卸后，对零部件进行清洗和检测，将有再制造价值的废旧产品作为再制造毛坯，利用高新技术对其进行批量化修复和性能升级改造。

再制造工程的最大优势是能够以表面工程和多种先进成型技术制造出优于本体材料性能的零部件，赋予零件耐高温、防辐射、耐磨损、抗疲劳等性能。再制造技术在降低生产成本的基础上可以为企业特别是化工、石化、电力等企业带来巨大的经济效益和社会效益。寿命评估和质量控制是再制造技术的核心，多寿命周期设计、产品的再制造性设计和表面技术是再制造工程的关键技术。但是再制造策略的实施仅靠几个企业的努力是远远不够的，它需要多个部门、多个企业以及行业的大力支持才能实现。

6.3.5 过程装备成套技术

过程工业装置种类繁多，用途各异。它们都要用到多种机器和设备。过程设备的正常运作，仅靠专用设备的设计和通用设备的选型是不够的，它需要由各种组成件构成的管道将它们联系起来，形成一个连续、完整的系统，即将所需的机器、设备按工艺流程要求组装成一套完整的装置，并配以必要的控制手段才能达到预期的目的。而且机器和设备都有不同的型号、规格，如何选择性能好又经济的机型、规格是一个十分重要而又很复杂的问题。另外有些反应、传热、压缩过程有自己的特殊性，有可能没有现存、理想的机器和设备型号，需作专门的设计。有了主体设备，机器和管道还要按一定的技术要求运输到现场，并安装定位，最后还要检验、试车。达到了预定的技术要求和技术指标后才能投入正常运行。那么完成所有这些工作所涉及的各项技术就是过程装备成套技术。

过程装备成套技术涉及的范围很广，主要包括工艺开发与工艺设计、经济分析与评价、工艺流程设计及设备布置设计、过程装备的设计与选型、管道设计、过程控制工程设计、绝热设计、防腐工程、过程装备安装、试车等。以上各环节是相辅相成、环环相扣的关系，任何一个环节的不完善都会影响生产过程的顺利进行，因此过程装备成套技术在过程工业中有着举足轻重的作用。过程装备成套技术涉及的知识面很宽，但其中很多内容并不复杂，关键在于实践总结。

6.3.6　过程机械领域

随着现代大化工朝着大型集成化方向发展，过程机械随之主要向大型化、高精度与长寿命方向发展，更多地按生产工艺参数采用专用设计、个性化设计和制造，使之在最佳工况下运行。

① 大型高参数离心压缩机不仅在叶轮设计中采用三元流动理论，而且在叶片扩压器静止元件设计中也采用，使之获得最高的机组效率；采用新型气体密封代替传统的浮环式密封磁力悬浮轴承和无润滑联轴器等，以保证机组低能耗长寿命安全运行；采用防噪设计以改善操作环境等。

② 大功率高参数往复式压缩机已普遍采用工作过程综合模拟技术，以提高设计精度和开发新产品的成功率；产品的机电一体化不断发展强化，以实现优化节能运行、优化联机运行、运行参数异常显示报警与保护；开发变工况条件下的高品质新型气阀，以期延长其操作寿命和节能。

③ 零泄漏的磁力传动泵的发展。

④ 在生产装置大型化与高度集成化后，保证大型参数过程机器的长周期安全运行就显得更为突出，"过程机器的故障诊断技术"出现了"全息谱方法综合测定每阶频率分量上的振动形态"、"基于神经网络、人工智能、模糊概率分析"等的机泵故障检测系统等先进方法，将故障判断的准确性与精度提到了一个新高度。目前正不断向更高级的机电一体化方向发展，将状态监测诊断、人工智能、主动控制、新材料、信息技术等综合，提出了"故障自愈技术"。

7 石油与信息技术

无处不在、无所不能的电脑，从 1945 年 2 月 15 日第一台全自动 "电子数字积分计算机" ENIAC（Electronic Numerical Integrator And Calculator）在美国宾夕法尼亚大学诞生至今，已历经了 60 多个春华秋实。

ENIAC 诞生后短短的几十年间，计算机的发展突飞猛进。主要电子器件相继使用了真空电子管、晶体管、中小规模集成电路和大规模、超大规模集成电路，引起计算机的几次更新换代。每一次更新换代都使计算机的体积和耗电量大大减小，功能大大增强，应用领域进一步拓宽。目前，计算机的应用已扩展到生产、生活的各个角落，发展成为一门独立的学科——电子信息技术。

化学作为最早形成的基础学科，是应用计算机技术较早的学科之一，已经有 40 余年的计算机应用历史，计算机技术的飞速发展给化学和化工科技的发展插上了腾飞的翅膀。主要的应用领域如下。

（1）计算化学——计算量子化学

从 20 世纪 50 年代发展起来的、以计算机为主要工具的量子化学、结构化学的从头计算、不同力场校正的半经验计算等将人类认识分子微观世界的能力大大提高。

（2）化工过程计算机控制自动化

以计算机化工控制系统为标志，计算机的实时监测和交互控制大大提高了化学工业的水平，为化学工业发展及其现代化奠定了基础。

（3）计算数学与分析化学相结合

计算机化的傅里叶变换技术在红外、质谱和核磁共振波谱分析中的应用为人们获取分子的微观结构信息打开了方便之门，大大提高了分析速度和准确性。

（4）化学信息的收集与检索——计算机网络技术

基于计算机互联网络技术和智能化数据库技术的化学信息收集与检索体系，以及远程计算机登录技术为化学家与海量化学信息之间建立了高速有效的桥梁和纽带，大大增强了人类获取信息的能力。

（5）化学化工过程模拟——计算机模拟技术

许多化学化工过程的高风险性和高消耗性，在一定程度上阻碍了化学学科的发展，基于现代计算机模拟技术的高温、高压、高险等化工过程模拟技术的发展加快了实验化学学科的发展，并使化学科技成果的产业化过程加速。

（6）化学专家系统——计算机智能化技术

基于计算机智能化技术发展起来的专家咨询、决策、分析系统成为化学工业知识化、知识经济走向化学和化工领域的重要生长点。

7.1 计算机仿真技术在石油化工中的应用

7.1.1 计算机仿真的发展历史

仿真是一种通过随机数做实验来求解随机问题的技术。这种方法可以追溯到 1773 年法国自然科学家 G. L. L. Buffon 为了估计 π 的值所进行的物理实验。然而，第一次使用这种方法作随机实验却发生在 1876 年。从 1946～1952 年间，数字计算机开始在一些科研机构得到发展，正是借助数字计算机的飞速发展，仿真技术才被广泛应用于各种研究领域，为科学技术的发展提供强大的动力。

仿真技术按照其发展的阶段大体可以分为物理仿真阶段、模拟仿真阶段、混合仿真阶段、数字仿真阶段、基于图形工作站的三维可视交互仿真阶段、基于软件技术和互联网技术的仿真模拟系统阶段。如图 7-1 所示。

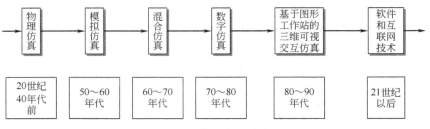

图 7-1　仿真发展阶段

7.1.2　仿真系统的作用和意义

系统仿真技术作为分析和研究系统运动行为、揭示系统动态过程和运动规律的一种重要手段和方法，其定义为：系统仿真是建立在控制理论、相似理论、信息处理技术和计算技术等理论基础之上的，以计算机和其他专用物理效应设备为工具，利用系统模型对真实或者假想的系统进行试验，并借助于专家经验知识、统计数据和信息资料对试验结果进行分析研究，进而做出决策的一门综合性和实验性的学科。

我们在研究一个复杂系统的时候，一般要经历实践阶段、理论研究阶段、再实践阶段……这样一个循环往复的过程，在理论研究阶段我们有必要在一定时候根据理论研究的成果对实际系统建立合适的物理模型，然后在模型之上做大量的试验，以此得到更加接近实际的仿真数据。但是由于航空航天系统、爆破系统、导弹设计系统、石油化工系统、核武器系统等这些系统的特殊性，使得我们不能随便建立模型，因此，这些系统的研究准备工作复杂、耗费大、周期长，而且实验不会一次成功，需要多次反复，投入的人力、物力和财力不可估量。为了解决这些问题，仿真技术使用了概念模型代替物理模型的思想，使得这些研究具备了良好的可控制性、无破坏性、安全可靠性、灵活性、可重复性和经济性等优点。

计算机仿真让我们在科学研究和工程技术中，可以对复杂的系统进行分析、研究、实验、验证以及进行人员培训。

7.1.3　计算机仿真在石油化工领域所发挥的作用

石油化工行业易燃易爆，有许多重大生产事故、设备故障可能损失巨大，但是一旦发生紧急情况，留给操作人员的处理时间非常短暂，如果不能及时正确处理其后果不堪设想。通过设计单元操作仿真过程，我们可以通过组合单元操作实现石油化工工艺的仿真模拟，从而提高装置设计，实验、操作及工序培训等操作的效率、安全性等。

仿真技术在石油化工行业中的许多方面得到应用，例如合成流程的优化、工艺参数的优化、各种临界值的求取以及仿真模拟训练和考核等。综合分类可以分为以下几种应用。

（1）仿真辅助训练

仿真技术辅助训练在我国化学工业中是发展较早、成果突出的领域。国产化仿真培训系统已有部分软件与硬件达到国际同类系统的先进水平，而价格远低于进口系统。国产化仿真培训系统的推广和应用，为我国化工、石油化工和炼油职业技术培训开辟了一条新的有效途径。可以预料，随着仿真培训技术在我国进一步推广应用，将在保障安全生产、降低操作成本、节省开停车费用、节能、节省原料、提高产品质量、提高生产率、保障人身安全、保护生态环境、延长设备使用寿命、减少事故损失等方面发挥重要作用。

（2）仿真辅助设计

仿真技术用于辅助工程设计已不是新概念。化工工艺设计中常用的过程模拟技术，实质上就是一种稳态数字仿真。过程系统稳态仿真主要包括如下内容：

① 各种化学物质、物理化学性质计算；

② 单元设备及系统物料衡算；

③ 单元设备及系统能量衡算；

④ 气液平衡计算；

⑤ 化学反应动力学计算。

（3）仿真辅助生产

仿真技术辅助生产在大型复杂过程工业中逐渐被采用，这是因为对于如此大规模的连续生产中，任何一种技术上的改变都必须三思而后行，否则会造成无法挽回的损失。目前仿真技术辅助生产已经实用化，主要应用在以下几个方面：

① 生产优化可行性试验；

② 装置开、停车方案论证；

③ 复杂控制系统方案论证；

④ 事故预案和紧急救灾方案试验。

（4）仿真辅助研究

利用电子计算机高速图形处理技术、高分辨率彩色显示技术，将仿真计算结果实时直观地表达于屏幕上，科技人员能够置身于一种虚拟的试验环境中从事过程系统研究，这种研究在计算流体动力学、分子设计仿真等方面都有非常大的贡献。

7.1.4 国内外研究状况

国际上，仿真技术在高科技中所处的地位日益提高。在1992年美国提出的22项国家关键技术中，仿真技术被列为第16项；在21项国防关键技术中，被列为第6项。甚至把仿真技术作为今后科技发展战略的关键推动力。近年来，美国在总结经验的基础之上，更加重视仿真，已将发展"合成仿真环境"作为国防科技发展的七大科技推动领域之一。

我国仿真技术的研究和应用开发起步较早，发展迅速。自20世纪50年代以来，在自动控制领域首先采用仿真技术，面向方程建模和采用模拟计算机的数字仿真获得了较为普遍的应用，同时采用自行研制的三轴模拟转台的自动飞行控制系统的半实物仿真试验已经开始用于飞机、导弹的研制开发工程当中。

60年代开始在开发连续系统仿真的同时，开始对离散事件（如交通管理、企业管理）的仿真进行研究。

70 年代我国的训练仿真器得到迅速发展，我国自行设计了飞行模拟器、舰艇模拟器、火电机组培训仿真系统、化工过程仿真培训系统、机车培训仿真系统等并形成一定的市场，在工程操作人员的训练当中发挥了非常大的作用。

80 年代我国建设了一批水平高、规模大的半实物仿真系统，如红外制导导弹半实物仿真系统、歼击机工程飞行模拟器等，这些系统在武器型号研制过程中发挥了非常大的作用。

90 年代我国开始对分布交互仿真、虚拟现实等先进技术进行研究，开展了大规模的复杂系统仿真。

7.1.5 计算机仿真技术发展的新趋势

现阶段计算机仿真技术是以计算机为依托引入包括网络、多媒体等在内的外部设备，通过友好的人机界面构造完整的计算机仿真系统，并提供了强有力的具有丰富功能的软硬件仿真环境。在此基础上应用而发展起来的仿真新技术如虚拟技术、分布交互、人工智能、仿真培训等正受到普遍的关注。

（1）虚拟技术（Virtual Reality；VR）

随着计算机技术的飞速发展，人们对于客观事物的表示已经转向"景物真实、动作真实、感觉真实"的多维信息系统。80 年代初"Virtual Reality"即虚拟现实一词出现，虚拟技术也应运而生。虚拟技术有的称为临（灵）境技术或虚拟环境，是指由计算机全部或部分生成逼真的模型世界，对人产生视、听、触觉的感观刺激，是真实世界的仿真。同时，人能以自然方式利用手势、触摸、语言等直接操纵该模型世界。虚拟技术是客观世界的客观事物在计算机上的本质实现，其核心是建模与仿真。即通过建立数学模型对人、物、环境及其相互关系进行本质的描述，并在计算机上实现。

虚拟技术主要有 3 个特征：沉浸（Immersion）、交互（Interaction）、构想（Imagination），它以仿真方式给用户创造一个实时反应实体对象变化与相互作用的三维图形世界、通过沉浸-交互作用（人与虚拟环境）-构想和创意（人），使用户直接参与和探索仿真对象在所处环境中的作用与变化，虚拟技术的 3 个特征及其相互作用如图 7-2 所示：

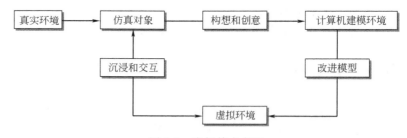

图 7-2 虚拟技术交互

随着人们对 VR 技术更多的了解与接触，这种技术的优越性已经越来越被人们所感知，如有身临其境的感觉，可以在虚拟世界自由移动，可以控制虚拟世界中的物体从而影响虚拟世界状态，能直接观察到问题并着手解决问题等。其他用途也逐步涉及制造业、军事、航空等各部门。例如，"虚拟样机"、"虚拟战场"、"虚拟商业网"等一系列由虚拟技术构成所产生的新概念。

（2）分布交互仿真（Distributed Interactive Simulation；DIS）

DIS 起源于 1983 年美国 SIMNET（Simulation Network）计划，即将分散在 9 个地区

的 250 多台战车仿真器用计算机网络链接起来进行复杂的多兵种、多武器协调的攻防对抗体系仿真。

DIS 技术是当前信息技术革命给模拟技术带来的一个飞跃，它构筑了一个时间上和空间上的综合集成仿真环境，用计算机网络将分布于不同地点的仿真设备连接起来，通过仿真实体间实时协议数据单元 PDU（Protocol DataUnit）交换构成时空一致合成仿真环境。这些分布的、具有计算机自治性的仿真实体包括仿真模拟、仿真器材以及实用装备等。而计算机仿真实体既可集中于一处，也可以在地理上分散。

从以上叙述不难看出，DIS 由"分布"、"交互"、"异构"的特征，是把分布的仿真结点同网络链接起来，构成统一协调的综合仿真环境，允许人的参加和行为表现。在军事、制造业及其他行业中，DIS 的分布-交互-异构特性使它们信息交互的空间更广，时间更少，更有利于单体的工作与整体间配合。

自 1983 年 SIMNET 以来，人们对于 DIS 技术的研究已经走过了二十几年的发展历程，从仅支持基于同构网络的分布交互仿真到对基于异构网络分布交互仿真的支持，从概念性研究到人员训练、武器研制、战术演练、产品设计等军事和非军事方面的成功应用，DIS 技术已经逐步走向实用。而且，现在随着网络化进程的日益发展，对于 DIS 技术的应用将涉及更多的领域，也给人类带来更多的便利，获得更多的效益。

（3）人工智能（Artificial Intelligence；AI）

在信息社会，人类除自身的智能以外，正在获得体外的第二智能——人工智能（AI）。AI 领域是以计算机为依托研究人类智能活动，构造各式各样的智能仿真系统模型模拟思维过程，推动了以知识信息技术为核心的知识工程基础研究。

目前，从事仿真技术的人们正在把更多的注意力转移到社会、经济、环境、生态等对象和系统上，计算机仿真技术也越来越多的运用于这类非工程系统的研究、预测和决策。由于非工程系统多数是复杂的大系统，具有"黑盒"性质，故人们对系统的结构往往很难了解，人工智能在仿真中的应用就可以使计算机从单纯的数据处理机变为有一定智能的推理机，能更有效地处理非工程系统的研究。如现在已经发展得比较完善的专家系统，近几年在 AI，特别是 DAI（Distributed Artificial Intelligence）领域提出的突破传统 ES 构造框架途径的多 Agent 概念。

智能仿真系统结构框架，是模仿人类思维活动的通用模型，求解问题的智能活动过程，通常可以从时间、空间的角度，采用递阶的层次结构或时序过程表示。对于生物工程、社会经济、宇宙起源等人类所要解决的难题，人工智能仿真的应用对他们研究的进展将会给予更大的促进。

（4）仿真培训（Simulation Training）

仿真培训的产生使人员在培训的环境中教、学更加简单方便。显然，仿真培训已经成为现代计算机仿真技术发展的一种新趋势。仿真培训，简而言之就是由人工建造一个与真实系统相似的操作控制设备，或直接采用真实的工业控制设备。如汽车、摩托车驾驶的模拟仪表盘、电力工作站等，作为学员的操作控制环境。仿真培训系统已经广泛应用于汽车驾驶、飞机和航天器的操作，以及石油、化工、纺织电力、军事等各个行业。仿真培训对于提高操作人员的素质，改善装置运行条件并相应提高企业生产率，减少企业事故发生等都具有十分重要的意义。

目前，仿真培训的应用实例正在以迅猛的速度递增。大量的统计表明，仿真培训可以使操作人员在数周之内取得现场 2～5 年的经验。美国称这种仿真培训系统是提高操作人员技术素质，确保其在世界取得生产技术领先地位的"秘密武器"和"尖端武器"，并且有许多企业已经将仿真培训列为考核操作人员取得上岗资格的必要手段。我国自 1985 年开始在化工和石油化工企业引进仿真培训系统，至 1995 年底国内仅炼油、化工和石油化工企业就有 60 多家国产仿真培训系统。其他行业如电力、航空、航天等也都在提高仿真培训的应用，如电力部门规定凡 30 万千瓦以上的电站及其操作人员必须先仿真培训后上岗。

7.1.6　化工仿真培训系统

7.1.6.1　化工仿真培训系统的发展及趋势

仿真技术辅助训练在我国化学工业中是发展较早、成果突出的领域。国产化的化工仿真培训系统已有部分软件与硬件达到国际同类系统的先进水平，而价格远低于进口系统。由于后续服务方便快捷、软件及全部技术说明汉化，技术沟通容易等优势，国产化工仿真培训装置几乎完全取代了进口系统。国产仿真培训系统的推广应用为我国化工、石油化工和炼油职业技术训练开辟了一条新的有效途径。可以预料，随着仿真培训技术在我国进一步推广应用，将在保障安全生产、降低操作成本、节省开停车费用、节能、节省原料、提高生产质量、提高生产率、保障人身安全、延长设备使用寿命、减少事故损失和非正常停产的损失等方面发挥重大的作用。

仿真培训系统是一种能够充分发挥学生创意的训练环境系统，当前的仿真培训系统已经可以达到以下几方面的效果。

① 深入了解化工过程操作原理，提高学员对化工过程的开、停车操作能力。
② 掌握调节器的基本操作技能，熟悉参数的在线调整。
③ 掌握复杂控制系统的操作和调整技术。
④ 提高对复杂化工过程动态运行的分析和决策能力，实验和提出最优开停车方案。
⑤ 提高识别和排除事故的能力。
⑥ 科学地、严格地考核与评价学员经过训练后所达到的操作水平和理论联系实际的能力。

当前化工过程仿真器系统主要有以下几种。

① 微型机单机仿真器

随着微型计算机的性价比的提高，单机仿真系统在教学类应用中越来越广，这类仿真系统将各种功能简化并集成于同一台微机内，适合于学生自学。

② 真实 DCS（集散控制系统 Distributed Control System）仿真器

这类仿真器的学员操作站采用真实的 DCS 操作站，与运行动态数学模型和教师监控功能的上位机联网组成完整的仿真器。这类仿真器的优点是不必开发仿 DCS 的硬软件，但不适合我国国情，因为真实的 DCS 操作站和支撑软件价格非常高，用户无法接受。这类仿真器在美国、日本和西欧国家有大量的应用。

③ 仿 DCS 仿真器

其 DCS 操作站以微机为核心，全部采用仿制品。软件主要模仿 DCS 的操作模式。优点是价格大大下降，可以采用各种组合结构，相同的硬件可以适用于不同的应用。此类仿真器曾经在我国化工、石油化工和炼油企业得到广泛的应用。

目前我国具有开发比较先进的化工仿真培训系统软件的主要有东方仿真技术有限公司等

数个专业开发单位和包括江苏工业学院仿真与智能技术研究所在内的数个高校开发单位。就目前的主要应用方面来看，仿真培训技术主要呈现以下几方面的发展趋势。

① 大型化工装置培训与化工专业教学紧密结合

化工专业教学尤其是化工职业教育的目标非常明确，就是要培养技术应用人才，因此必须使学生了解生产实际，通过大型化工装置的实训，加深对所学专业知识的理解。化工仿真培训系统成为解决当前我国职业教育中的实训环境缺乏问题的主要手段。

② 化工仿真系统向着功能性、实用性增强的方向发展

近年来化工教学仿真培训软件正由单纯的单元操作向典型的工艺流程过渡，源于实际的工业背景、工艺流程、设备结构和自控方案是最新工程仿真培训系统所体现的技术走势。这样的设计，充分体现出化工仿真培训系统的优势，使之能够最大限度地为生产培训服务。

③ 化工仿真培训系统与 WEB 技术相结合

随着计算机、通信及网络技术的迅猛发展，互联网已经延伸到社会的各个角落，影响着社会生活的方方面面，成为 21 世纪推动社会进步的最伟大的力量。由于基于 WEB 技术具有地理上的可移动性、界面简洁、管理应用程序集成度高、资源共享、不受时空的限制等优点，它已经被逐渐应用到仿真培训系统之中，并且逐渐成为仿真培训领域的重要分支。近年来，利用面向 WEB 的程序语言开发离散事件仿真系统、基于 WEB 的仿真建模以及实施互联网上的仿真运行已经成为仿真系统中研究工作的热点。

7.1.6.2 化工仿真培训系统的组成

DCS 仿真培训系统及仿 DCS 仿真培训系统主要的功能模块有工艺模块、系统模块。其中，工艺模块主要是由大型化工基础物性数据库、基本物性的预测和估算体系、化工热力学基本计算程序包、通用稳态化工流程模拟系统、流程拓扑结构自动识别程序包、压力计算分步计算子程序，常微分方程组数值求解算法子系统、工艺过程调试支持系统等功能模块构成。系统模块主要是由联动各个功能模块的子系统构成，主要功能是调用工艺模块中的功能模块为 DCS 系统服务，完成 DCS 的操作指令并按照反应的结果以合适的形式返回给用户。下面以一个典型化工仿真培训系统为例说明其硬件和软件组成。

（1）系统的硬件组成

本仿真培训系统硬件部分包括一台教师指令台（教师机）和四台学员操作站（三台仿 DCS 操作站和一台仿现场操作站），其中教师机负责完成开停车控制、模型运算、控制参数调节等大部分常用功能。教师机通过 Ethernet 局域网与学员操作站相联系，采用 TCP/IP 协议进行通信。其硬件结构如图 7-3 所示。

受培训者在操作站上按规定进行相关内容学习和操作，其操作参数上传到教师机上的实

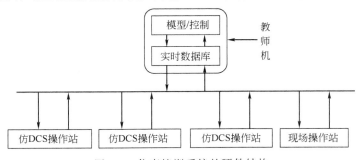

图 7-3 仿真培训系统的硬件结构

时数据库，相关模型和控制通过取得数据库中的相关数据进行运算后返回，最后结果反映在操作站界面上，从而模拟实际的生产过程来达到培训的目的。本系统在开发时将模型/控制和实时数据库合二为一，省去了模型/控制与实时数据库进行通信时的时间开销，可以加快整个系统的运行速度。

教师指令台主要功能如下。

① 工况选择

教师指令台可以根据培训的需要，选择适当的工况，也就是确定仿真机当前处于何种初始状态。工况参数分为两个数据集：初始工况和快存工况，工况越多越不利于快速进行工况的选择。在初始条件和快存条件中均可以存放冷态、热态、额定负荷和部分负荷等各种工况。

② 工况保存

在运行中的任何时刻均可保存当前的实际，包括所有运行点参数和操作设备状态。所保存的工况作为快存条件，存放在快存数据库中，可以随时应用这一状态继续接着运行。快存状态的目的是保证培训工作的连续性。例如：培训工作可以分为几组，可分别进行启动、停机和反事故演习等。比如学员在某天进行启动，但未完成全部工作，可以将其保存下来，可以在今后的任何时间继续进行该工作。

③ 事故制造

按机组和事故特性将所模拟的事故分为如下六类：空压机故障、离心机故障、电气故障、调节器故障、变送器故障以及其他故障。分类的目的是为了便于教师指令台设定和查找方便。教师指令台能控制仿真机随时注入预先设置的故障或撤销正在进行的故障。可以是单项故障，也可以是成组故障。

④ 冻结/解冻

根据培训进展的需要，教师指令台可以随时冻结所有的动态仿真进程或者解除冻结。在冻结状态下，各种操作信号均处于无效状态，即不接收任何操作信息，并维持显示不变。此时，教师指令台可以完成工况保存、重演和返回等操作。完成相应的处理工作以后，可以解冻，继续运行。

⑤ 重演和返回

重演是将前一段时间的状态和变化过程重新演示一次，用于学员分析这段时间精制或氧化单元的运行状况。重演结束后，系统将自动接着冻结处继续运行。返回操作是使仿真系统回到前一段运行的状态，如果学员在某一段时间操作出现了较多的问题或没有达到期望的效果，则可以从前一段时间开始重新运行系统。

⑥ 修改参数

教师指令台可以修改参数，可以是外部参数，如环境温度、循环水温等，也可以是内部参数，如调节器整定参数，如果需要也可以修改数据公用区的全部仿真变量。

⑦ 操作监视

为了能比较客观地评价被培训人员的操作水平，仿真机能提供培训过程中操作结果的某些参数结果和曲线，可以作为评价操作能力的依据。

⑧ 其他辅助培训功能

除以上功能外，还包括打印功能、系统维护、动态网络监控、设备在线控制等功能，随着仿真技术的继续发展，还会有新的功能。

操作站的主要功能如下。

操作站是整个仿真机系统中培训人员直接面对的系统，所有设备的操作和参数与状态的显示均在操作站上完成。它向培训人员显示所选定系统的系统图及其显示参数和状态信息。培训人员可以用鼠标或键盘选定所要显示和操作的系统。

操作站采用从实际现场拷贝而来的组态结果，其所有操作、显示方式和现场完全一致，因而操作站上除了能完成和仿真对象对应的操作和显示以外，还有报警提示、动态曲线显示和控制参数设置等相关的功能。对于工程分析，研究人员可以通过调整系统的状态，如阀门的开关等来调整系统，通过监控数据、显示状态（颜色、闪烁等）或动态曲线来分析系统的特性。

（2）系统的软件组成

整个仿真系统软件的整体结构是，基于任务分散的原则，在不同的站点上分配了完成相应功能的软件。教师指令台的整体监控软件、工艺模型软件、控制算法软件、功能软件、通讯软件和管理软件均自行开发完成。操作站上的软件如系统管理软件、操作组态软件、控制组态软件、组态结果软件等，则以 DCS 本身为标本的功能软件。其结构如图 7-4 所示。

仿真培训系统软件包括整体监控软件、化工工艺模型软件、仿 DCS 软件、控制算法软件和通讯软件五部分。具体功能描述如下。

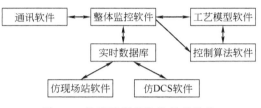

图 7-4　仿真培训系统的软件结构

① 整体监控软件

监督、管理仿真系统运行，实现教师指令台各种培训与指导功能。包括：时标设定、趋势显示、参数修改、流程图参数及动画显示、设定快门、成绩评定、事故设置、PID 控制、培训状态选择，以及仿真系统本身一些主要参数和状态的显示等。

② 化工工艺模型软件

是仿真过程核心软件，它用计算机语言来描述各种化工生产的动态过程，建立各种单元、设备的动态特性模型，实现生产过程的开车、停车、正常运行、事故处理等操作。化工工艺模型的仿真直接影响仿真系统的质量和使用效果，既要保证模型的精度，又要满足仿真系统大范围操作的要求。

③ 仿 DCS 软件

模拟真实 DCS 的显示、监视和操作等功能。它用于管理、调度仿 DCS 学员操作站软件各部分，实现动态实时数据库、各类标准画面、键盘操作和各种算法以及通讯的协调配合，完成所仿真实 DCS 操作站的显示和操作，是学员进行工艺仿真操作的主要界面。

④ 控制算法软件

是根据仿真系统的要求，由用户提供 DCS 系统本身的技术资料和真实 DCS 的组态结果，利用已有的 DCS 软件工具，基于普通计算机软件系统，有针对性地进行开发，实现与真实 DCS 操作相同的仿 DCS 操作站软件。

⑤ 通讯软件

系统网络通信采用基于 TCP/IP 协议的 Ethernet 局域网形式，数据通讯是联系界面、数据库和模型的关键。系统的几个主要部件分布式地运行在不同的计算机内，通过网络等方式实现部件间的通信。教师机和学员操作站之间的通讯采用定时通讯和随机通讯两种方式。所谓定时通讯是指学员机从教师机定时获取数据包；随机通讯是指根据学员机的操作随时向教师机发送数据。采用定时通讯方式时，学员机每隔一段时间从教师机获得刷新的数据，这可保证学员机上的数据总是最新的。而当学员机上要改变相关参数时（如阀门开度的改变），则采用随机通讯方式，这可保证学员机上的变化能够及时反馈给教师机。

我国仿真培训事业曾一度辉煌，不像其他化工计算机模拟应用领域如稳态模拟、先进控制等基本上都由国外公司软件在中国一统天下。国内仿真培训软件由于价格较低，使国内仿真公司完全占领了中国市场，为"七五"、"八五"大型化工和石化项目的员工培训发挥了很大的作用。我国石油化工行业也很关注，大的石化公司都成立了仿真培训中心。事实上，中国化工行业对仿真技术的普及推广程度比美国还要高。现代计算机技术的高速发展，无论是运算速度和系统软件的开发环境，都将给仿真技术的进一步发展提供便利的条件。进一步增加仿真培训器的技术含量，和生产实践更紧密的结合，将为开辟扩大仿真培训事业的新领域，带来更多的机遇。

7.2 自动化控制技术在石油化工中的应用

7.2.1 过程控制

自动化技术是指机器设备或生产过程在不需要人工直接干预的情况下，按预期的目标实现测量、操纵等信息处理和过程控制的统称。

过程控制是工业自动化的重要分支，以保证生产过程的参数为被控制量，使之接近给定值或保持在给定范围内的自动控制系统。这里"过程"是指在生产装置或设备中进行的物质和能量的相互作用和转换过程。例如，锅炉中蒸汽的产生、分馏塔中原油的分离等。表征过程的主要参数有温度、压力、流量、液位、成分、浓度等。通过对过程参数的控制，可以保证生产过程稳定，防止发生事故；保证产品质量；节约原料、能源消耗，降低成本；提高劳动生产率，充分发挥设备潜力；减轻劳动强度，改善劳动条件。

液位控制系统是一个常见的控制系统，采用人工控制时，操作人员首先要用眼睛去观察液位的变化，再用大脑进行分析判断，与要求位置（给定值）进行比较，如果液位高于给定值，则向手发出指令，关小进口阀门；如果液位低于给定值，则开大进口阀门，使液位恒定在给定值附近。如果采用自动控制时，其结构组成如图7-5所示。系统中的液位浮子替代了人的眼睛对要求控制量（被控变量）进行检测，并把它转换成一种标准的电信号（电流或电压）送到控制器中。控制器在这里替代了人的大脑，将此测量值与给定值进行比较，并按照一定的控制规律产生相应的控制信号调节进口阀门，使被控量跟踪给定值，从而实现自动控制的目的。

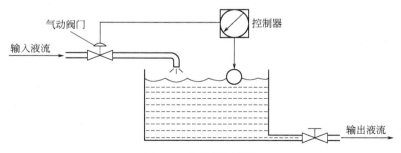

图 7-5 液位控制系统

一般的过程控制系统可采用图 7-6 来表示，它包括四个基本组成部分，其中被控对象就是我们所要控制的工艺设备；测量变送器相当于人的眼睛，将所要控制的工艺过程量（温度、压力、流量、物位、成分等）转换成一种标准的电信号，送给控制器；控制器相当于人的大脑，完成测量值与给定值的比较和控制运算；执行器（一般为调节阀）相当于人的双手，接受控制器的指令，并完成控制操作。

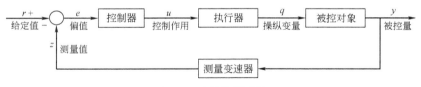

图 7-6　过程控制系统

在上例中，控制器将控制命令发出去，再通过测量变送器将控制的效果送回到控制器，这样的过程就叫做反馈。过程控制通常采用反馈控制的形式。反馈分为负反馈和正反馈。反馈如果倾向于反抗系统正在进行的非定向动作，就是负反馈，它能使系统适应偶然干扰，维持稳定状态。如当液位高于给定值时，我们应该关小进口阀门，使液位趋于下降，回到给定值。反之，反馈如果倾向于加剧系统正在进行的非定向动作，则是正反馈，它能不断加强偶然干扰给系统造成的效应，使系统趋于不稳定状态。如果液位高于给定值时，我们再开大进口阀门，则液位肯定是越来越偏离给定值，最终将造成泛液事故。因此过程控制系统中必须保证为负反馈。

生产过程按其操作方式一般可以分为连续型、批量型（间歇型）和离散型。石油化工行业一般都采用连续化生产，其生产规模大、效率高、消耗低。而批量生产一般用于精细化工生产，其批量小、品种多。离散型生产一般用于机械加工行业。

在连续生产过程中一般采用定值控制，即给定值保证不变。也有采用随动控制的，即给定值随另一个工艺变量而变化，如在实现原料配比过程中，其中一个物料的流量控制器给定值则必须随另一个物料的流量变化而变化。而在批量型的过程操作中则需要采用顺序控制系统，其给定值是按一定时间程序变化的时间函数。

在现代工业控制中，过程控制技术是一历史较为久远的分支。在 20 世纪 30 年代就已有应用。过程控制技术发展至今天，在控制方式上经历了从人工控制到自动控制两个发展时期。在自动控制时期内，过程控制系统又经历了三个发展阶段，它们是：基地式仪表的分散控制阶段、单元组合仪表和计算机控制系统的集中控制阶段和 DCS 与现场总线的分布式控制阶段。

7.2.2　仪表控制系统

（1）基地式仪表

20 世纪 30 年代初期，控制系统采用直接作用式气动控制器（气动基地式仪表），控制装置安装在被控过程附近，每个回路有单独控制器，运行人员分布在全厂各处（图 7-7）。主要存在问题是各操作人员之间、各生产装置之间缺乏必要的协调和管理，只适用于规模不太大、工艺过程不太复杂的企业。

（2）单元组合仪表

针对分散操作存在的问题，在 20 世纪 30 年代末期开始，人们将仪表控制系统的各部分

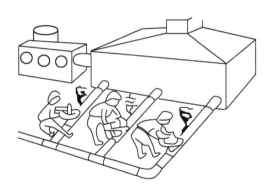

图 7-7　基地式现场操作仪表

按功能分散成若干个单元，将变送器、执行器和控制器分离：变送器、执行器安装在现场，控制器在中央控制室集中控制，采用气压信号（20～100kPa）或电信号（0～10mA、4～20mA DC 电流信号或 0～1V、1～5V DC 电压信号）进行信息远距离传输。其优点是：运行人员集中在控制室内，可获得整个的生产信息，便于协调控制。但是，尽管控制仪表和运行人员在地理上的集中，控制器分别完成各控制任务，一台仪表发生故障其影响范围不大，属于运行管理的集中，仍然分散控制。

该阶段主要采用气动单元组合仪表和电动单元组合仪表。

气动单元组合仪表（图 7-8）是由若干种具有独立功能的标准单元组成的一套气动调节仪表，用压缩空气作为能源。标准单元是按仪表在自动控制系统和自动调节系统中的作用划分的，各单元间使用统一标准的（20～100kPa）气压信号。这些单元经过不同的组合，可构成不同复杂程度的各种自动检测系统和自动调节系统。气动单元组合仪表广泛应用于各种工业生产自动化过程，特别适宜用在易燃、易爆的场合，还常通过转换单元与电动单元组合仪表联用。但也存在：需要专门的气源净化装置、信号传送速度慢、最大传送距离只有 300m、与计算机连用不方便等问题。

图 7-8　气动单元组合仪表控制室操作

图 7-9　电动单元组合仪表控制室操作

电动单元组合仪表（图 7-9）的各单元间使用统一标准的直流电流（或电压）信号。在电子技术的不同发展阶段，电动单元组合仪表又有不同的形式：以电子管和磁放大器为主要放大元件，称为 DDZ-Ⅰ型仪表；以晶体管作为主要放大元件，称为 DDZ-Ⅱ型仪表；采用集成电路的称为 DDZ-Ⅲ型仪表。电动单元组合仪表可使用安全栅，可靠地进行电路隔离，防止偶然从电源侧窜入的高电压混入信号电路，同时通过电流和电压双重限制能量电路，把进入危险现场的电流和电压限制在安全值以下，使电路可能产生的电火花也限制在爆炸气体的点火能量以下。

基地式仪表和单元组合仪表，采用的都是模拟技术，其测量值或控制值采用某物理量来进行模拟，如用电流的大小来表示液位的高低；其控制算法采用物理的原理，利用一些气动元件或电路元件，来模拟出放大、积分、微分等控制算法。这样的技术无法实现复杂的控制，控制精度也容易受到元器件精度的影响。

7.2.3 计算机控制系统

20 世纪 50 年代末，计算机进入过程控制领域，给控制技术带来了革命性的变化。控制算法的实现通过计算机软件来完成。由于计算机强大的计算功能可以完成任何公式的计算，因此计算机控制系统的功能比模拟仪表强大得多。而且由于所有算法都是通过软件来完成的，要改变控制方案只要修改控制软件即可，体现出其极大的灵活性。按照计算机的功能分为以下几个阶段。

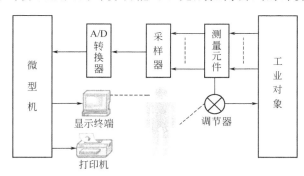

图 7-10 操作指导控制系统

（1）操作指导控制系统

操作指导系统中计算机的作用是定时采集生产过程参数，按照工艺要求或指定的控制算法求出输入输出关系和控制量，并通过打印、显示和报警提供现场信息，以便管理人员对生产过程进行分析或以手动方式相应地调节控制量（给定值）去控制生产过程（图 7-10）。在该系统中，计算机并未直接参与控制，因此不是真正意义上的计算机控制系统。

（2）计算机监督控制系统（SCC）

利用计算机对工业生产过程进行监督管理和控制的数字控制系统，称为计算机监控系统。监督控制系统在输入计算方面与操作指导系统基本相同，不同的是监督控制系统计算机的输出可不经过系统管理人员的参与而直接通过过程通道按指定方式对生产过程施加影响。因此计算机监督控制系统具有闭环形式的结构，而且监控计算机具有较复杂的控制功能。它可以根据生产过程的状态、环境、条件等因素，按事先规定的控制模型计算出生产过程的最优给定值，并据此对模拟式调节仪表或下一级直接数字控制系统进行自动整定，也可以进行顺序控制、最优控制以及适应控制计算，使生产过程始终处在最优工作状况下。监督控制的内容极为广泛，图 7-11 列出其中的主要方面，包括控制功能、操作指导、管理控制和修正模型等。

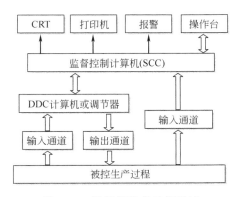

图 7-11 计算机监督控制系统

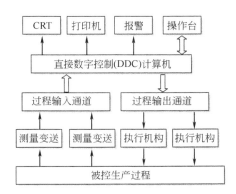

图 7-12 直接数字控制系统

（3）直接数字控制系统（DDC）

利用计算机的分时处理功能直接对多个控制回路实现多种形式控制的多功能数字控制系

统。在这类系统中，计算机的输出直接作用于控制对象，故称直接数字控制，英文缩写DDC。直接数字控制系统是一种闭环控制系统。在系统中，由一台计算机通过多点巡回检测装置对过程参数进行采样，并将采样值与存于存储器中的设定值进行比较，再根据两者的差值和相应于指定控制规律的控制算法进行分析和计算，以形成所要求的控制信息，然后将其传送给执行机构，用分时处理方式完成对多个单回路的各种控制（如比例积分微分、前馈、非线性、适应等控制）。直接数字控制系统具有在线实时控制、分时方式控制和灵活性、多功能性三个特点。

直接数字控制系统的特点是具有很大的灵活性和多功能控制能力。系统中的计算机起着多回路数字调节器的作用。通过组织和编排各种应用程序，可以实现任意的控制算法和各种控制功能，具有很大的灵活性。直接数字控制系统所能完成的各种功能最后都集中到应用软件里。

但是由于早期的计算机造价很高，往往由一台计算机控制全厂的生产过程，整个系统控制任务的集中。一旦计算机发生故障，全厂生产将瘫痪，整个系统的可靠性较低。目前在过程控制中已很少采用。

7.2.4　集散控制系统（DCS）

1975 年，世界上第一台分散控制系统在美国 Honeywell 公司问世，从而揭开了过程控制崭新的一页。分散控制系统也叫集散控制系统（DCS），它综合了计算机技术、控制技术、通信技术和显示技术，采用多层分级的结构形式，按"分散控制、集中操作、分级管理、配置灵活、组态方便"的原则，完成对工业过程的操作、监视、控制。由于采用了分散的结构和冗余等技术，使系统的可靠性极高，再加上硬件方面的开放式框架和软件方面的模块化形式，使得它组态、扩展极为方便，还有众多的控制算法（几十至上百种）、较好的人-机界面和故障检测报告功能。经过 20 多年的发展，它已日臻完善，在众多的控制系统中，显示出出类拔萃的风范，因此，可以毫不夸张地说，分散控制系统是过程控制发展史上的一个里程碑。石化行业是传统的 DCS 应用大行业，最先进的技术和规模最大的系统都出现在本行业。中国石化行业最早使用 DCS 是在 20 世纪 80 年代末期，此前的系统都有使用传统仪表和组装仪表控制，生产的可控性差，设备规模较小。DCS 的使用很好地解决了这些问题，在以后的新装置中，全部采用了 DCS 控制系统。DCS 改造前后的操作室见图 7-13。

图 7-13　DCS 改造前后的操作室

（1）DCS 的基本概念和特点

DCS 主要有现场控制站（I/O 站）、数据通讯系统、人机接口单元（操作员站 OPS、工程师站 ENS）、机柜、电源等组成。系统具备开放的体系结构，可以提供多层开放数据接口。硬件系统在恶劣的工业现场具有高度的可靠性、维修方便、工艺先进。底层的软件平台具备强大的处理功能，并提供方便的组态复杂控制系统的能力与用户自主开发专用高级控制算法的支持能力；易于组态，易于使用。支持多种现场总线标准以便适应未来的扩充需要。系统的设计采用合适的冗余配置和诊断至模件级的自诊断功能，具有高度的可靠性。系统内任意一组件发生故障，均不会影响整个系统的工作。系统的参数、报警、自诊断及其他管理功能高度集中在 CRT 上显示和在打印机上打印，控制系统在功能和物理上真正分散，整个系统的可利用率至少为 99.9%；系统平均无故障时间为 10 万小时，实现了核电、火电、热电、石化、化工、冶金、建材诸多领域的完整监控。

其特点主要如下。

① 高可靠性

由于 DCS 将系统控制功能分散在各个功能计算机上实现，系统结构采用冗余或容错设计，因此某一台计算机出现的故障不会导致系统其他功能的丧失。此外，由于系统中各台计算机所承担的任务比较单一，可以针对需要实现的功能采用具有特定结构和软件的专用计算机，从而使系统中每台计算机的可靠性也得到提高。

② 开放性

DCS 采用开放式、标准化、模块化和系列化设计，系统中各台计算机采用局域网方式通信，实现信息传输，当需要改变或扩充系统功能时，可将新增计算机方便地连入系统通信网络或从网络中卸下，几乎不影响系统其他计算机的工作。

③ 灵活性

通过组态软件根据不同的流程应用对象进行软硬件组态，即确定测量与控制信号及相互间连接关系、从控制算法库选择适用的控制规律以及从图形库调用基本图形组成所需的各种监控和报警画面，从而方便地构成所需的控制系统。

④ 易于维护

DCS 具有维护简单、方便的特点，当某一局部或某个计算机出现故障时，可以在不影响整个系统运行的情况下在线更换，迅速排除故障。

⑤ 协调性

各工作站之间通过通信网络传送各种数据，整个系统信息共享，协调工作，以完成控制系统的总体功能和优化处理。

⑥ 控制功能齐全，控制算法丰富，集连续控制、顺序控制和批处理控制于一体，可实现串级、前馈、解耦、自适应和预测控制等先进控制，并可方便地加入所需的特殊控制算法。DCS 的构成方式十分灵活，可由专用的管理计算机站、操作员站、工程师站、记录站、现场控制站和数据采集站等组成，也可由通用的服务器、工业控制计算机和可编程控制器构成。处于底层的过程控制级一般由分散的现场控制站、数据采集站等就地实现数据采集和控制，并通过数据通信网络传送到生产监控级计算机。生产监控级对来自过程控制级的数据进行集中操作管理，如各种优化计算、统计报表、故障诊断、显示报警等。随着计算机技术的发展，DCS 可以按照需要与更高性能的计算机设备通过网络连接来实现更高级的集中管理功能，如计划调度、仓储管理、能源管理等。

（2）DCS 的基本结构

DCS 由工程师站、操作站、控制站、过程控制网络等组成。

工程师站是为专业工程技术人员设计的，内装有相应的组态平台和系统维护工具。通过系统组态平台生成适合于生产工艺要求的应用系统，具体功能包括：系统生成、数据库结构定义、操作组态、流程图画面组态、报表程序编制等。而使用系统的维护工具软件实现过程控制网络调试、故障诊断、信号调校等。

操作站是由工业PC机、CRT、键盘、鼠标、打印机等组成的人机系统，是操作人员完成过程监控管理任务的环境。高性能工控机、卓越的流程图机能、多窗口画面显示功能可以方便地实现生产过程信息的集中显示、集中操作和集中管理。

控制站是系统中直接与现场打交道的输入/输出（I/O）处理单元，完成整个工业过程的实时监控功能。控制站可冗余配置，灵活、合理。在同一系统中，任何信号均可按冗余或不冗余连接。对于系统中重要的公用部件，建议采用100%冗余，如主控制卡、数据转发卡和电源箱。

过程控制网络实现工程师站、操作站、控制站的连接，完成信息、控制命令等传输，双重化冗余设计，使得信息传输安全、高速。

DCS一般采用三层通信网络结构。

最上层为信息管理网，连接了各个控制装置的网桥以及企业内各类管理计算机，用于工厂级的信息传送和管理，是实现全厂综合管理的信息通道。

中间层为过程控制网，连接各操作站、工程师站与控制站等，传输各种实时信息。

底层网络为控制站内部网络，是控制站各卡件之间进行信息交换的通道。DCS的系统结构见图7-14。

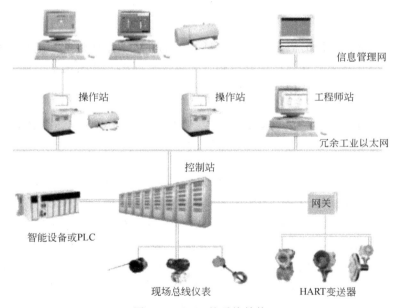

图 7-14　DCS 的系统结构

"域"的概念。把大型控制系统用高速实时冗余网络分成若干相对独立的分系统，一个分系统构成一个域，各域共享管理和操作数据，而每个域内又是一个功能完整的DCS系统，以便更好地满足用户的使用。

（3）DCS的发展

受信息技术（网络通信技术、计算机硬件技术、嵌入式系统技术、现场总线技术、各种组态软件技术、数据库技术等）发展的影响，以及用户对先进的控制功能与管理功能需求的增加，各 DCS 厂商以 Honeywell（霍尼韦尔）、Emerson（艾默生）、Foxboro（福克斯波罗）、横河、ABB 为代表纷纷提升其 DCS 系统的技术水平，并不断丰富其内容。可以说以 Honeywell 公司最新推出的 Experion PKS（过程知识系统），Emerson 公司的 PlantWeb，Foxboro 公司的 A2，横河公司的 R3（PRM——工厂资源管理系统），ABB 公司的 Industrial IT 系统为标志的新一代 DCS 已经形成。新一代 DCS 的最主要标志是两个"I"开头的单词：Information（信息）和 Integration（集成）。

所以说，当今 DCS 不再是一个单纯的过程控制系统，还提供工厂（车间）级的所有控制和管理功能，并集成全企业的信息管理功能。

7.2.5 现场总线控制系统（FCS）

（1）现场总线的基本概念

尽管计算机控制系统，包括 DDC 和 DCS 都采用数字信号进行控制运算，但与现场设备的信号传输系统大部分是依然沿用 4～20mA 的模拟信号。随着微处理器的快速发展和广泛的应用，数字传输信号也在逐步取代模拟传输信号，数字通信网络延伸到工业过程现场成为可能，产生了以微处理器为核心，使用集成电路代替常规电子线路，实施信息采集、显示、处理、传输以及优化控制等功能的智能设备。设备之间彼此通信、控制，在精度、可操作性以及可靠性、可维护性等都有更高的要求。由此，导致了现场总线的产生。

现场总线是连接智能现场设备和自动化系统的全数字、双向、多站的通信系统，是用于自动化等领域最底层的、具有开放、统一的通信协议的通信网络。主要解决工业现场的智能化仪器仪表、控制器、执行机构等现场设备间的数字通信以及这些现场控制设备和高级控制系统之间的信息传递问题，实现微机化的现场测量控制仪表或设备间的双向串行多节点数字通信。现场总线技术把单个分散的仪表或设备变成了网络的节点，以现场总线为纽带，连接分散的现场仪表或设备，使之成为可以相互沟通信息、共同完成自动控制任务的网络系统与控制系统。

现场总线体现了分布、开放、互联、高可靠性的特点，而这些正是 DCS 系统的缺点。DCS 通常是一对一单独传送信号，其所采用的模拟信号精度低，易受干扰，位于操作室的操作员对模拟仪表往往难以调整参数和预测故障，处于"失控"状态，很多的仪表厂商自定标准，互换性差，仪表的功能也较单一，难以满足现代的要求，而且几乎所有的控制功能都位于控制站中。FCS 则采取一对多双向传输信号，采用的数字信号精度高、可靠性强，设备也始终处于操作员的远程监控和可控状态，用户可以自由按需选择不同品牌种类的设备互联，智能仪表具有通信、控制和运算等丰富的功能，而且控制功能分散到各个智能仪表中去。由此可以看到 FCS 相对于 DCS 的巨大进步。

现场总线在设计、安装、投运到正常生产都具有很大的优越性：首先由于分散在前端的智能设备能执行较为复杂的任务，不再需要单独的控制器、计算单元等，节省了硬件投资和使用面积；FCS 的接线较为简单，而且一条传输线可以挂接多个设备，大大节约了安装费用；由于现场控制设备往往具有自诊断功能，并能将故障信息发送至控制室，减轻了维护工作；同时，由于用户拥有高度的系统集成自主权，可以比较灵活选择合适的厂家产品；整体系统的可靠性和准确性也大为提高。这一切都帮助用户实现了减低安装、使用、维护的成本，最终达到增加利润的目的。

（2）现场总线技术在石化过程中的典型应用

上海赛科石油化工有限责任公司是由中国石油化工股份有限公司、中国石化上海石油化工股份有限公司和 BP 华东投资有限公司分别按 30％、20％、50％的比例出资组建的，总投资额约 27 亿美元，是目前国内最大的中外合资石化项目之一。

上海赛科建有 8 套主要生产装置，具有世界级上下游一体化的特点，体现了规模经济效应。其中，90 万吨/年乙烯是目前世界上单线产能最大的乙烯装置之一，其余的 7 套装置也均达到世界规模，分别为 60 万吨/年聚乙烯装置、50 万吨/年苯乙烯装置、50 万吨/年芳烃抽提装置、30 万吨/年聚苯乙烯装置、26 万吨/年丙烯腈装置、25 万吨/年聚丙烯装置和 9 万吨/年丁二烯装置。

赛科的一体化联合装置安装了艾默生的 PlantWeb® 数字结构，47000 个控制回路、40000 台仪表和 13000 台智能设备联网络，成为全球最大的基金会现场总线装置。

中央控制室面向所有操作人员的指挥中心，对主乙烯裂解装置及其 9 套下游装置进行监测。艾默生的基于现场总线 PlantWeb® 数字结构技术为中控室的通讯和接线节省了成本，它收集、分析运行和诊断信息，并将这些信息传递给 750 多个操作人员、工程师和维护人员。上海赛科控制系统见图 7-15。

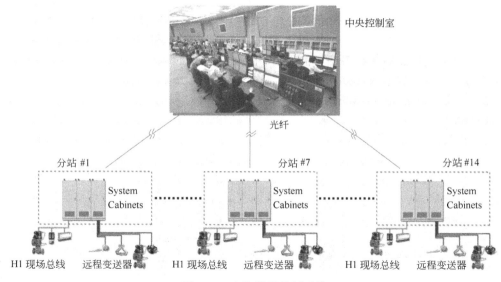

图 7-15　上海赛科控制系统

7.2.6 可编程控制器（PLC）

在工业生产过程中，存在大量的开关量逻辑顺序控制，它按照逻辑条件进行顺序动作，并按照逻辑关系进行联锁保护动作的控制，及大量离散量的数据采集。传统上，这些功能是通过气动或电气控制系统来实现的。1968 年美国 GM（通用汽车）公司提出取代继电器控制装置的要求，第二年，美国数字公司研制出了基于集成电路和电子技术的控制装置，首次采用程序化的手段应用于电气控制，这就是可编程序控制器（PLC）。

PLC 从产生到现在，得到了快速的发展，在处理模拟量能力、数字运算能力、人机接口能力和网络能力得到大幅度提高，PLC 逐渐进入过程控制领域，在某些应用上取代了在过程控制领域处于统治地位的 DCS 系统。

（1）PLC 的构成

从结构上分，PLC分为固定式和组合式（模块式）两种。固定式PLC包括CPU板、I/O板、显示面板、内存块、电源等，这些元素组合成一个不可拆卸的整体。模块式PLC包括CPU模块、I/O模块、内存、电源模块、底板或机架，这些模块可以按照一定规则组合配置。

CPU是PLC的核心，每套PLC至少有一个CPU，它按PLC的系统程序赋予的功能接收并存贮用户程序和数据，用扫描的方式采集由现场输入装置送来的状态或数据，并存入规定的寄存器中，同时，诊断电源和PLC内部电路的工作状态和编程过程中的语法错误等。进入运行后，从用户程序存储器中逐条读取指令，经分析后再按指令规定的任务产生相应的控制信号，去指挥有关的控制电路。

PLC与现场控制设备的信号传递，是通过输入输出接口模块（I/O）完成的。输入模块将电信号变换成数字信号进入PLC系统，输出模块相反。I/O分为开关量输入（DI）、开关量输出（DO）、模拟量输入（AI）、模拟量输出（AO）等模块。

PLC电源用于为PLC各模块的集成电路提供工作电源。同时，有的还为输入电路提供24V的工作电源。

大多数模块式PLC使用底板或机架，其作用是：实现各模块间的联系，使CPU能访问底板上的所有模块，并在机械上使各模块构成一个整体。

编程设备是PLC开发应用、监测运行、检查维护不可缺少的器件，用于编程、对系统做一些设定、监控PLC及PLC所控制的系统的工作状况。

人机界面是操作人员与PLC交换控制信息的窗口，目前液晶屏（或触摸屏）式的一体式操作员终端应用越来越广泛，由计算机（运行组态软件）充当人机界面非常普及。

PLC的通信联网，使PLC与PLC之间、PLC与上位计算机以及其他智能设备之间能够交换信息，形成一个统一的整体，实现分散集中控制。

（2）PLC的特点

① 可靠性高，抗干扰能力强

高可靠性是电气控制设备的关键性能。PLC由于采用现代大规模集成电路技术，采用严格的生产工艺制造，内部电路采取了先进的抗干扰技术，具有很高的可靠性。一些使用冗余CPU的PLC的平均无故障工作时间则更长。从PLC的机外电路来说，使用PLC构成控制系统，和同等规模的继电接触器系统相比，电气接线及开关接点已减少到数百甚至数千分之一，故障也就大大降低。此外，PLC带有硬件故障自我检测功能，出现故障时可及时发出警报信息。在应用软件中，应用者还可以编入外围器件的故障自诊断程序，使系统中除PLC以外的电路及设备也获得故障自诊断保护。

② 配套齐全，功能完善，适用性强

PLC发展到今天，已经形成了大、中、小各种规模的系列化产品。可以用于各种规模的工业控制场合。除了逻辑处理功能以外，现代PLC大多具有完善的数据运算能力，可用于各种数字控制领域。近年来PLC的功能单元大量涌现，使PLC渗透到了位置控制、温度控制、CNC等各种工业控制中。加上PLC通信能力的增强及人机界面技术的发展，使用PLC组成各种控制系统变得非常容易。

③ 易学易用，深受工程技术人员欢迎

PLC作为通用工业控制计算机，是面向工矿企业的工控设备。它接口容易，编程语言易于为工程技术人员接受。梯形图语言的图形符号与表达方式和继电器电路图相当接近，只用PLC的少量开关量逻辑控制指令就可以方便地实现继电器电路的功能。为不熟悉电子电路、不懂计算机原理和汇编语言的人使用计算机从事工业控制打开了方便之门。

④ 系统的设计、建造工作量小，维护方便，容易改造

PLC 用存储逻辑代替接线逻辑，大大减少了控制设备外部的接线，使控制系统设计及建造的周期大为缩短，同时维护也变得容易起来。更重要的是使同一设备经过改变程序。改变生产过程成为可能。这很适合多品种、小批量的生产场合。

⑤ 体积小，重量轻，能耗低

以超小型 PLC 为例，新近出产的品种底部尺寸小于 100mm，重量小于 150g，功耗仅数瓦。由于体积小很容易装入机械内部，是实现机电一体化的理想控制设备。

（3）PLC 的应用领域

目前，PLC 在国内外已广泛应用于钢铁、石油、化工、电力、建材、机械制造、汽车、轻纺、交通运输、环保及文化娱乐等各个行业，使用情况大致可归纳为如下几类。

① 开关量的逻辑控制

这是 PLC 最基本、最广泛的应用领域，它取代传统的继电器电路，实现逻辑控制、顺序控制，既可用于单台设备的控制，也可用于多机群控及自动化流水线。如注塑机、印刷机、订书机械、组合机床、磨床、包装生产线、电镀流水线等。

② 模拟量控制

在工业生产过程中，存在许多连续变化的量，如温度、压力、流量、液位和速度等都是模拟量。为了使可编程控制器处理模拟量，必须实现模拟量和数字量之间的 A/D 转换及 D/A 转换。PLC 厂家都生产配套的 A/D 和 D/A 转换模块，使 PLC 适用于模拟量控制。

③ 运动控制

PLC 可以用于圆周运动或直线运动的控制，现在世界上各主要 PLC 厂家的产品几乎都有专用的运动控制模块。如可驱动步进电机或伺服电机的单轴或多轴位置控制模块，广泛用于各种机械、机床、机器人、电梯等场合。

④ 过程控制

过程控制是指对温度、压力、流量等模拟量的闭环控制。作为工业控制计算机，PLC能编制各种各样的控制算法程序，完成闭环控制。PID 调节是一般闭环控制系统中用得较多的调节方法。大中型 PLC 都有 PID 模块，目前许多小型 PLC 也具有此功能模块。PID 处理一般是运行专用的 PID 子程序。过程控制在冶金、化工、热处理、锅炉控制等场合有非常广泛的应用。

⑤ 数据处理

现代 PLC 具有数学运算（含矩阵运算、函数运算、逻辑运算）、数据传送、数据转换、排序、查表、位操作等功能，可以完成数据的采集、分析及处理。这些数据可以与存储在存储器中的参考值比较，完成一定的控制操作，也可以利用通信功能传送到别的智能装置，或将它们打印制表。数据处理一般用于大型控制系统，如无人控制的柔性制造系统；也可用于过程控制系统，如造纸、冶金、食品工业中的一些大型控制系统。

⑥ 通信及联网

PLC 通信含 PLC 间的通信及 PLC 与其他智能设备间的通信。随着计算机控制的发展，工厂自动化网络发展得很快，各 PLC 厂商都十分重视 PLC 的通信功能，纷纷推出各自的网络系统。新近生产的 PLC 都具有通信接口，通信非常方便。

7.2.7 控制算法

（1）常规控制

① 位式控制

在前例的液位控制系统中，如果当液位高于给定值时，我们把进口阀关闭；而当液位低于给定值时，我们把进口阀打开，以保证液位在给定值附近波动。这种控制方式下，调节器输出只有两个固定的数值，控制阀也只有开和关两个极限位置，因此称为位式控制。位式控制是自动控制系统中最简单也很实用的一种控制规律。

当然这种理想的位式控制是不能直接应用于实际的生产现场控制，因为当液位在给定值附近频繁波动，使控制机构的动作非常频繁，会使系统中的运动部件（如控制阀等）因频繁动作而损坏。因此实际应用的位式控制器应有一个中间区，在这个区域内，控制器的输出状态不发生变化。如果工艺生产允许被控变量在一个较宽的范围内波动，控制器的中间区可设置得宽一些，这样控制器输出发生变化的次数减少，可动部件的动作次数也相应减少，延长了元器件的使用寿命。

位式控制结构简单、成本较低、易于实现，广泛应用于时间常数大、纯滞后小、负荷变化不大也不激烈、控制要求不高的场合，如仪表空气贮罐的压力控制、恒温炉的温度控制等。

② 比例控制（P）

在位式控制系统中，被控变量不可避免地会产生持续的等幅振荡过程。为了避免这种情况，使控制阀的开度（即控制器的输出值）与被控变量的偏差成比例，根据偏差的大小，控制阀可以处于不同的位置，这样就可以获得与对象负荷相适应的操纵变量，从而使被控变量趋于稳定，达到平衡状态。如图 7-1 所示的液位控制系统，当液位高于给定值时，控制阀就关小，液位越高，阀关得越小；当液位低于给定值，控制阀就开大，液位越低，阀开得越大，相当于把位式控制的位数增加到无穷多位，于是变成了连续控制系统。这种控制器的输出值与被控变量的偏差成比例的控制方式称为比例控制（P）。

比例控制的优点是反应快，控制及时。有偏差信号输入时，输出立即与它成比例地变化，偏差越大，输出的控制作用越强。但它的另一个特点是存在余差。

③ 积分控制（I）

存在余差是比例控制的缺点，当对控制质量有更高要求时，就需要在比例控制的基础上，再加上能消除余差的积分控制。

积分作用是指调节器的输出与输入（偏差）对时间的积分成比例的特性。在积分控制中，只要有偏差存在，调节器输出会不断变化，直到偏差为零时，输出才停止变化而稳定在某一个值上，所以采用积分控制可以消除余差。

积分控制器的输出是偏差随时间的积分，其控制作用是随着时间积累而逐渐增加的，当偏差刚产生时，控制器的输出很小，控制作用很弱，不能及时克服干扰作用。所以一般不单独采用积分作用，而与比例作用配合使用，这样既能控制及时，又能消除余差。

④ 微分控制

比例控制规律和积分控制规律，都是根据已经形成的被控变量与给定值的偏差而进行动作。但对于惯性较大的对象，为了使控制作用及时，常常希望能根据被控变量变化的快慢来控制。在人工控制时，虽然偏差可能还小，但看到参数变化很快，估计到很快就会有更大偏差，此时会先改变阀门开度以克服干扰影响，它是根据偏差的速度而引入的超前控制作用，只要偏差的变化一发生，就立即动作，这样控制的效果将会更好。微分作用就是模拟这一实践活动而采用的控制规律。

微分作用是指控制器的输出与输入（偏差）变化率，即偏差的微分，成比例关系。

这种控制器在系统中，即使偏差很小，只要出现变化趋势，马上就进行控制，故有超前控制之称。这是它的优点。但它的输出不能反映偏差的大小，假如偏差固定，即使数值再大，微分作用也没有输出，因而控制结果不能消除偏差，所以微分控制器不能单独使用。它常与比例或比例积分控制器组成比例微分控制或比例积分微分控制。

在工程实际中，PID（比例-积分-微分）控制，又称 PID 调节，是应用最为广泛的调节器控制规律。PID 控制器问世至今已有近 70 年历史，它以其结构简单、稳定性好、工作可靠、调整方便而成为工业控制的主要技术之一。当被控对象的结构和参数不能完全掌握，或得不到精确的数学模型时，控制理论的其他技术难以采用时，系统控制器的结构和参数必须依靠经验和现场调试来确定，这时应用 PID 控制技术最为方便。即当我们不完全了解一个系统和被控对象，或不能通过有效的测量手段来获得系统参数时，最适合用 PID 控制技术。PID 控制，实际中也有 PI 和 PD 控制。

（2）先进控制

先进过程控制是对那些不同于常规单回路控制，并具有比常规 PID 控制更好的控制效果的控制策略的统称。先进控制的任务都是明确的，即用来处理那些采用常规控制效果不好，甚至无法控制的复杂工业过程控制的问题。通过实施先进控制，可以改善过程动态控制的性能，减少过程变量的波动幅度，使之能更接近其优化目标值，从而将生产装置推至更接近其约束边界条件下运行，最终达到增强装置运行的稳定性和安全性、保证产品质量的均匀性、提高目标产品收率、增加装置处理量、降低运行成本、减少环境污染等目的，并带来显著的经济效益。一个先进控制项目的年经济效益在百万元以上，其投资回收期一般在一年以内。

但自 20 世纪 70 年代以来，先进控制理论成果虽多，在过程控制的应用却不理想。只有在计算机控制技术充分发展的今天，才为先进控制的广泛应用提供了可能。

国内外石化企业中应用得比较成功的先进控制方法如下。

① 自适应控制

在日常生活中，所谓自适应是指生物能改变自己的习性以适应新的环境的一种特征。因此，直观地讲，自适应控制器应当是这样一种控制器，它能修正自己的特性以适应对象和扰动的动态特性的变化。

自适应控制的研究对象是具有一定程度不确定性的系统，这里所谓的"不确定性"是指描述被控对象及其环境的数学模型不是完全确定的，其中包含一些未知因素和随机因素。

自适应控制和常规的反馈控制与最优控制一样，也是一种基于数学模型的控制方法，所不同的只是自适应控制所依据的关于模型和扰动的先验知识比较少，需要在系统的运行过程中不断提取有关模型的信息，使模型逐步完善。

任何一个实际系统都具有不同程度的不确定性，这些不确定性有时表现在系统内部，有时表现在系统的外部。对那些对象特性或扰动特性变化范围很大，同时又要求经常保持高性能指标的一类系统，采取自适应控制是合适的。

② 预测控制

预测控制是近年来发展起来的一类新型的计算机控制算法。由于它采用多步测试、滚动优化和反馈校正等控制策略，因而控制效果好，适用于控制不易建立精确数字模型且比较复杂的工业生产过程，所以它一出现就受到国内外工程界的重视，并已在石油、化工、电力、冶金、机械等工业部门的控制系统得到了成功的应用。

预测控制的基本特征，包括建立预测模型方便；采用滚动优化策略；采用模型误差反馈校正。这几个特征反映了预测控制的本质。由于预测控制具有适应复杂生产过程控制的特点，所以预测控制具有强大的生命力。可以预言，随着预测控制在理论和应用两方面的不断发展和完善，它必将在工业生产过程中发挥出越来越大的作用，展现出广阔的应用的前景。

③ 软测量技术

随着生产技术的发展和生产过程的日益复杂，为确保生产装置安全、高效地运行，需对与系统的稳定及产品质量密切相关的重要过程变量进行实时控制和优化控制。可是在许多生产装置的这类重要过程变量中，存在着一大部分由于技术或是经济上的原因，很难通过传感器进行测量的变量，如精馏塔的产品组分浓度，生物发酵罐的菌体浓度和化学反应器的反应物浓度及产品分布等。

软测量就是选择与被估计变量相关的一组可测变量，构造某种以可测变量为输入、被估计变量为输出的数学模型，用计算机软件实现重要过程变量的估计。软测量估计值可作为控制系统的被控变量或反映过程特征的工艺参数，为优化控制与决策提供重要信息。

④ 模糊控制

模糊控制建立的基础是模糊逻辑，它比传统的逻辑系统更接近于人类的思维和语言表达方式，而且提供了对现实世界不精确或近似知识的获取方法。模糊控制的实质是将基于专家知识的控制策略转换为自动控制的策略。它所依据的原理是模糊隐含概念和复合推理规则。经验表明，在一些复杂系统，特别是系统存在定性的、不精确和不确定信息的情况下，模糊控制的效果常优于常规的控制。

对于石化生产过程，因其本身的非线性，耦合和时滞以及其他干扰的影响，一般难以建立精确的数学模型。模糊控制则从专家的经验出发进行决策控制，无需对象数学模型，控制器的鲁棒性强，在过程控制领域中迅速发展。

⑤ 神经元网络控制

人工神经元网络（Artificial Neural Network；ANN）是模仿人类脑神经活动的一种人工智能技术。它作为一种新型的信息获取、描述和处理方式，正越来越多地应用于控制领域的各个方面。

对于大型石化生产过程而言，一般都具有机理复杂、非线性、时变、大滞后和不确定性等特点。对于这些复杂多变的非线性系统，至今还没有建立起系统的和通用的非线性控制系统设计的理论。对于特殊类别的非线性系统，存在一些传统的方法，如相平面方法、线性化方法和描述函数法。但这不足以解决面临的非线性困难。因此，神经元网络将在非线性控制器的综合方面起重要作用。

7.3 现代分析仪器在石油化工中的应用

人类认识自然，首先依靠的是我们的一双眼睛。但人眼睛的功能是有限的，这就需要我们借助于其他工具帮助我们更清楚、更深入地了解自然。因此，人类创造了各种各样的分析仪器。分析仪器它能超越人的眼睛，获取物质的组成、形态、结构等信息。所以分析仪器是人们用来认识、解剖自然的重要手段之一，是利用自然、改造自然必不可少的重要工具。因此，在分析技术领域中已经有数十位科学家获得了诺贝尔奖。

随着物理、电子、计算机和网络等现代科学技术的飞速发展，带动了分析仪器向高灵敏度、高精度和高自动化方向发展，功能也更强大。这就是现代分析仪器的特征。使用这些仪器，使分析工作所需要的样品量更少、分析精度高，而分析速度更快。它比传统分析方法有很多优越性，因此在分析化学领域的地位越来越高，在现代社会中应用越来越广泛。

分析仪器可以大致分为电化学、色谱、光学和其他等四类。仪器分析和化学分析一起共同组成了分析领域的信息科学。

在石油化工中，分析仪器主要扮演着观察、分离、定性和定量等功能。担负着石油化工的研究、开发和生产的重要任务。本节中介绍一些在石油化工中应用的主要分析仪器和用途。

7.3.1　电化学分析方法

电化学分析方法有：电导分析法、电位分析法、电流滴定法、伏安法、极谱法和库仑分析法等。在石油化工中，电化学方法中的微库仑分析技术是用得最普遍的。它是基于滴定原理的分析技术，派生了库仑滴定。它与容量滴定法不同，是用电解方法在电解池中产生滴定物质，根据法拉第电解定律和电解消耗的电量来计算被测物质的含量。在微库仑滴定中，电解电流是一个随时间而变化的可变电流，电流的大小由样品进入电解池产生的信号决定。这个信号放大后输送到电解池，进行电解，产生滴定物质，对消耗的物质进行补充。当被测物质逐步减少时，信号和电解电流也将逐步减少。

微库仑分析方法具有灵敏、快速、准确和抗干扰能力强的优点。使用少至几微升的样品，就可测定样品中百万分之几到百分之几含量的被测物。它不仅可以单独测量，还可以与燃烧、氢解、选择性吸收、气提、裂解以及色谱分离技术联合使用。在石油化工行业中，微库仑分析已成为测量石化和其他无机及有机原料、产品中的硫、氯、氮、水分和不饱和烃的主要分析方法。

7.3.2　色谱分析方法

自然界存在的物质绝大多数是混合物，因此分离工作是必不可少的。石油工业的最初原料是石油，它是一种非常复杂的混合物。它所含的成分大致可分为：链烷烃、环烷烃、芳烃、沥青质和胶质。它们的沸点各不相同，不同地区开采出来的石油，其含量差别很大。为了高效率地进行石油炼制，不同品质的石油原料，其工艺操作参数是不同的。因此，分析原料的组成就显得非常重要。早期采用的是实沸点蒸馏、减压蒸馏等手段，这些方法消耗样品多、实验时间长、劳动强度大。现在使用气相色谱仪，对原油进行模拟蒸馏，就能知道样品中各组成的大致含量和沸程分布。

色谱仪是一种对混合物进行分离的仪器。它的分离原理是：利用混合物中各组分在性质和结构上的差异，与色谱柱中固定相相互作用力的大小不同，在色谱固定相和流动相之间的分配比例产生差异，随着流动相的前进，在两相间经过反复多次的分配平衡，不同组分之间的距离被拉开，使各组分在色谱柱中的停留时间（称为保留时间）不同而得到分离，最后在检测器中被检测。样品在分离时处于气体状态的，称为气相色谱（GC）；样品在分离时处于液体状态，称为液相色谱（LC）。

所谓色谱模拟蒸馏，是用一系列正构烷烃（一般是 $C_5 \sim C_{44}$，已知沸点在 $538℃$ 以内的正构烷烃，并且混合物中至少有一个正构烷烃组分具有试样初馏点的沸点）混合物作为参考标准，先注入色谱仪进行分离，得到各正构烷烃的色谱图。然后在相同的分离条件下，将油样注入色谱仪中，样品中的烃类按沸点顺序分离，得到油样的色谱图。将两图相互比较，同时进行分段面积积分，这样获得对应的组分量和相应的保留时间。经过温度-时间的内插校正，得到对应于百分收率的温度，即馏程分布。根据色谱模拟蒸馏得到的数据，将生产装置的操作工艺参数调整到最佳状态，产生最佳的经济效益。

除了对原油进行色谱模拟蒸馏外，还可以对瓦斯油、催化裂化原料油、机油等进行模拟蒸馏，比较油品中轻重组分的分布和相对含量。在炼油工业中常用作油品质量的重要指标。

另外，对石脑油、汽油等石油产品，使用气相色谱可对其中的烷烃（Paraffin）、烯烃（Olefin）、环烷烃（Naphthene）、芳烃（Aromatic）含量进行测定，称之为 PONA 分析。该方法可对油品的碳数作类型分析，可计算出油品的平均密度、平均分子量等参数，组成分析中可以面积百分比、重量百分比和体积百分比定量。甚至可区分烷烃中的正构烷烃和异构烷烃各自的含量。该方法重现性很好，代替了以前的标准方法——荧光指示吸收法。

在石油工业中，乙烯的产量是衡量生产规模的重要指标。通过这个中间产品，可以生产一系列的化工产品。不同的下游产品对乙烯原料的杂质含量有严格的要求。如生产聚乙烯，乙烯的纯度要达到 99.8％以上。我们可以用气相色谱仪来分析乙烯中含有的微量乙烷、丙烷、丙烯等烃类；分析 H_2、N_2、CO、CO_2 等无机成分；分析甲醇、H_2S 等有机物。

重油的沸点高，其中的族组分种类多，各族内的异构体又非常复杂，相对分子质量比较高。这类物质一般都用高效液相色谱法（HPLC）来测定其中烷烃、烯烃、芳烃（及其环数）的族组成数据。或者先用高效液相色谱（HPLC）做族分离，馏分用多通道阀收集后，再用气相色谱进一步分析油品中的组分。该法除了可准确定量各族组分的含量外还可测定各族的碳数分布。

多维色谱（GC×GC、LC×GC）是近两年出现并飞速发展的色谱新技术。它的主要目的是提高色谱的分离能力。经过两个或多个不同原理色谱技术的连续分离，可使单一色谱体系不能分离解析的组分得到分离测定。目前已有报道，使用二维色谱分析航空煤油，已能检出其中的上万个组分。

7.3.3　光学分析法

光学分析法有紫外光谱、红外光谱、拉曼光谱、核磁共振波谱、原子吸收光谱、原子发射光谱、X 射线衍射法、电子衍射法等。

紫外吸收光谱（UV）是由于分子中的价电子吸收紫外光产生能级跃迁而形成的。紫外吸收光谱的定性功能主要是依靠最大吸收波长和吸收峰的形状。由于相类似化合物的最大吸收波长和吸收峰的形状比较接近，因此紫外吸收光谱的定性功能已逐渐退化。但由于其灵敏度非常高，可以检测到 $10^{-7} mol/L$ 的浓度（ng 级），目前被广泛用于定量分析，如液相色谱的紫外检测器。

现代紫外光谱仪一般都内置微处理器或可与计算机连接，因此计算功能非常强大。将紫外吸收曲线求导数，大大增强了紫外光谱仪的灵敏度。如用紫外分光光度法测量乙醇中含微量苯：仅用基本吸收光谱约能测 50×10^{-6} 含量的苯；如用二阶导数光谱约能测 5×10^{-6} 含量的苯；若采用四阶导数光谱就能测到约 1×10^{-6} 含量的苯。该方法也能推广到烷烃中含微量芳烃的测定。

红外光谱（IR）分析是利用红外光的能量照射物质，引起分子振动能级的跃迁而产生的。红外吸收峰与分子中的官能团有着非常密切的关系，根据吸收峰的位置与强弱，可以判断化合物含有哪些基团，因此红外光谱能鉴定有机化合物的分子结构。一般来讲，如两个样品的红外光谱完全相同，就可以判断为是同一化合物。这种比较法在红外光谱图中吸收峰较多、峰形较尖锐时可靠性就大。在没有标准物对照时，可以查红外光谱的标准谱图对照，如萨特勒红外光谱标准谱图和其他的光谱数据文献。

芳烃是石油化工的重要基础原料之一，20 世纪 60 年代以来发展非常迅速。现在石油芳烃已成为许多国家的主要来源。如从催化重整、裂解汽油中都可以得到芳烃。在这些芳烃中有相当一部分是混合二甲苯（邻位、间位和对位）。它们的沸点彼此接近，很难分离。利用红外光谱可以区别这些异构体和计算它们各自的含量。在中红外光谱的指纹区，邻位、间位和对位取代二甲苯的弯曲振动吸收峰分别在 $740cm^{-1}$、$768cm^{-1}$ 和 $795cm^{-1}$ 处，相互干扰较小。根据样品吸收峰所在位置就可以大致判断有无相应的二甲苯，根据吸光度的数值解联立方程，就可计算它们各自的含量。

聚合物在当代人们生活中扮演着重要角色，也是石油工业的一大类产品。利用红外光谱可以对不同种类的聚合物进行鉴定。如聚苯乙烯薄膜由于其峰分布较均匀和位置确定，还被用来校正红外光谱仪的波长。

近红外光谱（NIR）分析方法是人们对它认识比较晚的一种分析方法。通过对样品的一次近红外光谱测量，即可在几秒至几分钟之内同时得到一个样品的多种物化性质数据或浓度数据，而且被测样品用量小、无破坏、无污染，具有高效、快速、成本低和绿色的特点。因此，近红外光谱分析技术在石油化工领域被广泛应用。不过在进行测量时必须做大量的准备工作，如对所测样品选择有相关性的峰、消除干扰、选择恰当的方法建立数学模型并进行验证等前期工作。目前市场上已有成熟的设备和配套的软件销售。

利用近红外光谱分析技术可以快速测定汽油族组成，测定调和汽油中芳烃、烯烃含量，测定汽油辛烷值，测定汽油中乙醇，测定汽油物性参数，为汽油调和提供数据等。还可以对柴油、润滑油等油品提供类似的测定，比传统的分析方法大大缩短了分析时间和劳动强度，而且重现性也很好。

核磁共振（NMR）是 20 世纪 50 年代发现的新兴学科，由于它独特的检测方式，能非常直观地反映分子结构信息，因此在包括石化领域内的各行各业中，有着越来越广阔的应用前景。

核磁共振是使用射频脉冲对原子核进行照射，可以共振的原子核就会吸收这些能量，产生共振吸收峰，提供许多有用的分子结构信息。在分子中处于不同位置的原子核，它共振所产生的吸收峰的位置不同（称化学位移），而且原子核周围核的情况对它也有所反映（称偶合裂分），分子中原子个数的多少也影响着峰面积的大小（根据不同的射频脉冲方式）……。因此，根据这些信息，就能对分子结构进行解析。

核磁共振可以对石油及其产品进行表征。可以判断原油是属于石蜡基、芳香基还是中间基等类型；利用 ^1H NMR 谱、^{13}C NMR 谱技术，可以直接给出油品的芳氢 fa(H)、芳碳 fa(C) 含量；结合元素分析结果还可以给出重馏分油的平均结构参数，如链烷碳数 Cp、环烷碳数 Cn、芳香碳数 Ca、环烷环数 Rn、芳香环数 Ra，缩合指数 C.I. 等。特别是对重质油的族组成等项目的分析，具有其他分析手段不可比的方便、快速优势，赢得了人们的青睐。

以上测试项目现已渐成为油品的常规分析项目，为石油化工提供快捷的分析数据，以便为调整炼制工艺参数作决策。

核磁共振技术在润滑油基础油的结构表征中能给出基础油的精细结构以及一些重要的定量结果。可以给出了基础油的正构烷碳含量 NP、异构烷碳含量 IP、支化指数 BS 和烷基平均碳数 C＊等参数。这些参数丰富了对基础油结构组成的认识，对于指导加氢异构化制备高档基础油工艺的改进具有重要意义。通过定量 NMR 谱还能计算出基础油的 API 重度、苯胺点、倾点、黏度等性能指标。

同样核磁共振可以对聚烯烃产物进行分析。采用升温 NMR 技术分析研究各种各样的聚烯烃产物的种类、链结构，也是核磁共振的一个强项。线性低密度聚乙烯、乙丙共聚物、等规聚丙烯、间规聚丙烯等都需要依靠定量碳谱来测定第二单体的插入度或均聚物的立构规正度。

石油化学工业要使用大量的固体催化剂，用核磁共振技术对固体催化材料进行研究已成为核磁共振应用的一个重要方面。石化工业中用到的固体催化剂主要为硅铝型分子筛，如 Y 型、ZSM25 型、L 型、β2 型等。这些分子筛的一个重要参数是它们的骨架 Si/Al 比。通过核磁共振测试和使用 Klinowski 等公式就可以求算骨架 Si/Al 比。

分子筛中铝的存在形态也是人们感兴趣的课题之一，因为催化剂的活性往往与铝的形态有关。近年来，所谓"不可观测铝"成为一个研究热点。通过 ^{29}Si 及 ^{27}Al MAS NMR 实验研究认为：焙烧后的 HL 沸石骨架脱铝明显，形成的非骨架铝以可观测的六配位铝物种及不可测的无定形铝物种两种形式存在。

固体核磁共振在催化材料研究方面的应用相当广泛，如采用探针技术表征催化剂的微孔结构，采用固体 ^{1}H NMR 技术研究催化剂表面酸性，采用多核多脉冲技术研究非硅铝分子筛（磷铝、钛硅、硅磷铝等）骨架结构等。由于核磁共振技术提供了固体催化材料研究的新方法，与其他分析技术形成互补，为炼化工艺的改进提供重要的参考数据，大大加快我国催化材料研究与开发的进程。

石油产品中经常要使用抗氧化剂、抗磨剂和清净分散剂等大量的油品添加剂。它们的种类繁多，绝大多数都可以采用核磁共振分析技术进行定性或定量检测。有些特殊的添加剂，只能采用核磁共振技术确定其结构或组成。这些添加剂的生产、添加的配伍性，以及使用过程中的变化都可以用核磁共振分析技术监测。

表面活性剂在石油化工生产中被广泛应用。它是由亲油基和亲水基组成，种类繁多，用途各不相同。生产中使用表面活性剂往往能起到事半功倍的效果。因此研究各种结构的表面活性剂和使用效果是人们非常关注的课题。采用核磁共振不仅可以区分各种不同类型的表面活性剂，还可以测出链烷基的长度及支化情况，还能计算 HLB（亲水亲油平衡值）等参数。

原子吸收光谱（AAS）与原子发射光谱（AES）都是由辐射能与原子相互作用，引起原子内电子能级跃迁，产生光谱信号来确定物质组成和含量的方法。它们可分析元素周期表中多达 70 多种元素，在金属元素微量、痕量分析方面有着突出的优点。在石油化工生产中被用来测定催化材料、油品和其他材料中的金属含量。原子荧光光谱（AFS）也是属于原子光谱的范畴，它是通过测定待测原子蒸气在辐射激发下发射的荧光强度来进行定量分析的方法。原子荧光光谱法的灵敏度高，20 多种元素的检测限优于 AAS 分析，Cd 检出限可达 10^{-12} g·L^{-1}，Zn 可达 10^{-11} g·L^{-1}。并且线性范围宽、干扰小、选择性好，不需要基体分离可以直接测定。

X-射线衍射法是目前测定晶体结最重要的手段。当晶体中晶面间的距离近似等于 X 射线波长时，晶体本身就是反射衍射光栅，测定相关数据即可获得有关晶体结构信息。特别是计算机的使用，使原本复杂繁琐的测定和结构解析过程能由电脑自动进行，大大减少了测定工作量。

X-射线衍射法仪可进行物相分析，测定晶体结构（点阵类型、晶胞形状等）。根据 X 衍射谱线的位置和强度就可进行定性、定量分析。对多相物质，其 X 衍射谱线是各自相的简单叠加。因此，它可做混合物的分析。还可以做应力分析、微区分析、薄膜分析等工作。因此它在催化材料和石油化工产品分析等方面有重要作用。

7.3.4 其他分析方法

质谱法（MS）也是研究分子结构的一个重要手段。它是采用某种方式使样品分子电离、化学键断裂并带上电荷，成为分子离子和碎片离子。这些分子离子和碎片离子在磁场、电场的作用下被分离，并按质量与电荷的比值大小排列检测得到质谱图。因此质谱可以提供分子量和分子碎片结构等信息，并且还能确定分子式。

20 世纪 70 年代以来，国内外用质谱法对重质油烃类组成测定进行了大量的研究工作，已建立了比较成熟的分析方法。该法测定重质油烃类组成已成为常规分析方法。对炼油理论研究、指导炼油厂优化生产工艺、提高加工深度及获取高效益都有着十分重要的意义。

由于石油化工产品相当一部分是混合物，因此质谱对油品的分析往往是和气相色谱或液相色谱联合使用。色谱具有高效的分离能力，但对分离后各组分的定性鉴定方面有一定的局限性，而质谱技术对化合物的鉴定能力较强，但对样品纯度要求较高。因此，两者结合：色谱-质谱联用，就能完成对混合的分离、鉴定工作。气相色谱-质谱联用（GC/MS）技术能对沸点较低的混合物进行分离和鉴定，液相色谱-质谱（LC/MS）技术能对沸点较高的混合物进行分离和鉴定。

不同的仪器其功能不同，有各自的优点和缺陷。如将它们组合起来，就能取长补短。因此，寻求新的仪器联用方式，是人们要努力的方向。除了上面提及的联用技术外，气相色谱红外光谱联用、液相色谱红外光谱联用、气相色谱原子光谱联用、液相色谱核磁共振联用等都在逐步普及。

大规模的工业化生产，能产生理想的经济效益。相对而言，及时掌握各监控点的物料质量也更为重要。随着计算机和自动控制技术的发展，许多在线分析仪器也在石油化工中广泛应用。

科学探索永无止境，要在石油化工领域有所新的发现和突破，在很大程度上要依赖现代分析仪器，要依赖于新的分析技术和方法。因此，我们相信：现代分析仪器一定会在石油化工领域中的地位越来越重要。

7.4 常用的化学化工应用软件

随着计算机技术和计算技术水平的提高，计算机在化学化工的应用日趋广泛，一些专业公司纷纷开发功能强大、数据库信息完善、用户界面友好、操作简单的专业化学化工应用软件，这些软件在化学化工中的理论研究与生产实践中都发挥着日趋重要的作用，大体涉及化学结构式绘制、三维结构描绘、数据处理、化工模拟及辅助设计等方面。

7.4.1 化学结构式绘制软件

一般的绘图软件虽然可以绘制分子结构式、流程及装置，却使用不便。化学结构式绘制的专门软件提供一些图形模块，使得图面绘制变得简捷。

关于化合物二维结构式绘制方面的软件很多，其主要功能是绘制化合物的结构式、化学反应方程式、流程图、实验装置图等平面图形。常用的这类软件基本情况见表7-1。

表 7-1　化学结构式绘制软件基本情况

软件名称	软件开发公司	最新版本	官方网站	是否付费
ChemDraw	美国剑桥软件公司	11.0	http://www.cambridgesoft.com	是
ChemWindow	Softshell 公司	6.5	http://www.softshell.com/	是
ISIS Draw	Symyx 公司	2.6	http://www.mdl.com/	否
ChemSketch	Advanced Chemistry Development 公司	11.0	http://www.acdlabs.com/	否

其中，ChemDraw 是 ChemOffice 的组成部分，是最为常用的化学结构式编辑软件之一，也是各刊物指定的格式。下面以此为例，简要介绍这类软件的功能。

（1）绘制化合物的化学结构式

ChemDraw 提供完备的图形工具，还有 17 类模板供选择，不仅可以方便地绘制各种复杂的化合物结构、反应方程式、透视图形、轨道表达式等，还可以绘制玻璃仪器装置。

（2）自动识别化学结构式并命名

通过 AutoNom 实现，可自动依照"国际纯粹化学和应用化学联合会"（IUPAC）颁布的命名法标准命名化学结构。

（3）预测 ^{13}C 和 ^{1}H 的 NMR 光谱

通过 ChemNMR 实现，可根据 ChemDraw 绘制的高质量的结构，帮助预测 ^{13}C 和 ^{1}H 核磁共振谱（NMR），预测 ^{13}C 和 ^{1}H 的化学位移。

（4）预测物性数据

通过 ChemProp 实现，可预测沸点、熔点、临界温度、临界气压、吉布斯自由能、$\lg P$、折射率、热结构等性质。

（5）外部图谱文件的读取

通过 ChemSpec 实现，可读入标准格式的紫外、质谱、红外、核磁等数据文件。

（6）化学名称与化学结构的相互转换

通过 Name＝Struct 实现。依据 IUPAC 规则，可以根据化合物的名称给出化学结构，也可以根据化学的结构给出化合物名称。

ChemWindow 也是常用的化学结构式编辑软件之一，拥有广泛的用户群。其分子结构绘制功能强大、操作方便，还可计算相对分子质量；通过 Symapps 程序，还可显示三维结构，计算键长、点群等。

ChemSketch 不仅用于画化学结构、反应和图形，还能够自动计算所绘结构式的分子式、分子量、摩尔体积、摩尔折射率、折射率、表面张力、密度、介电常数、极化率等数据。

ISIS/Draw 曾经是化学结构式绘制领域最流行的软件，但近年 Chemdraw 影响力似乎更大。

7.4.2 三维模型描绘

一般的化学结构式绘制软件可以画出很好的二维化学结构，但除 ChemSketch 外，要很好地表现出化合物三维化学结构，必须通过专门的 3D 软件来实现。

常用的三维结构显示与描绘软件有：Chem3D、WebLab Viewer Pro、RasWin、Chem-Builder 3D 和 ChemSite 等，它们都能够以线图（Wire）、球棍（Ball and Stick）、比例模式及丝带模式（Porin）等模式显示化合物的三维结构。其中的 RasWin 和 WebLab Viewer 的简化版只能显示而无法编辑三维分子模型，为免费软件。下面，以 Chem3D 为例简介这类软件。

Chem3D 同 ChemDraw 一样，是 ChemOffice 的组成部分，它能很好地同 ChemDraw 一起协同工作。它提供工作站级的 3D 分子轮廓图及分子轨道特性分析，并和数种量子化学软件结合在一起。由于 Chem3D 提供完整的界面及功能，已成为分子仿真分析最佳的前端开发环境。

① 描绘化合物的三维结构。

② 进行分子轨道特性分析。

③ 检查分子结构能量。

④ 与 ChemDraw 进行二维信息与三维信息的转换。

⑤ 进行量子化学计算，显示化合物分子的结构性质，如分子表面、静电势、分子轨道、电荷密度分布等。

⑥ 与微软的 Excel 完全整合，进行数据转换。

7.4.3 实验数据处理

化学中的数据处理多种多样，对不同的数据处理要求宜采用不同的软件完成。通用型的软件如 Origin、SigmaPlot 等，可以根据需要对实验数据进行数学处理、统计分析、傅立叶变换、t-试验、线性及非线性拟合；绘制二维及三维图形，如散点图、条形图、折线图、饼图、面积图、曲面图、等高线图等。Origin 的最新版本为 8.0，官方网站 http：//www.originlab.com/；SigmaPlot 的最新版本为 11.0，官方网站 http：//www.spss.com/。下面以 Origin 为例，简介这类软件的功能。

Origin 是美国 OriginLab 公司推出的数据分析和制图软件，是公认的简单易学、操作灵活、功能强大的软件，既可以满足一般用户的制图需要，也可以满足高级用户数据分析、函数拟合的需要。是化学和化工类软件中实用性最强的综合型软件，被化学工作者广泛使用。

（1）数据分析

数据分析是 Origin 的基本功能，包括数据的排序、调整、计算、统计、频谱变换、曲线拟合、基线和峰值分析等各种完善的数学分析功能。准备好数据后，进行数据分析时，只需选择所要分析的数据，然后再选择相应的菜单命令就可。

（2）图形绘制

Origin 的绘图是基于模板的，Origin 本身提供了几十种二维和三维绘图模板而且允许用户自己定制模板。绘图时，只要选择所需要的模板就行。Origin 可以制作各种图形，包括直线图、描点图、向量图、柱状图、饼图、区域图、极坐标图以及各种 3D 图表、统计用图表等。

此外，图层是 Origin 中的一个很重要的概念，一个绘图窗口中可以有多个图层，从而可以方便地创建和管理多个曲线或图形对象。图层绘制也是基于模板的，用户也可以自己定制模板。

7.4.4　化工流程模拟

对某一化工流程建立物料平衡、热量平衡、热力学平衡和设备设计方程等数学模型，通过计算机计算出流程中各个单元设备进出流股的流量、温度、压力及组成，以及各个部位热负荷，以定量地了解过程的特性。流程模拟不仅是设计放大的基础，也是工厂进行局部技术改造有效辅助手段。通过化工流程模拟，可以完成化工工艺流程的物料衡算和能量衡算；进行工艺过程开发设计的方案评比；对生产现场工况进行核算；对生产指标、消耗定额等进行评价；估算物性数据。此外，化工流程模拟软件还可以提供极为丰富的纯物质物性数据。

有很多软件可以达成流程模拟的功能，目前常用的有 Aspen Plus、PRO/Ⅱ、HYSYS、ChemCAD 和 Design Ⅱ。

Aspen Plus 是大型通用流程模拟系统，源于美国能源部 20 世纪 70 年代后期在麻省理工学院（MIT）组织的会战，全称为"过程工程的先进系统"（Advanced System for Process Engineering），是举世公认的标准大型流程模拟软件，应用案例数以百万计。全球各大化工、石化、炼油等过程工业制造企业及著名的工程公司都是 Aspen Plus 的用户。最新版本为 13.1。软件包括 1773 种有机物、2450 种无机物、3314 种固体物、900 种水溶电解质的基本物性参数，拥有丰富的状态方程和活度系数方法。

HYSYS 软件由 Hyprotech 公司创建，是世界上最早开拓石油、化工方面的工业模拟、仿真技术的跨国公司，该公司现成为 AspenTech 公司的一部分。全球 80 多个国家是它的用户，我国国内用户也已超过 50 家。最新版本为 3.2。软件包括几十种单元操作的模型库（其中包括固体处理及生物化工操作），以及 5000 多种化合物的物性数据库和可以计算电解质的物性估算系统。

PRO/Ⅱ 是美国 SimSci-Esscor 公司开发的一套通用流程模拟软件。它是由一套主要针对炼油厂模拟软件发展起来的，其前身称 PROCESS 软件。最新版本为 8.0。软件包括 1450 种以上的化合物的物性数据库及特别适合炼油及石油化工用的物性推算系统，几十种单元操作模型，一种开放式体系结构和用户专有模块或其他公司的软件连接。

ChemCAD 是美国 Chemstations 公司开发的一套小型通用流程模拟系统软件，因其所需内存不大，使用较为普及。最新版本为 5.3。它备有单元操作模型库和 600 种化合物的物性数据库，具有交互式的人-机界面及流程图自动生成功能。

Design Ⅱ 是美国 WinSim Inc. 公司开发的通用流程模拟软件。自称是第一套 Windows 系统下的流程模拟软件。最新版本为 9.31。软件包括了 879 种纯组分的数据库，也包括了 38 种已知特性的世界原油数据。

除上述国外公司开发的流程模拟软件外，国内也已开展了相关工作。1983 年起，青岛化工学院（现为青岛科技大学）等单位在国家自然科学基金、山东省及其他单位的大力支持下，完成了 ECSS 工程化学模拟系统的研究工作，从 1987 年起开始转让商品软件 ECSS。这是国内早期开发的较为大型的商用流程模拟软件。该软件已在国内数十家石油、化工、轻工等行业的设计院、研究院和大型企业中得到应用。

下面以 Aspen Plus 为例简介这类软件的功能。

（1）提供完备的物性数据库

物性模型和数据是得到精确可靠的模拟结果的关键。Aspen Plus 数据库包括将近 6000 种纯组分的物性数据、约 900 种离子和分子溶质估算电解质物性所需的参数、约 3314 种固体的固体模型参数、水溶液中 61 种化合物的 Henry 常数参数、约 40000 多个二元交互作用参数、1727 种纯化物的物性数据、2450 种组分（大部分是无机化合物）的热化学参数、燃烧产物中常见的 59 种组分和自由基的参数，以及主要用于固体和电解质应用的 3314 种组分和主要用于电解质应用的 900 种离子。

Aspen Plus 还是唯一获准与 DECHEMA 数据库接口的软件。该数据库收集了世界上最完备的气液平衡和液液平衡数据，共计二十五万多套数据。用户也可以把自己的物性数据与 Aspen Plus 系统连接。

（2）进行几十种单元操作的模拟。

Aspen Plus 建立了各种单元操作模块，每个模块又分为各种不同类型。这些单元既可以独立进行过程的模拟，也可以将这些单元组合为完整的工厂流程后，进行模拟。对于气液系统，Aspen Plus 可对闪蒸器、换热器、液液单级倾析器、反应器、泵、压缩机、精馏塔、管道输送等进行模拟；对于固体系统，Aspen Plus 可对文丘里涤气器、静电除尘器、纤维过滤器、筛选器、旋风分离器、水力旋风分离器、离心过滤器、转鼓过滤器、固体洗涤器、逆流倾析器、连续结晶器等进行模拟。

（3）实现模型/流程分析。

Aspen Plus 提供一套功能强大的模型分析工具，最大化工艺模型的效益。可实现如下功能：对输入数据进行数据收敛分析；进行严格的能量和物料平衡计算，计算各流股的流率、组成和性质；自动计算操作条件或设备参数，满足规定的性能目标；不断改变流程与操作条件，考察计算结果，对流程及操作条件进行优化；对工艺参数进行灵敏度分析，考察工艺参数随设备规格、操作条件的变化而变化的状况。

7.4.5 化工辅助设计

化工辅助设计用计算机系统对某项工程设计进行构思、分析和修改，或做最优化设计的一项专门技术。其输入是与设计项目有关的数据信息，其输出是设计图纸或资料，其过程是由计算机根据输入的各种信息，在数据库中检索出有关数据并作运算而得出结果。较完善的系统是利用图形显示技术和人的设计经验，以人机对话方式对设计过程和结果不断干预、修改，借助于计算机程序，经过综合分析与优化评价，最终由计算机绘出所需要的设计图纸或打印出有关技术文件。

目前，化工辅助设计软件一般有三种形式：二维工艺流程图的绘制软件（如 AutoCad）、工厂设计软件（如 Autoplant 3D、PDMS）、管道设计软件（如 PDSOFT 3D Piping）。

AutoCad 是通用的绘图软件。最新版本为 2008 版。主要用于绘制二维图形。

Autoplant 3D 是美国 EDA 公司在 AutoCad 软件的基础上开发的化工装置计算机辅助设计软件包，是目前较好的化工装置微机辅助设计软件。最新版本为 2004 版。Autoplant 有管道、结构、容器、仪表、电气等应用软件包，分别供这些专业计算机辅助设计之用。管道软件包是其主要部分，它完成装置管道设计的大量工作，如建管道元件库、建三维管道模型、绘制配管图、自动生成管道轴图和材料表，还可由 AutoPIPE 作管道系统的静力和动力分析。

工厂设计管理系统（Plant Design Management System）即 PDMS 是英国 CADCentre 公司的旗舰产品，是大型、复杂工厂设计项目的首选 CAD 系统，广泛应用于石油天然气、海洋石油平台、石化、核电站和废水处理工厂设计等领域。许多闻名于世的国际工程公司都是 PDMS 的用户，其中包括 ABB、BROWN&ROOT、杜邦和三菱重工等。最新版本为 11.6。PDMS 为一体化工厂数据库平台，在以解决工厂设计最难点——管道详细设计为核心的同时，解决设备、结构土建、暖通、电缆桥架、支吊架、平台扶梯等各专业详细设计，各专业间充分关联联动。由 PDMS 三维工厂模型可直接生成自动标注之分专业或多专业布置图、单管图、配管图、结构详图、支吊架安装图等，并抽取材料等报表，并使无差错设计和无碰撞施工成为可能实现的事实。

三维配管设计及管理系统软件 PDSOFT 3D Piping 是由北京中科辅龙公司研发，是 PDSOFT 系列产品中首先推出的能独立运行的智能化管道设计软件，是 PDSOFT（Plant Design Software）的一个核心系统。PDSOFT 是建立在 AutoCAD 平台基础上的具有自主版权的三维工厂设计计算机辅助设计软件的注册名称。PDSOFT 3D Piping 软件能对从管路等级生成到出施工图的全过程提供有力支持。主要模块包括：工程数据库及管路等级生成、建模、碰撞、检查 ISO 图自动生成、材料统计表自动生成、平立剖面图自动生成、图形库管理、渲染和消隐处理等模块。

8 石化与环境

8.1 概述

8.1.1 环境与环境科学

自20世纪50年代末以来，尤其是70年代以后，环境一词的使用频率越来越高，其含义和内容及其丰富，它随着各种具体状况的差异而不同。如生物生存环境、人类的生活环境和社会环境、自然界的水环境、生态环境，以及对环境产生负面影响的环境污染、环境破坏等。从哲学上来讲，环境是一个相对于主体的客体，它与其主体之间相互依存；它的内容又随着主体的不同而不同。在不同的学科中，对环境一词的科学定义是不同的；而在不同的研究领域，对于环境范畴的划分是有差异的。

1989年12月26日公布的《中华人民共和国环境保护法》中对环境的内涵规定为："本法所称环境，是指影响人类生存和发展的各种天然的和经过人工改造的自然因素的总体，包括大气、水、海洋、土地、矿藏、森林、草原、野生动物、自然遗迹、人文遗迹、自然保护区、风景名胜区、城市和乡村等"。在这里，"自然因素的总体"有两个约束条件：一是包括了各种天然的和经过人工改造的；二是并不泛指人类周围的所有自然因素，如整个太阳系、银河系等，而是指对人类的生存和发展有明显影响的自然因素的总体。环境是由各种要素构成的综合体，对于人类社会的生存和发展而言，环境包括自然环境和人工环境。前者可以概括为生物圈、大气圈、水圈和岩石圈及其运动的影响，后者指人类自身活动所形成的物质、能量、精神文明、各种社会关系及其产生的作用。环境的组成如图8-1。

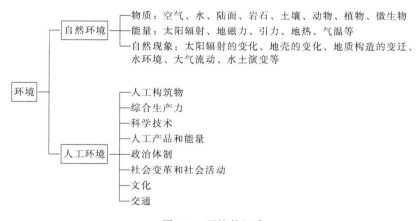

图 8-1　环境的组成

环境科学是一门新兴、边缘、综合性的学科。它是以人类为主体，研究人类生存、繁衍与所需有关条件之间相互关系的科学，是在解决不同环境问题的社会需要的推动下形成和迅速发展起来的。环境科学既是一个交叉学科又是一个边缘学科，内容广泛，综合性极强。它从自然科学、社会科学和技术科学等各个领域对环境问题进行研究，综合出一些概念、原理、规律以及相应的措施和方法，用以指导人类活动，保护环境质量。可以讲环境科学是一门还处于初生阶段、尚未成型的边缘学科。

在现阶段，环境科学主要是运用自然科学和社会科学的有关学科的理论、技术和方法来研究环境问题，从而形成与其有关的学科相互渗透、交叉的许多分支学科。

属于自然科学方面的有：环境工程、环境化学、环境物理、环境生物、环境地球、环境岩土、环境水利、环境医学、环境系统工程等。

属于社会科学方面的有：环境社会学、环境经济学、环境法学、环境管理、环境美学等。

因此，环境科学研究的目的就是保护和改善生活环境与生态环境，防治污染和其他公害，保障人们的健康，促进社会的可持续发展。

8.1.2 环境污染与环境问题

人类是环境的产物，又是环境的改造者。人类社会发展到今天，创造了前所未有的文明，但同时又带来了一系列环境问题。环境问题是指由于自然或人为活动使得全球环境或区域环境的环境质量发生变化，从而出现的不利于人类生存和发展的现象。

"环境污染"是指由于人为的或自然的因素，使环境的化学组成和物理状态发生了变化，导致环境质量恶化，从而扰乱或破坏了原有的生态系统或人们正常的生产和生活条件的现象。"环境污染"又称为"公害"。

（1）环境问题及其分类

按照形成环境问题的根源，可将环境问题分为两类：由自然力引起的环境问题称为原生环境问题，又称为第一环境问题。它主要是指地震、洪涝、干旱、滑坡、流行病等自然灾害问题；由人类活动引起的环境问题为次生环境问题，也称为第二类环境问题。后者是人类当前面临的世界性问题。

环境问题又可分为环境污染和生态环境破坏两类。"生态环境破坏"主要指人类活动直接作用于自然界引起的生态退化及由此而衍生的环境效应。如因乱砍滥伐引起的森林植被的破坏；过度放牧引起的草原退化，因大面积开垦草原引起的沙漠化；因毁林开荒造成的水土流失；滥采滥捕使珍稀物种灭绝，危及地球物种多样性等。

应该注意的是，原生和次生环境问题，往往难以截然分开，它们常常相互影响、相互作用。

（2）环境问题的产生与发展

环境问题是随着人类社会和经济的发展而发展的。环境问题的历史发展大致可以分为三个阶段。

① 生态环境早期破坏阶段，此阶段从人类出现以后直至产业革命的漫长时期，又称为早期环境问题。

② 近代城市环境问题阶段，此阶段从工业革命开始到 20 世纪 80 年代发现南极上空的臭氧空洞为止。工业革命是世界史上一个新时期的起点，此后的环境问题也开始出现新的特点并日益复杂化和全球化。

③ 全球性环境问题阶段，此阶段始于 1984 年由英国科学家发现在南极上空出现的"臭氧空洞"，形成了第二次世界环境问题的高潮。这一阶段环境问题的核心，是与人类生存息息相关的"全球变暖"、"臭氧层破坏"和"酸雨"等全球性的环境问题，引起了世界各国政府和全人类的高度重视。

（3）当前世界面临的主要环境问题

当前出现的环境问题，污染源和破坏源众多，既来自人类经济活动，又来自人类日常活动；既来自发达国家，也来自发展中国家。解决这些环境问题只靠一国的努力很难奏效，需要众多的国家，甚至全球的共同努力才行，这就极大地增加了解决问题的难度。

到目前为止，已经威胁人类生存并已被人类认识到的全球性环境问题主要有：人口增长、全球变暖、臭氧层破坏、酸雨、淡水资源危机、能源短缺、森林资源锐减、土地荒漠化、生物物种消失、生物多样性危机、垃圾成灾、有毒害化学品污染等众多方面。

（4）我国现阶段存在的环境问题

中华民族是有着悠久历史文化的"四大"文明古国之一，在古代文明史上长期处于世界的前列。在开发和利用自然资源和自然环境的过程中，逐步形成了一些环境保护的意识，如在《周礼》、《左传》、《孟子》、《韩非子》、《史记》等书中均有记载和反映。

中国环境保护事业的发展，可以说是中国环境政策演变深化的历史。近年来，经过全社会的共同努力，在经济快速增长的情况下，全国的环境质量总体上稳定，涌现出一批环境保护和可持续发展的典型示范。生态保护和建设得到了加强，环境执法力度不断加大，环保投入逐步增加，全社会的环境意识明显增强。但是从近年来的环境状况公报看到，我国面临的环境问题形势依然十分严峻。我国环境问题的特点是：发达国家上百年工业化过程中分阶段出现的环境问题，在我国快速发展的 20 多年里集中出现，呈现结构型、复合型、压缩型特点。污染物排放总量大，工业污染物排放日趋复杂，农业面源污染和生活污染比重上升，持久性有机污染物增加，环境污染突发事故增多，环境隐患增加，生态系统功能失衡。环境问题已制约了我国的经济发展，威胁着人们的健康，甚至影响到了社会的稳定，已到了非解决不可的时候。

8.2　石化、环境与可持续发展

8.2.1　环境保护与可持续发展

"可持续发展"（Sustainable development）是 1987 年联合国世界环境与发展委员会（WCED）发表"我们共同的未来"报告中首先诠释的观念，定义为能满足当代的需要，同时不损及未来世代满足其需要之发展。该观念不仅在世界各国引发了广泛的影响，同时也成为全世界最重要的思潮之一。

走可持续发展之路，是针对遍布全球且愈演愈烈的环境问题，人类在采取了各种科学技术手段也未能根本解决环境问题的情况下，对人类自古几千年以来，特别是工业革命以来走过的发展道路，进行反思所得出的结论。《寂静的春天》、《人类环境宣言》、《里约宣言》、《21 世纪议程》、《我们共同的未来》、《增长的极限》等，都是人类反思的里程碑。

联合国环境规划署 1989 年 5 月通过的《关于可持续发展的声明》中指出："可持续发展意味着维护、合理使用并且提高自然资源基础，意味着在发展计划和政策中纳入对环境的关注和考虑"。这就明确提出了可持续发展和环境保护的关系。可持续发展源于环境保护，而且，搞好环境保护又是实施可持续发展的关键，两者是密不可分的。因为，要实现可持续发展必须维护和改善人类赖以生存和发展的自然环境。同时，环境保护也离不开可持续发展，

因为环境问题产生于经济发展过程之中，而要解决环境问题需要经济发展提供足够的资金和技术保证。

中国政府高度重视可持续发展和环境保护问题，但我国工业总体技术水平低，物料消耗高，流失大，加上经济的高速增长，给环境造成越来越大的压力，而工业布局不合理又加剧了环境污染的危害，结构性污染问题的突出，加剧了环境保护的难度。而且我国又不具备发达国家所拥有的技术和经济优势，环境投入有限，治理技术也比较落后。为解决这些难题，唯一的出路就是实施可持续发展战略，在经济发展中抓好环境保护。如：合理配置资源，提高资源利用率，改变过去高投入、高消耗的传统作法，要依靠科技管理和科技贡献率，提高投入产出比例；建立以源头控制为主的全过程污染控制的机制，并不断增加环保投入，以有效控制环境污染和生态破坏的趋势，逐步实现环境与经济协调发展。

（1）实施可持续发展的经济手段

利用经济手段实施可持续发展，就是要按照环境资源有偿使用原则，通过市场机制，将环境成本纳入经济分析和决策过程，促使污染、破坏环境资源者，从全局利益出发，选择更有利于环境的生产经营方式。实施可持续发展的经济手段主要有以下几种。

① 征收环境费制度

环境费是根据环境资源有偿使用原则，由国家向开发利用环境资源的单位或个人，依照其开发、利用量以及供求关系，收取相当于其全部或部分价值的货币补偿。它分为两种：开发利用自然资源的资源补偿费和向环境中排放污染物，利用环境纳污能力的排污费。这两种形式的环境费在中国均已确立，但仍需进一步完善。

② 环境税收制度

环境税是国家为了保护环境与资源，对一切开发、利用环境资源的单位和个人，按其开发利用自然资源的程度，或污染破坏环境资源的程度征收的一种税种。它主要有两种形式：开发利用自然资源行为税和有污染的产品税。环境税的主要功能在于调节人们开发、利用、破坏或污染环境资源的程度，而不是为国家聚敛财富。目前，我国环境税基本上还是空白。

③ 财政刺激制度

财政补贴对环境资源的影响很大。不适当的政策性补贴会加重环境资源的污染与破坏，而背离可持续发展目标。但向采取污染防治措施推广环境无害化技术的企业赠款或贴息贷款，则有利于保护生态环境，而促进可持续发展。

④ 排污权交易

环境纳污能力作为一种十分稀缺的特殊自然资源和商品是国家的宝贵财富。在实行总量控制的前提下，政府通过发放可交易的排污许可证，将一定量的排污指标卖给污染者，实质上出卖的是环境的纳污能力。这种环境资源的商品化，可促使污染者加强生产管理，并积极利用清洁生产技术，以降低资源的消耗量，减少排污量，从而可促进可持续发展。

构筑可持续发展的经济手段还有押金制、执行鼓励金和环境损害责任保险等，这些制度在环保水平较高、市场功能较完善的发达国家运用得较多，而在我国正处在建立和完善之中。

（2）可持续发展的度量和指标体系

随着人们对可持续发展的日益关注，如何度量可持续发展，即一个国家或地区的发展是否是可持续发展，可持续发展的状态和可持续发展的程度如何，便成为国际组织和学术团体关注的问题。

① 可持续发展的度量原则

可持续发展的度量包括指标的筛选、构造、评价标准的制定及评价过程等。因各国、各地区具体情况不同，其标准会有差异，但主要应从人类社会整体的发展（包括现在和未来）和人类个体的发展两方面去考虑，而且在度量时应遵守一些共同的原则。共同的原则主要有：可持续发展目标原则、系统相关原则、区域性原则、设定适当时间尺度原则等。

② 可持续发展的指标体系

该指标体系应该有描述和表征某一时刻发展的各个方面的现状、变化趋势和各方面协调程度的功能。指标体系包括描述性指标和评价性指标两大类。

在制定指标体系时应遵循一些基本的原则。主要包括：层次性原则、相关性原则、区域性原则、不断改进的原则、预防原则、可操作性原则等。

人类为了自身的发展，不断从环境中获得能源和资源，通过生产和消费向环境排放废物，从而改变资源的存量和环境的质量；同时，资源及环境各要素的变化（环境状态）又反过来作用于人类系统，影响人类的发展。如此循环反复构成了人类的社会经济系统与环境之间的压力-状态-响应关系。可持续发展指标体系就包括这三大类描述性指标，即压力、状态和响应指标。准确地说，三类指标反映的内容如下：状态指标是衡量由于人类行为而导致的环境质量或环境状态的变化；压力指标是表明产生环境问题的原因；响应指标是显示社会和所建立起来的制度机制为减轻环境污染和资源破坏所做的努力。这些指标都属于描述性指标，要想使这些指标能够评价可持续发展的状态和程度，还要另一类指标，即评价性指标。

评价性指标是用以反映三类描述性指标的相互作用关系及不同的指标数值对于可持续发展的意义。就目前而言，概括起来可以用以下几个评价性指标来衡量发展的可持续性。一方面考察污染物排放和废物排放是否超过了环境的承载能力；另一方面看对可更新资源的利用是否超过了它的再生速率，对不可再生资源的利用是否超过了其他资本形式对它的替代速率；最后要看可持续收入是否增加。

8.2.2 可持续发展的内涵

人和环境的世界，从相互联系的大系统可概括成三个生产圈，即物质生产圈、人的生产圈和环境生产圈。物质生产圈给人的生产圈提供物质需求的消费产品，向环境生产圈排放生产过程中产生的污染物，从而污染了环境。人的生产圈向物质的生产圈提供人和技术资源，向环境生产圈排放消费过程中的污染物而污染了环境。环境生产圈依靠自身的净化能力和生产能力向物质生产圈提供资源和生产环境，向人的生产圈提供人类文明所需的生存条件或环境。三个生产圈有其相互影响、相互制约的内在联系，而可持续发展正是三个生产圈良性循环的运行模式。

可持续发展思想认为，发展与环境是一个有机整体。《里约宣言》强调："为实现可持续发展，环境保护工作应当是发展进程的一个整体组成部分，不能脱离这一进程来考虑。"。可持续发展理论大体上包括：发展是可持续发展的前提，全人类的共同努力是实现可持续发展的关键，公平性是实现可持续发展的尺度，社会的广泛参与是可持续发展实现的保障，生态文明是实现可持续发展的目标，可持续发展的实施以适宜的政策和法律体系为条件等。

可持续发展战略总的要求是：a. 人类以人与自然相和谐的方式去生活和生产；b. 把环境与发展作为一个相容整体出发，制定社会、经济可持续发展的政策；c. 发展科学技术、改革生产方式和能源结构；d. 以不损害环境为前提，控制适度的消费规模和工业发展的生产规模；e. 从环境与发展相容性出发，确定其管理目标的优先次序；f. 加强和发展资源保护的管理；g. 大力提倡发展绿色文明和生态文化。

8.2.3 中国的可持续发展战略

从 1989 年起，中国积极参与联合国环境与发展大会（UNCED）的各项工作，同时国家计划委员会（STC）、国际科技委员会（SSTC）、国家环保总局（NEPA）等部门也及时把国外的有关环境与发展的新思路、新战略引进国内，如"持续发展"、"综合决策"等。

自 1992 年联合国环境与发展大会以来，实现全球可持续发展已形成国际共识，中国政府高度重视联合国环境与发展大会的决定，决心履行国际义务，使正在迅速发展的我国经济和社会走上持续发展的道路，并作出了积极的响应。中共中央、国务院及时批准发表了《中国环境与发展十大对策》，非常明确地提出了要在中国"实施持续发展战略"。《中国环境与发展十大对策》第一条即是"实行（可）持续发展战略"。

1994 年 3 月，《中国 21 世纪议程》公布，这是全球第一部国家级的《21 世纪议程》，把可持续发展原则贯穿到各个方案领域。《中国 21 世纪议程》阐明了中国可持续发展的战略和对策，它已成为了我国制定国民经济和社会发展中长期计划的指导性文件。

1996 年，全国人民代表大会通过了 2000 年与 2010 年的环境保护目标；同年，国务院发布了《关于环境保护若干问题的决定》。

1998 年，新的国家环境保护总局（SEPA）成立，级别提高为正部级，职能明显加强。

2008 年 3 月，在召开的全国人大十一届一次会议上决定组建中华人民共和国环境保护部。环境保护部的成立，将认真贯彻党中央、国务院的工作部署，以影响可持续发展和群众健康的环境问题为重点，加快推进环保工作历史性的转变。进一步加大环境政策、规划和重大问题的统筹协调力度。

2008 年 4 月，环境保护部发布了《国家环境监管能力建设"十一五"规划》。《规划》以建设先进的环境监测预警体系和完备的环境执法监督体系为重点，统筹环境监测、环境监察、核与辐射、环境科研、环境信息与统计、环境宣教等各个领域。《规划》确定的 13 项建设任务包括：完善环境质量监测网络、加强污染源监督性监测能力、提高应急监测能力、加强核与辐射环境监测能力、推进环境监察机构标准化建设、建设国控重点污染源自动监控系统、提高核与辐射监管水平、加强固体废物监管能力、提高自然保护区管护能力、改善国家级环保机构基础设施和基本工作条件、整合建设重大科研平台、推进环境宣教机构标准化建设、加快环境信息与统计能力建设。《规划》是我国环境保护史上第一个自身建设规划，《规划》实施后，全国环境监管能力将得到显著提升，向建设具有我国特色的现代化、标准化、信息化的环境监管体系迈出了重要一步，为建立科学、完整、统一、国际一流的污染减排统计、监测和考核体系奠定坚实的基础，为实现污染减排目标提供强大的能力保障。

（1）关于可持续发展的几项重大研究

联合国环境与发展大会以后，中国为履行大会提出的任务，在世界银行和联合国开发署的支持下，近年来先后完成了多项环境保护与可持续发展的重大研究、决定和计划。主要内容见表 8-1。

（2）中国可持续发展战略的实验基地——社会发展综合实验区

因为一个区域的发展问题是全球发展问题的缩影，而实现区域的持续发展是迈向全球持续发展的关键一步。因此我国从 1992 年开始，由国家科委、国家计委等 23 个部委和各方面专家的共同组织和推动，开展了社会发展综合实验区工作，探索依靠科技进步促进区域社会

表 8-1　近年来有关中国环境保护与可持续发展的重大研究、决定和计划

序号	名　　称	批准机关及日期	主　要　内　容
1	中国环境与发展十大对策	中共中央、国务院 1992 年 8 月	指导中国环境与发展的纲领性文件
2	中国环境保护战略	国家环保总局、国家计委 1992 年	关于环境保护战略的政策性文件
3	中国逐步淘汰破坏臭氧层物质的国家方案	国务院 1993 年 1 月	履行《蒙特利尔议定书》的具体方案
4	中国环境保护行动计划（1991~2000 年）	国务院 1993 年 9 月	全国分领域的 10 年环境保护行动计划
5	中国 21 世纪议程	国务院 1994 年 3 月	中国人口、环境与发展的白皮书，国家级的《21 世纪议程》
6	中国生物多样性保护行动计划	国务院 1994 年	履行《生物多样性公约》的行动计划
7	中国城市环境管理研究（污水和垃圾部分）	国家环保总局、建设部 1994 年	围绕城市污水和垃圾的管理研究
8	中国温室气体排放控制问题与对策	国家环保总局、国家计委 1994 年	对中国温室气体排放清单及削减费用的初步分析研究，提出控制对策
9	中国环境保护 21 世纪议程	国家环保总局 1994 年	部门级的《21 世纪议程》
10	中国林业 21 世纪议程	林业部 1995 年	部门级的《21 世纪议程》
11	中国海洋 21 世纪议程	国家海洋局 1996 年 4 月	部门级的《21 世纪议程》
12	国务院关于环境保护若干问题的决定	国务院 1996 年 8 月	国务院的法规性文件，共 10 个方面，有明确的目标和措施
13	国家环境保护"九五"计划和 2010 年远景目标	国务院 1996 年 9 月	指导今后 5 年和 15 年的环境保护工作的纲领性文件
14	中国跨世纪绿色工程规划（第一期）	国务院 1996 年 9 月	国家环保"九五"计划的具体化，有项目、有重点、有措施
15	全国主要污染物排放总量控制计划	国务院 1996 年 9 月	"九五"期间削减污染排放的国家计划
16	中国生物多样性国情研究报告	国务院 1997 年 7 月	包括现状、威胁、保护工作、经济价值评估、资金需求等
17	酸雨控制区和二氧化硫污染控制区划分方案	国务院 1998 年 1 月	两区内二氧化硫达标排放，实行排放总量控制
18	全国生态建设规划	国务院 1998 年	国土资源、森林、水利等建设规划
19	全国生态环境保护刚要	环境环保总局 1998 年	保护生态环境的目标任务和措施
20	国家重大环境问题对策与关键支撑技术研究	环境环保总局 2005 年	生物多样性保护与生物安全管理技术研究
21	国家环境监管能力建设"十一五"规划	环境环保部 2008 年 3 月	以建设先进的环境监测预警体系和完备的环境执法监督体系为重点
22	国家环境信息化 2008~2015 年总体发展规划	环境环保部 2008 年 5 月	以环境信息化建设基础、各核心业务信息化建设现状以及未来需求

发展的新途径。到 1995 年全国已有近 60 个省、市级实验区，其中 15 个已被批准为国家级实验区。如江苏省常州市、合肥市郊区和东莞市清溪镇等，并将这一工作列入了《中国 21 世纪议程》优选项目中。实验区的实质就是协调人的社会经济活动与自然生态过程的关系，使之达到资源适度合理利用，环境受到保护，经济稳步增长的良性循环。

8.2.4 石油炼制的污染

石油产量的不断增长，以石油及其加工产品为基本原料的石油化学工业的高速发展，给人类带来丰富的物质基础。但同时也产生了大量的废弃物，使环境遭到严重的破坏，危及人类的健康。其主要污染表现在如下几个方面。

① 炼油工业是耗能大户，每年耗能用大量化工原料，向大气排放了大量的温室气体，如：H_2O、CO_2、NO_2 等都是温室气体，其中重要的是 CO_2 和 CH_4，其直接后果是造成全球气候变暖。

② 炼油厂烟气排放出来的 SO_2 和 NO_x 是形成酸雨的重要污染源之一，可以直接损失人体的呼吸系统早为人知。近年来一些研究还表明大气污染与心脏病和癌症等恶性疾病的发病率关系密切。在大气污染严重时还容易爆发流行性疾病。

③ 炼油厂生产和检修过程中以及油品储存、运输、销售过程中散发到大气中的有机挥发物（VOCs）是产生光化学烟雾的重要原因。

④ 炼油企业耗用大量新鲜水，同时排出大量废水，使水资源受到严重污染。例如：原中国石化总公司系统 1997 年炼油行业平均加工每吨原油消耗新鲜水 3.14t，排放废水 2.37t。

⑤ 炼油过程中要使用酸、碱、溶剂、催化剂等多种化学制品，对环境直接造成了污染。例如在炼油过程中，采用 NaOH 溶液吸收 H_2S 气体和洗涤油品。产生大量的炼油废碱液。其中有机硫废碱中含有大量的 RSH、R_2S_2、RSNa 和少量的 NaOH，放出刺激性蒜臭气味。炼制过程中对大气、水域和土壤造成严重污染。

⑥ 炼油生产中会副产一些有害废物，如油罐残渣、各种废催化剂、废白土、酸碱渣等。若对这些废物处理不当，会对土壤、地下水等产生严重二次污染。

炼油工业产生的"三废"，给人类带来了严重的环境问题。炼油工业的清洁生产和环境友好产品的开发，是炼油工业的迫切任务。

8.2.5 石油产业可持续发展战略

我国石化企业 80％地处东部和中部地区，尽管企业在防治环境污染方面取得了一定成绩，但环保形势仍十分严峻。

我国石化行业重点要加速推广绿色化学技术，实现化学工业"粗放型"向"集约型"的转变，把现有化工生产的技术路线从"先污染、后治理"改变为"从源头上根除污染"，从而实现化学与生态协调发展的宗旨。如中石化在环境保护方面实行精细化、标准化管理，对于生产和发展的环保管理和环境监测等工作制定制度，实施专项管理；对重点污染源实施重点整治和监控；重视全过程的污染防治，积极推行清洁生产，制定了"十五"清洁生产工作规划和目标。2001 年与 2000 年相比，外排污水中 COD 下降了 8％，万元产值排放物 COD 下降了 9.5％。

近年来，我国石油化工行业依靠高新技术对传统产业改造，进行了产业的升级，极大地推动了可持续发展经济。"十一五"期间，石化行业促进行业和环境的协调、环境与可持续发展的措施有：技术上开发绿色化学技术；提倡发展循环经济；工艺上实施清洁生产；环境治理研究开发效率高、能耗低、工艺简单、投资少、无污染的新技术。

加强环境保护，促进经济社会与环境协调发展，实现可持续发展才是工业发展的可行之路。总之，在新世纪里，保护人类的生存环境，实施可持续发展战略已成为世界各国"和平与发展"永恒主题的主要内容之一。新的人类文明已经来临，但它的实现需要政府、企业和全社会的共同努力。

8.3 清洁生产

8.3.1 概述

（1）清洁生产的概念

"清洁生产"这一术语虽然直至 1989 年才由联合国环境规划署首次提出，但其概念早在 1974 年便出现在美国著名私人企业 3M 公司提出的"3P（pollution-prevention pays）计划"中，其基本概念可归纳为：污染物质仅是未被利用的原料；"污染物质"加上"创新技术"就可变为"有价值的资源"。

1996 年，UNEP（联合国环境规划署）将清洁生产的概念重新定义为：清洁生产意味着对生产过程、产品和服务持续运用整体预防的环境战略以期增加生态效率并减轻对人类和环境的风险。清洁生产是关于产品生产过程的一种新的、创造性的思维方式。对于生产过程，它意味着充分利用原料和能源，淘汰有毒物料，在各种废物排出前，尽量减少其毒性和数量。对于产品，清洁生产战略旨在减少从原材料选取到产品最终处理的整个生命周期过程对人体健康和环境构成的不利影响。对于服务，则意味着将环境因素纳入设计和所提供的服务中。

根据清洁生产的概念，其基本要素可描述如图 8-2 所示。

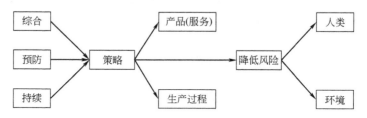

图 8-2 清洁生产战略的基本要素

清洁生产的概念，在不同的地区和国家有不同的提法，比如中国和欧洲的有关国家有时又称为"少废无废工艺"、"无废生产"，日本多称为"无公害工艺"，美国则定义为"污染预防"、"废料最少化"、"削废技术"。此外，目前常常提到的还有"绿色工艺"、"生态工艺"、"环境完美工艺"、"环境友好工艺"、"环境工艺"、"再循环工艺"、"污染消减"、"零排放"等。这些不同的提法实际上描述了清洁生产概念的不同方面。我国过去比较通用的是"无废工艺"。

《中国清洁生产促进法》中关于清洁生产的定义："清洁生产，是指不断采取改进设计、使用清洁的能源和原料、采用先进的工艺技术与设备、改善管理、综合利用等措施，从源头削减污染，提高资源利用效率，减少或者避免生产、服务和产品使用过程中污染物的产生和排放，以减轻或者消除对人类健康和环境的危害。"清洁生产具有广义内涵，不仅适用于工业过程，同样适用于农业、建筑业、服务业等行业。这一定义概述了清洁生产的内涵、主要实施途径和最终目的。

清洁生产的实现手段是新技术、新工艺的采用和先进的管理。清洁生产着眼的不是消除污染引起的后果，而是消除造成污染的根源。清洁生产不仅致力于减少污染，也致力于提高效益；不仅涉及生产领域，也涉及整个的管理活动，从这个意义上讲，清洁生产也可称为清洁管理。因此，对清洁生产的具体是：清洁生产是应用于企业的一种环境策略，不仅是一种技术，更是一种意识或思想；清洁生产要求企业对自然资源和能源的利用要尽量做到合理；清洁生产可使企业获得尽可能大的经济效益、环境效益和社会效益。

（2）清洁生产的目标

清洁生产的基本目标就是提高资源利用效率，减少和避免污染物的产生，保护和改善环境，保障人体健康，促进经济与社会的可持续发展。

从其概念出发，清洁生产是一种预防性方法。它要求合理利用自然资源，减缓资源的耗竭。即通过资源的综合利用、短缺资源的代用、二次能源的利用，以及各种节能、降耗、节水、节能减排措施，在合理利用自然资源，减缓资源的耗竭过程中，都必须考虑预防污染。

清洁生产目标的实现，将体现工业生产的经济效益、社会效益和环境效益的相互统一，保证国民经济、社会和环境的持续发展。

（3）清洁生产的内容

清洁生产主要有以下三个方面的内容。

① 清洁及高效的能源和原材料利用。清洁利用矿物燃料，加速以节能为重点的技术进步和技术改造，提高能源和原材料的利用效率。

② 清洁的生产过程。采用少废、无废的生产工艺技术和高效生产设备；尽量少用、不用有毒有害的原料；减少生产过程中的各种危险因素和有毒有害的中间产品；组织物料的再循环；优化生产组织和实施科学的生产管理；进行必要的污染治理，实现清洁、高效的利用和生产。

③ 清洁的产品。产品应具有合理的使用功能和使用寿命；产品本身及在使用过程中，对人体健康和生态环境不产生或少产生不良影响和危害；产品失去使用功能后，应易于回收、再生和复用等。

清洁生产的最大特点是持续不断地改进。清洁生产是一个相对的、动态的概念，所谓清洁的工艺技术、生产过程和清洁产品是和现有的工艺和产品相比较而言的。推行清洁生产，本身是一个不断完善的过程，随着社会经济发展和科学技术的进步，需要适时地提出新的目标，争取达到更高的水平。

8.3.2 清洁生产的意义及途径

（1）清洁生产的意义

清洁生产是一种全新的发展战略，它借助于各种相关理论和技术，在产品的整个生命周期的各个环节采取"预防"措施，将生产技术、生产过程、经营管理及产品等方面与物流、能量、信息等要素有机结合起来，并优化运行方式，从而实现最小的环境影响、最少的资源能源使用、最佳的管理模式以及最优化的经济增长水平。更重要的是，环境是经济的载体，良好的环境可更好地支撑经济的发展，并为社会经济活动提供所必须的资源和能源，从而实现经济的可持续发展。

① 开展清洁生产是实现可持续发展战略的需要

《21世纪议程》制定了可持续发展的重大行动计划，并将清洁生产看作是实现可持续发展的关键因素，号召工业提高能效，开发更清洁的技术，更新、替代对环境有害的产品和原材料，号召工业提高能效，开发更清洁的技术，更新、替代对环境有害的产品和原材料，实现环境资源的保护和有效管理。清洁生产是可持续发展的最有意义的行动，是工业生产实现可持续发展的必要途径。

② 开展清洁生产是控制环境污染的有效手段

造成全球环境问题的原因是多方面的，其中重要的一条是几十年来以被动反应为主的环境管理体系存在严重缺陷，无论是发达国家还是发展中国家均走着先污染后治理这一人们为之付出沉重代价的道路。清洁生产彻底改变了过去被动的、滞后的污染控制手段，强调在污染产生之前就予以削减，即在产品及其产生过程和服务中减少污染物的产生和对环境的不利影响。这一主动行动，具有效率高、可带来经济效益、容易为组织接受等特点，因而已经成为和必将继续成为控制环境污染的一项有效手段。

③ 开展清洁生产可大大减轻末端治理负担

末端治理作为目前国内外控制污染最重要的手段，对保护环境起到了极为重要的作用。然而，随着工业化发展速度的加快，末端治理这一污染控制模式的种种弊端逐渐显露出来。首先，末端治理设施投资大、运行费用高，造成组织成本上升，经济效益下降；第二，末端治理存在污染物转移等问题，不能彻底解决环境污染；第三、末端治理未涉及资源的有效利用，不能制止自然资源的浪费。据美国环保局统计，1990年美国用于三废处理的费用高达1200亿美元，占GDP的2.8%，成为国家的一个沉重负担。我国"七五"、"八五"期间环保投资（主要是污染治理投资）占GDP的比例分别为0.69%和0.73%，"九五"期间其比例也仅接近1%，目前我国环境污染造成的损失，占每年GDP的5%以上，这使大部分城市和企业承受较大的经济压力。清洁生产从根本上扬弃了末端治理的弊端，它通过生产全过程控制，减少甚至消除污染物的产生和排放。这样，不仅可以减少末端治理设施的建设投资，也减少了其日常运转费用，大大减轻了组织的负担。

④ 开展清洁生产是提高组织市场竞争力的最佳途径

实现经济、社会和环境效益的统一，提高组织的市场竞争力，是组织的根本要求和最终归宿。开展清洁生产的本质在于实行污染预防和全过程控制，它将给组织带来不可估量的经济、社会和环境效益。清洁生产是一个系统工程，一方面它提倡通过工艺改造、设备更新、废物回收利用等途径，实现"节能、降耗、减污、增效"，从而降低生产成本，提高组织的综合效益；另一方面它强调提高组织的管理水平，提高包括管理人员、工程技术人员、操作工人在内的所有员工在经济观念、环境意识、参与管理意识、技术水平、职业道德等方面的素质。同时，清洁生产还可有效改善操作工人的劳动环境和操作条件，减轻生产过程对员工健康的影响，为组织树立良好的社会形象，促使公众对其产品的支持，提高组织的市场竞争力。

（2）清洁生产的途径

从当今的科学研究及技术方面，实现清洁生产的主要途径有：实现资源的综合利用，采用清洁能源；改革工艺和设备，采用高效率的设备和少废、无废的工艺；实现工业自身的物料循环；改进操作，加强管理，提供企业职工的素质；绿色产品体系的建立，如农药产品开发低毒高效产品；采取高效的末端治理技术；组织区域范围内的清洁生产。这些途径可以单独实施，也可以相互组合，具体要根据实际情况来确定。

8.3.3　清洁生产是实现可持续发展的必然选择

（1）解决工业污染问题的方法

人们解决工业污染的方法是随着人类赖以生存和发展的自然环境的日益恶化和人们对工业污染原因及本质问题认识的加深而不断向前发展的。人类对工业污染问题的解决方法大约经历了三个阶段。

第一阶段："先污染，后治理"阶段。早期环境污染问题主要表现为局部的工业污染，"先污染，后治理"的方式极大地阻碍了人类的可持续发展。

第二阶段："末端治理"阶段。20 世纪 60 年代，工业化国家认识到稀释排放造成的危害，纷纷采取"末端治理"技术控制污染。它不能彻底解决环境污染问题。同时"末端治理"技术需要巨大的投资和运营成本，也给社会和企业带来了沉重的负担。

第三阶段："污染预防，全程控制"阶段。进入 20 世纪 70 年代，经济发展加速，环境问题日益严峻。彻底的解决方法必须是"将综合预防的环境策略持续地应用于生产和生活中，以便减少对人类和环境的风险性"，即清洁生产。

（2）清洁生产发展趋势

清洁生产起源于 20 世纪 60 年代美国化工行业的污染预防，"清洁生产"的概念早在 1976 年欧共体在巴黎举行的"无废工艺和无废生产"国际研讨会上就被提出。会议上确定了在生产全过程和工艺改革中减少废弃物产生这一重要观点。1984 年，美国提出了包括能源消减和废物回收利用的"废物最小化"理论，强调了减少废物的产生和回收利用废物。直到 1989 年，在可持续发展的指导下，联合国环境规划署明确提出了清洁生产的概念。清洁生产发展至今，已经不仅仅局限于企业内部生产过程改进，循环经济和生态工业对清洁生产进行了扩展，实现了两次飞跃。把清洁生产从企业内部拓展到企业之间，为清洁生产理念的第一次飞跃。清洁生产又从生产领域拓展到消费领域，强调从产品的生产到消费、到最终的处置全过程——即产品全生命周期的清洁生产，这是清洁生产理念的第二次飞跃。此时，清洁生产是在企业内、企业间和企业社会间三个层面上展开的。这个迟早要发生的变化，为循环经济的发展提供了机会；而清洁生产从工业园区走向社会，则是清洁生产再次飞跃的标志，也是循环经济获得成功的标志。总之，清洁生产、生态工业和循环经济是一组具有内在逻辑关系的理论创新。其中，清洁生产是基础，工业生态学和循环经济是对清洁生产内容的提升和扩展，是实现清洁生产目标的有效方法和途径。

（3）清洁生产是实现可持续发展的保障

实现生态工业和循环经济的前提和基础是清洁生产。清洁生产强调的是源削减，即削减的是废物的产生量，而不是废物的排放量。循环经济"减量、再用、循环"的排列顺序充分体现了清洁生产源削减的精神。即循环经济的第一法则是减少进入生产和消费过程的物质量。对于生产和消费过程而言，不是进入什么东西就再用什么东西，也不是进入多少就再用多少。相反，循环经济遵循清洁生产源削减精神，要求输入这一过程的物质量越少越好。

生态工业也是如此，上游企业不能因为还有下游企业可利用其废物而不必要地多排污。在形成生态工业的"食物链"和"食物网"中首先要减降上游企业的废物、尤其是有害物质，必须在其生产的全过程进行源削减。换言之，系统中的每一环都要进行源削减，做到清洁生产。清洁生产在企业层次上将环境保护延伸到企业的各个领域，生态工业在企业群落层次上将环境保护延伸到企业群落的各个领域，循环经济将环境保护延伸到国民经济的各个领域。所以说，清洁生产是循环经济和生态工业的基础和前提，只有做好清洁生产，才能真正实现可持续发展。

8.4 资源再生与循环经济

8.4.1 基本概念

（1）资源再生

资源再生（Resourcesregeneration）是指生产和消费过程中产生的废物作为资源加以回收利用。再生资源利用是清洁生产的核心内容之一。据美国国会技术评审局的一个报告，再生材料利用具有巨大的节能潜力。2005 年美国部分材料再生利用统计见表 8-2。

表 8-2　2005 年美国部分材料再生利用统计

项　　目	原生/(GJ/t)	再生/(GJ/t)	节能率/%
铝	242～277	9.9～18.9	92～96
钢	18.1	7.6	58
玻璃	17.8	12.3	31
新闻纸	51.6	40.4	22
印染纸	78.8	50.5	36
印相纸	79.7	34.3	57
塑料			92～98
溶剂	27.9	4.7	83

注：1GJ＝10^9J。

（2）循环经济

循环经济是对物质闭环流动型经济的简称，是以物质能量梯次和闭路循环使用为特征，在环境方面表现为污染低排放，甚至污染零排放。循环经济是以物质资源节约和循环利用为特征，倡导在经济发展中坚持"低消耗、高利用、再循环"，是可持续发展的新的经济模式。循环经济的三条基本原则是：减量化、再使用和资源化，即 3R（Reduce，Reuse 和 Recycle）原则。所谓"减量化"原则，有两个含义：一是指在生产过程中减少污染排放，实行清洁生产；二是指减少生产过程中的能源和原材料消耗，也包括产品的包装简化和产品功能的扩大，以达到减少废弃物排放的目的。所谓"再利用"原则，要求产品在完成其使用功能后尽可能重新变成可以重复利用的资源而不是有害的垃圾。所谓"资源化"原则，要求产品和包装器具能够以初始的形式被多次和反复使用，而不是一次性消费，使用完毕就丢弃。同时要求系列产品和相关产品零部件及包装物兼容配套，产品更新换代零部件及包装物不淘汰，可为新一代产品和相关产品再次使用。其中减量化原则具有循环经济第一法则的意义。循环经济本质上是一种生态经济，是可持续发展的经济形式，它具有三个重要的优势：一是提高资源和能源的利用效率，最大限度地减少废弃物排放，保护生态环境；二是实现经济、社会和环境的"共赢"发展；三是将生产和消费纳入一个有机的持续发展的框架中。

8.4.2 循环经济发展的历史过程

循环经济观正成为世界各国特别是发达国家的一股潮流和趋势。然而其发展都经历了从人类的环境危机到联合国通过的《21世纪议程》的行动计划、从末端治理到清洁生产、从清洁生产到现在的循环经济这样一个漫长的历史进程。

（1）人类的环境危机

在人类活动中生产是与环境发生作用最频繁、最密切的部分。环境问题贯穿于人类发展的整个阶段。在不同的历史阶段，由于生产方式和生产力水平的差异，环境问题的类型、影响范围和程度也不尽一致，可大致分为三个阶段：自人类出现直至工业革命为止，是早期环境问题阶段；从工业革命到1984年发现南极臭氧空洞为止，是近现代环境问题阶段；从1984年至今为当代环境问题阶段。18世纪兴起的工业革命，既给人类带来希望和欣喜，也埋下了人类生存和发展的潜在威胁。西方国家首先步入工业化进程，最早享受到工业化带来的繁荣，也最早品尝到工业化带来的苦果。20世纪50年代开始，"环境公害事件"层出不穷，导致成千上万人生命受到威胁，甚至有不少人丧生。当前世界环境问题主要包括气候变化、臭氧层破坏、森林破坏与生物多样性减少、大气及酸雨污染、土地荒漠化、国际水域与海洋污染、有毒化学品污染和有害废物越境转移等。

（2）从末端治理到清洁生产

由于工业活动是造成污染问题的主要根源，因此，自工业化革命以来的环境治理主要集中在工业环境治理。然而长期以来人们采用的是"先污染、后治理"的办法即"末端治理"。这种污染治理的模式导致环境污染日趋严重、资源日趋短缺的局面。联合国在1989年提出清洁生产的概念，清洁生产既是一种战略，体现于宏观层次的总体污染预防，又可以从微观上体现于企业采取的预防污染措施。

（3）从清洁生产到循环经济

虽然清洁生产具有多方面的优势，然而废物资源化、循环利用在清洁生产中还无法很好地应用。为此，生态学家、环境学家和产业界都在不断扩展和深化清洁生产的概念和内容，一种系统化和一体化的新的环境管理理念应运而生，这就是自20世纪90年代以来逐渐发展起来的新兴交叉学科—工业生态学，这就是循环经济的本质，即以工业生态形式出现的循环经济。循环经济将清洁生产、资源综合利用、生态设计和可持续消费融为一体，其核心是运用生态学规律把经济活动重组成一个"资源—产品—再生资源"的反馈式流程和低开采、高利用的低排放的循环利用模式，使经济系统和谐地纳入自然生态系统的物质循环过程中，最大限度地提高资源与能源利用率。从而实现经济活动的生态化，实现经济利益和环境利益的双赢，可从根本上消解长期以来环境与发展之间的尖锐冲突。

8.4.3　国外实行循环经济的实践和经验

经过十多年的发展，目前循环经济已经广泛应用，不仅发达国家开展了相关的研究和实践活动，而且在发展中国家迅速得到推广。

英国是立法促进循环经济发展。它是世界上最早实施清洁生产立法的国家之一。早在1875年，就制定了清洁生产、环境保护相关的《公共健康法》，1972年制定了世界上第一部控制危险废物的法律《有毒废物处置法》，随后又制定了《环境保护法》、《废弃物管理法》、《污染预防法》等一系列法律，以促进经济社会结构循环式发展。为使这些法律得以顺利实施，英国采取了一系列具体措施，其核心是实施废弃物循环综合利用。这些措施包括：一是增加对废弃物产生及运输的严格控制，创立新的废弃物管理系统；二是采取经济手段，鼓励清洁生产，限制排放污染物；三是设立专门执法机构，使立法与执法分立。

德国采取严格的立法手段加强废弃物的管理和再利用，德国法律明确规定，自 1995 年 7 月 1 日起，玻璃、马口铁、铝、纸板和塑料等包装材料回收率必须达到 80%。在德国的影响下，欧盟和北美国家相继制定旨在鼓励二手副产品回收、绿色包装等法律，同时规定了包装废弃物的回收、复用或再生的具体法律规定，要求在 2003 年应有 85% 的包装废弃物得到循环使用，奥地利的法规要求对 80% 的回收包装材料进行再利用。

美国是以生态工业带动循环生产。生态工业园区是工业生态学的实践，工业生态是指依照自然界生态过程的物质循环方式来规划工业生产系统的一种工业模式。早在 20 世纪 90 年代，生态工业园已作为一个新兴的工业生产理念在美国引起了政府、科研机构及工商企业的高度重视，美国政府在"总统可持续发展委员会"下面设立了"生态工业园特别工作组"，并指定 4 个社区作为生态工业园区的示范点，目前全美已建有 20 多个生态工业园区。

日本循环经济的特点是资源再生形成产业。近年来，日本各类资源再利用的工厂遍地开花，而且已经发展成为新的产业，其产业规模正发展到近 100 亿美元。专家估计，10 年后，包括资源再利用产业在内的环保产业，总规模可达 1000 亿美元。在日本已公布了《推进建立循环型社会基本法》、《有效利用资源促进法》、《家用电器再利用法》、《汽车再利用法》等。这些法律强制性地要求企业必须回收和再利用所生产产品，否则将追究其责任，甚至被处罚。在法律的约束下，企业不得不主动上门回收产品，进行再利用。同时，日本政府在资金方面给予优惠，扶植刚刚起步的资源再利用产业，如提供 40%～70% 的补贴，给予特别退税的优惠等。在发达国家中，日本是循环经济立法最全面的国家，其所有相关的法律精神，集中体现为"三个要素、一个目标"，即资源再利用，旧物品再利用，减少废弃物，最终实现"资源循环型"的社会目标。

纵观世界各国发展循环的理论与实践，他们理念先进，措施具体，效果明显，有很多值得我们借鉴的经验。首先是完备的立法和严格的执法，这是推动循环发展的根本保障。其次必要的经济支持、经济激励措施特别是政府的调节措施，这是推动循环经济发展的必要条件。第三建立生产工业园区，发展生态产业链是推动循环经济发展的典型示范。第四以政府绿色采购来启动和引导市场需求是推动循环经济发展的有效手段。此外，依靠科技进步，构建技术支撑体系，充分发挥公众和中介组织的作用，也是推动循环经济可采取的重要措施。

随着可持续发展战略的普遍倡导、采纳，发达国家正在把发展循环经济，建立循环型社会，作为实现环境与经济协调发展的重要途径。

8.4.4　发展我国的循环经济势在必行

"九五"期间，结合经济结构调整和扩大内需，我国加大了污染防治和生态保护力度，累计完成环保投资 3600 亿元，比"八五"时期增加 2300 亿元，"九五"环保工作的主要目标基本实现，我国生态经济获得了长足发展。但是，我国人口众多，资源相对贫乏，生态环境脆弱。在资源存量和环境承载这两个方面都经不起传统经济形式下高强度的资源消耗和环境污染。如果继续走传统经济发展之路，沿用"三高"（高消耗、高能耗、高污染）粗放型模式，以末端治理为环境保护的主要手段，那么只能延缓我国现代化速度。从长远角度来看，良性循环的社会，应从发展初始阶段开始就实行资源的最大化利用和循环经济，才会得到更快的发展而不会走弯路。我国消费体系仍在形成阶段，建立一个资源环境低负荷的社会消费体系，走循环经济之路，已成为我国社会经济发展模式的必然选择。

现阶段，我国循环经济的进展，更多地还停留在概念层次上。发展我国的循环经济，需要政府、企业界、科学界以及公众的共同努力，通过建章立制，推行绿色管理，探求绿色技术、开发绿色产品等措施来推动。结合我国产业实际，建立绿色产业园区体系，推行产业园区的清洁生产，把清洁生产由目前单个企业延伸到工业园区，建立一批生态工业示范园区，真正在绿色生产、绿色需求和绿色消费的产业链中，推动循环经济的发展。

随着未来工业化、城市化的快速发展以及人口的不断增长，也必然要求我国选择建立循环经济。正确的选择应该是，利用高新技术和绿色技术改造传统经济，大力发展循环经济和新能源，使我国经济和社会真正走上可持续发展的道路。

8.4.5 石化行业发展循环经济的意义

（1）我国在可持续发展中存在的主要矛盾

影响我国可持续发展存在的主要矛盾如下。

① 资源短缺，消耗过高。

② 能源供应紧张，利用率低。

③ 环境污染，生态破坏。主要表现在：一是水的污染；二是耕地减少；三是大气污染；四是固体废弃物的露天堆放，造成空气和水源的二次污染；五是矿产资源无序开采；六是森林破坏，水土流失，土地沙漠化加快。

以上分析表明，我国国内资源能源短缺和生态环境脆弱，过去高速的经济增长，很大程度上依赖于资源的高消耗，导致资源约束矛盾突出，环境污染严重，生态破坏加剧。如果继续沿用粗放性的经济增长方式，资源将难以为继，环境将不堪重负。

（2）石化行业的特点

化学工业在其发展过程中为人类创造丰富多彩物质世界的同时，由于它具有品种多、物耗大、能耗高、污染重的特点，也增加了对资源和环境的压力。

石油和化学工业是主要的高污染产业之一。据统计，2004年石油和化工行业废水、废气、废渣的排放量分别占全国"三废"排放总量的16%、7%、5%，分别位居全国工业行业第一、第四、第五位，其中主要污染物［COD、氨氮化合物、二氧化硫和烟（粉）尘等］居各工业部门前列，对环境造成很大危害。

（3）我国石化行业的现状

① 石化行业对国民经济的作用

改革开放以后，以石油开采和石油加工、农用化工、基础化工原料、橡胶加工等为主体，以及化工科研、教育、设计、地方勘探、安装施工等相配套的生产建设体系，为我国国民经济和社会发展作出了重要贡献。

② 我国石化行业发展面临的压力

目前受国际原油的影响，我国石化行业发展面临的压力愈来愈大，主要表现在：资源短缺，产品结构矛盾突出，资源消耗增长过快，能耗较高，环境污染严重等。

（4）实施循环经济对我国石化行业发展的意义

近几年，我国石化行业科研院所和企事业单位，以提高资源的高效利用和循环利用为核心，积极开展行业循环经济的理论研究和社会实践，取得了显著成绩。如利用磷肥生产过程中产生的废渣磷石膏作为原料生产建筑材料，通过变压吸附技术提纯工业废气中的一氧化碳、氢气、二氧化碳等作为工业用原料气或食品用高纯度气，通过在循环水中深加入阻垢剂、防腐剂、缓释剂等提高水的循环次数和利用率等，这些措施都对节约资源、保护环境起到了很好的作用。这方面各省都有很好的典型。

实践证明，在我国石油化工企业中，实施清洁生产，发展循环经济，既是社会的需要，更是企业生存发展的需要。发展循环经济，不但可以改善生产环境，同时也可以带来社会和经济效益。

党中央、国务院十分重视循环经济的发展，中共中央十六届五中全会根据我国发展所面临的国内外形势，提出了转变发展观念，创新发展模式，提高发展质量，以科学发展观统领经济社会发展全局，把科学发展理念落实到"十一五"规划的各个方面和全过程。同时《中共中央关于制定国民经济和社会发展第十一个五年规划的建设》指出，要贯彻落实科学发展观，必须加快转变经济增长方式，把节约资源作为基本国策，发展循环经济，保护生态环境，加快建设资源节约、环境友好、经济优质、社会和谐的社会。国务院颁布了关于加快发展循环经济的若干意见。

面对日益严峻的资源和环境形势，不改变以追求速度为主的粗放型增长方式，我国石化行业将失去生存条件和竞争能力。积极发展循环经济，实现有效利用资源，提高经济增长质量，保护和改善环境，对于缓解我国石化行业面临的资源和环境约束，加快我国石油化学工业新型工业化进程，保证行业快速、协调、健康发展具有重要意义。

8.5　我国环境保护的政策法规与措施

8.5.1　我国的环境标准体系

我国根据环境标准的适用范围、性质、内容和作用，实行三级五类环境标准体系。三级是国家标准、地方标准和行业标准；五类是环境质量标准、污染物排放标准、方法标准、样品标准和基础标准。

（1）环境标准的分级

国家环境标准由国务院环境保护行政主管部门制定，针对全国范围内的一般环境问题。其控制指标的确定是按全国的平均水平和要求提出的，适用于全国的环境保护工作。

地方环境标准由地方省、自治区、直辖市人民政府制定，适用于本地区的环境保护工作。由于国家标准在环境管理方面起宏观指导作用，不可能充分兼顾各地的环境状况和经济技术条件，因此各地应酌情制定严于国家标准的地方标准，对国家标准中的原则性规定进一步细化和落实。例如，内蒙古自治区人民政府针对包头市氟化物污染严重的问题，制定了《包头地区氟化物大气质量标准》和《包头地区大气氟化物排放标准》；福建省人民政府制定了《制鞋工业大气污染物排放标准》等。这些标准的制定，不仅为地方控制污染物排放直接提供了依据，也为制定国家标准奠定了基础。

国家环保总局从1993年开始制定环境保护行业标准，以便使环境管理工作进一步规范化、标准化。环境保护行业标准主要包括：环境管理工作中执行环保法律、法规和管理制度的技术规定、规范；环境污染治理设施、工程设施的技术性规定；环保监测仪器、设备的质量管理以及环境信息分类与编码等，适用于环境保护行业的管理。目前已发布的环境保护行业标准如《环境影响评价技术导则》和《环境保护档案管理规范》等。

（2）环境标准的分类

① 环境质量标准

环境质量是各类环境标准的核心，环境质量标准是制定各类环境标准的依据，它为环境管理部门提供工作指南和监督依据。环境质量标准对环境中有害物质和因素作出限制性规定，它既规定了环境中各污染因子的容许含量，又规定了自然因素应该具有的不能再下降的指标。我国的环境质量标准按环境要素和污染因素分成大气、水质、土壤、噪声、放射性等各类环境质量标准和污染因素控制标准。国家对环境质量提出了分级、分区和分期实现的目标值。

② 污染物排放标准

污染物排放标准是根据环境质量标准及污染治理技术、经济条件，而对排入环境的有害物质和产生危害的各种因素所作的限制性规定，是对污染源排放进行控制的标准。通常认为，只要严格执行排放标准环境质量就应该达标，事实上由于各地区污染源的数量、种类不同，污染物降解程度及环境自净能力不同，即使排放满足了要求，环境质量也不一定达到要求。为解决此矛盾还制定了污染物的总量指标，将一个地区的污染物排放与环境质量的要求联系起来。

③ 方法标准

方法标准是指为统一环境保护工作中的各项试验、检验、分析、采样、统计、计算和测定方法所作的技术规定。它与环境质量标准和排放标准紧密联系，每一种污染物的测定均需有配套的方法标准，而且必须全国统一才能得出正确的标准数据和测量数值，只有大家处在同一水平上，在进行环境质量评价时才有可比性和实用价值。

④ 环境标准样品

环境标准样品指用以标定仪器、验证测量方法、进行量值传递或质量控制的材料或物质。它可用来评价分析方法，也可评价分析仪器、鉴别灵敏度和应用范围，还可评价分析者的水平，使操作技术规范化。在环境监测站的分析质量控制中，标准样品是分析质量考核中评价实验室各方面水平、进行技术仲裁的依据。

我国标准样品的种类有水质标准样品、气体标准样品、生物标准样品、土壤标准样品、固体标准样品、放射性物质标准样品、有机物标准样品等。

⑤ 环境基础标准

环境基础标准是对环境质量标准和污染物排放标准所涉及的技术术语、符号、代号（含代码）、制图方法及其他通用技术要求所作的技术规定。

目前我国的环境基础标准主要包括管理标准、环境保护名词术语标准、环境保护图形符号标准、环境信息分类和编码标准等。

⑥ 环保仪器、设备标准

为了保证环境污染治理设备的效率和环境监测数据的可靠性和可比性，对环境保护仪器、设备的技术要求所作的统一规定。

（3）环境标准体系

环境标准体系是各个具体的环境标准按其内在联系组成的科学的整体系统。目前我国已建立的环境标准体系统计见表 8-3。

环境标准包括多种内容、多种形式、多种用途的标准，充分反映了环境问题的复杂性和多样性。标准的种类、形式虽多，但都是为了保护环境质量而制定的技术规范，可以形成一个有机的整体。建立科学的环境标准体系，对于更好地发挥各类标准的作用，做好标准的制

表 8-3　环境标准体系统计

级别＼数量＼分类	质量	排放	方法	表样	基础	合计
国标	11	79	231	29	11	361
行标	29					
合计	390					

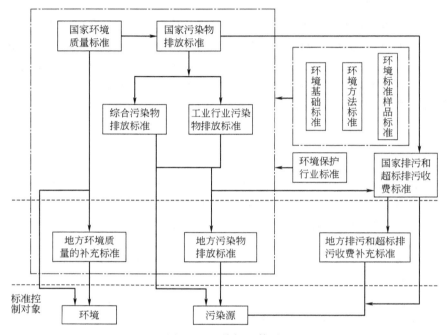

图 8-3　环境标准体系

定和管理工作有着十分重要的意义。我国的环境标准体系可用图 8-3 表示。

8.5.2　环境质量标准

（1）地表水环境质量标准

地表水环境质量标准是指在我国领域内江河、湖泊、渠道、水库等具有使用功能的地表水中污染物或其他物质的最大容许浓度所做的规定。与地表水环境质量相关的有"地下水质量标准"、"生活饮用水卫生标准"、"渔业水质标准"、"海水水质标准"、"工业用水标准"等。

依据地表水水域环境功能和保护目标，按功能高低依次划分为五类。

Ⅰ类主要适用于源头水、国家自然保护区；

Ⅱ类主要适用于集中式生活饮用水地表水源地一级保护区、珍稀水生生物栖息地、鱼虾类产卵场、仔稚幼鱼的索饵场等；

Ⅲ类主要适用于集中式生活饮用水地表水源二级保护区、鱼虾类越冬场、洄游通道、水产养殖区等渔业水域及游泳区；

Ⅳ类主要适用于一般工业用水区及人体非直接接触的娱乐用水区；

Ⅴ类主要适用于农业用水区及一般景观要求水域。

（2）大气环境质量标准

环境空气质量标准是指在一定时期内，对大气环境中在限定时间内各种污染物或其他物质最大容许浓度所做的规定。在环境质量标准相关的有"工业企业设计卫生标准"、"车间空气中有害物质的最大允许浓度"等。

大气环境质量标准分为三级。

一级标准为保护自然生态和人群健康，在长期接触情况下，不发生任何危害影响的空气质量要求。

二级标准为保护人群健康和城市、乡村的动、植物，在长期和短期接触情况下，不发生伤害的空气质量要求。

三级标准为保护人群不发生急、慢性中毒和城市一般动、植物（敏感者除外）正常生长的空气质量要求。

（3）环境噪声标准

环境噪声标准是指对环境中最大的容许噪声级所做的规定。与《城市区域环境噪声标准》相关的有"工业企业厂界噪声标准"、"建筑施工场界噪声限值"、"机场周围飞机噪声环境标准"等。

环境噪声标准分为 5 类。

0 类标准适用于疗养区、高级别墅区、高级宾馆区等特别需要安静的区域。位于城郊和乡村的这一类区域分别按严于 0 类标准 5dB 执行。

1 类标准适用于以居住、文教机关为主的区域。乡村居住环境可参照执行该类标准。2 类标准适用于居住、商业、工业混杂区。

3 类标准适用于工业区。

4 类标准适用于城市中的道路交通干线道路两侧区域，穿越城区的内河航道两侧区域。穿越城区的铁路主、次干线两侧区域的背景噪声（指不通过列车时的噪声水平）限值也执行该类标准。

（4）土壤环境质量标准

对土壤中污染物的最大容许含量所做的规定称为土壤环境质量标准。土壤中富集了水、大气和固体废弃物中的多种污染物。然而因土壤中又有多种微生物，能使污染物分解。另外，土壤中的污染物主要是通过水和食物链进入人体，故土壤质量标准中所列项目多为生物不易降解和危害较大的污染物。

土壤环境质量标准分为三级。

一级标准为保护区域自然生态，维持自然背景的土壤环境质量的限制值。

二级标准为保障农业生产，维护人体健康的土壤限制值。

三级标准为保障农林业生产和植物正常生长的土壤临界值。

（5）生态评价标准

生态评价标准是指对特定区，特别是自然保护区、文物古迹保护区、风景区等区域生态评价系统中的生态评价，实际上是对生态环境的质量的评价，因此归到环境质量标准系列中。生态评价标准除了对水、气、土的质量要求应一般按照已有的水、气、土环境质量标准的一级标准要求外，还应包括物种、生物量（特别是珍惜动植物保护区特有的生物量的要求）、生产量等。

（6）污染物排放标准

污染物排放标准按污染物的形态可分为大气污染物排放标准、水污染物排放标准、固体废弃物排放标准、噪声控制标准等。按范围分，国家排放标准可分为国家综合性排放标准，国家行业性排放标准。按污染物控制指标表示方式可分为浓度指标，总量指标（单位产品排放量或排放速率）

8.5.3　我国环保政策法规

（1）中华人民共和国宪法

我国对环境保护方面所制定的法律性法规主要如下。

中华人民共和国海洋环境保护法（1982年8月）

野生动物保护法（1989年3月1日）

中华人民共和国环境保护法（1989年12月）

中华人民共和国固体废物污染环境防治法（1995年10月）

中华人民共和国环境噪声污染防治法（1996年10月）

中华人民共和国大气污染防治法（2000年4月）

中华人民共和国防沙治沙法（2002年1月1日）

中华人民共和国水法（2002年10月1日）

中华人民共和国草原法（2002年12月28日）

中华人民共和国环境影响评价法（2003年9月1日）

中华人民共和国放射性污染防治法（2003年10月1日）

《全国人民代表大会常务委员会关于修改〈中华人民共和国野生动物保护法〉的决定》（2004年8月28日）

中华人民共和国可再生能源法（2006年1月1日）

中华人民共和国节约能源法（2008年4月1日）

（2）环境保护法规、法规性文件

我国对环境保护方面所制定的法规文件主要如下。

中华人民共和国大气污染防治法实施细则

中华人民共和国水污染防治法实施细则

中华人民共和国防治陆源污染物污染损害海洋环境管理条例

中华人民共和国防治海岸工程建设项目污染损害海洋环境管理条例

中华人民共和国海洋石油勘探开发环境保护管理条例

（3）环境质量标准

我国对环境质量的控制标准主要如下。

地面水环境质量标准（GB 3838—2002）

生活饮用水卫生标准（GB 5749—2006）

环境空气质量标准（GB 3095—1996）

土壤环境质量标准（GB 15618—1995）

城市区域噪声标准（GB 3096—1993）

生活垃圾焚烧污染控制标准（GB 18485—2001）

危险废物焚烧污染控制标准（GB 18484—2001）

大气污染物综合排放标准（GB 16297—1996）

工业企业厂界噪声标准（GB 12348—1990）

建筑施工场界噪声限值（GB 12523—1990）

生活垃圾填埋污染控制标准（GB 16689—1997）

危险废物鉴别标准（GB 5085—1996）

污水综合排放标准（GB 8978—1996）

8. 5. 4 世界环境节日及环境日

（1）世界环境节日

世界湿地日（2月2日）。1971年2月2日，在伊朗的拉姆萨尔签署了一个全球性政府间的湿地保护公约《关于特别是作为水禽栖息地的国际重要湿地公约》（简称《湿地公约》），它是当时针对一种特定生态系统的自然保护全球性公约。1996年10月国际湿地公约常委会决定将每年2月2日定为世界湿地日。

中国植树节（3月12日）。1979年2月17日至23日召开的第5届全国人民代表大会常务委员会第6次会议上，根据国务院的提议，决定每年的3月12日为中国的"植树节"，要求在这一天展开全民植树活动，广泛动员全社会参加林业建设。

保护母亲河日（1月18日）。2002年1月18日，全国保护母亲河行动领导小组在北京召开电视电话会议，确定3月9日为保护母亲河日。

世界水日（3月22日）。"水宣传周"，3月22日至28日，中华人民共和国水利部为主办单位。全国"城市节水宣传周"，5月15日所在的那一周。

世界气象日（3月23日）。1960年6月，世界气象组织（World 或 Meteorological Organization；WMO）决定，以每年的3月23日为"世界气象日"。在这一天要求各成员国以各种方式举行庆祝活动，以使"公众更好地了解到各国气象部门对经济建设各方面作出的卓越贡献，以及世界气象组织活动情况。"

世界地球日（4月22日）。从1979年开始，每年4月22日实际人类对于过分陶醉对自然界胜利的一个反省的纪念日。

世界电信日（5月17日）。电信在保护、改善和提高人类赖以生存的环境质量方面，有着不可替代的重要作用，同时也为公众参与保护环境提供了一个机会。

世界无烟日（5月31日）。1987年11月，在日本东京举行的第6届吸烟与健康的国际会议上，世界卫生组织（World Health Organization；WHO）建议把1988年4月7日，即世界卫生组织成立40周年的纪念日作为第一个世界无烟日（从1989年起往后的世界无烟日改为5月31日）；告诫人们吸烟有害健康；呼吁全世界所有吸烟者在世界无烟日这一天主动停止或放弃吸烟；呼吁烟草推销单位和个人，在这一天自愿停止公开销售活动和各种烟草广告宣传。

世界环境日（6月5日）。从1972年10月开始，第27届联合国大会通过了联合国人类环境会议的建议，规定每年的6月5日为"世界环境日"，用以提醒全世界注意全球环境和人类活动对环境的危害，强调保护和改善人类环境的重要性。

世界防止荒漠化和干旱日（6月17日）。1994年12月，联合国第49届大会通过了115号决议，宣布：从1995年起，每年6月17日为"世界防止荒漠化和干旱日"。呼吁各国政府重视土地沙化这一日益严重的全球性环境问题。

中国土地日（6月25日）。1991年5月24日，中华人民共和国国务院第83次常务会议决定，将每年的6月25日定为中国的"土地日"。在《中华人民共和国土地法》颁布5周年之际（该法于1986年6月25日第6届全国人民代表大会第16次会议通过）确定"土地日"的目的，是告诉人们中国人口多，人均土地少，耕地资源不足的国情，以唤起全民的土地意识。

国际禁毒日（6月26日）。毒品泛滥已是当今世界最严重的问题之一，积极开展国际禁毒斗争，是国际社会刻不容缓的任务。1987年6月，联合国在维也纳召开部长级国际禁毒会议，建议设立国际禁毒日。1988年，第42届联合国大会确定每年6月26日为"国际禁毒日"。

世界人口日（7月11日）。1990年7月11日，是联合国确定并发起举行的第一个"世界人口日"。并将7月11日定为"世界人口日"，同时决定从1990年开始，以后每年的7月11日全世界举行人口活动。中国的12亿人口日是1995年2月15日。

国际保护臭氧层日（9月16日）。1995年1月23日，联合国大会通过决议，确定从1995年开始，每年的9月16日为"国际保护臭氧层日"。国际保护臭氧层日的确立，旨在纪念1987年9月16日签署的《关于消耗臭氧物质的蒙特利尔议定书》。要求所有缔约的国家根据"议定书"及其修正案的目标，采取具体行动纪念这一特殊的日子。

世界旅游日（9月27日）。这是由世界旅游组织（OMT）确定的旅游工作者的节日。从1980年起，有关国家每年都在这一天组织一系列庆祝活动，如发行纪念邮票，举办明信片展览，推出新的旅游路线，开辟新的旅游点。一些饭店和旅游服务设施还将实行减价。

国际保护臭氧层日（9月16日）。1995年1月23日，联合国大会通过协议，确定从1995年开始，每年的9月16日为"国际保护臭氧层日"。旨在纪念1987年9月16日签署的《关于臭氧层物质的蒙特利议定书》。

世界动物日（10月4日）。意大利传教士圣弗朗西斯曾在100多年前倡导在10月4日"向献爱心给人类的动物们致谢"。为了纪念他，人们把10月4日定为"世界动物日"。

国际减灾日（每年10月第2个星期三）。1989年，第44届联合国大会经济及社会理事会上决定每年10月的第2个星期三定为"国际减灾日"，并以不同的主题开展纪念活动。

世界粮食日（10月16日）。1979年11月，第20届联合国粮食及农业组织（Food and Agricultural Organization of the United Nation；FAO）大会决议确定，1981年10月16日是首届世界粮食日，此后每年的这一天都将作为"世界粮食日"，举行有关活动。联合国粮食及农业组织大会决定举办世界粮食日活动的宗旨，在于唤起世界对发展粮食生产的高度重视。1996年世界粮食日的主题是"同饥饿与营养不良作斗争"。

世界生物多样性日（12月29日）。1994年12月19日联合国大会第49/119号决议案宣布12月29日为"国际生物多样性日"。国际生物多样性日的诞生，说明人类已经醒悟到生物多样性是人类赖以生存和发展的基础。

（2）世界环境日及主题

1972年6月5日在瑞典首都斯德哥尔摩召开联合国人类环境会议，提出将每年的6月5日定为"世界环境日"。同年10月，第27届联合国大会通过决议接受了该建议。联合国环境规划署每年6月5日选择一个成员国举行"世界环境日"纪念活动，根据当年的世界主要环境问题及环境热点，有针对性地制定每年的"世界环境日"主题。历年世界环境日主题列于表8-4中。

表 8-4　历年世界环境日主题

序号	时间	中 文 主 题	英 文 主 题
1	1974	只有一个地球	Only one Earth
2	1975	人类居住	Human Settlements
3	1976	水：生命的重要源泉	Water：Vital Resource for Life Ozone Layer Environmental Concern
4	1977	关注臭氧层破坏，水土流失，土壤退化和滥伐森林	Ozone Layer Environment Concern；Lands Loss and Soil Degradation；Firewood
5	1978	没有破坏的发展	Development Without Destruction
6	1979	为了儿童和未来——没有破坏的发展	Only One Future for Our Children-Development Without Destruction
7	1980	新的十年，新的挑战——没有破坏的发展	A New Challenge for the New Decade：Development Without Destruction
8	1981	保护地下水和人类的食物链，防治有毒化学品污染	Ground Water；Toxic Chemicals in Human Food Chains and Environmental Economics
9	1982	纪念斯德哥尔摩人类环境会议十周年——提高环境意识	Ten Years After Stockholm（Renewal of Environmental Concerns）
10	1983	管理和处置有害废弃物，防治酸雨破坏和提高能源利用率	Managing and Disposing Hazardous Waste：Acid Rain and Energy
11	1984	沙漠化	Desertification
12	1985	青年、人口、环境	Youth；Population and the Environment
13	1986	环境与和平	A Tree for Peace
14	1987	环境与居住	Environment and Shelter；More Than A Roof
15	1988	保护环境、持续发展、公众参与	When People Put the Environment First，Development Will Last
16	1989	警惕全球变暖	Global Warming；Global Warning
17	1990	儿童与环境	Children and the Environment
18	1991	气候变化—需要全球合作	Climate Change. Need for Global Partnership
19	1992	只有一个地球——一齐关心，共同分享	Only One Earth，Care and Share
20	1993	贫穷与环境——摆脱恶性循环	Poverty and the Environment-Breaking the Vicious Circle
21	1994	一个地球，一个家庭	One Earth One Family
22	1995	各国人民联合起来，创造更加美好的未来。	We the Peoples；United for the Global Environment
23	1996	我们的地球、居住地、家园。	Our Earth，Our Habitat，Our Home
24	1997	为了地球上的生命	For Life on Earth
25	1998	为了地球上的生命——拯救我们的海洋	For Life on Earth-Save Our Seas
26	1999	拯救地球就是拯救未来！	Our Earth-Our Future-Just Save It！
27	2000	环境千年-行动起来吧！	The Environment Millennium-Time to Act2000！
28	2001	世间万物，生命之网	Connect With the world wide web of life
29	2002	给地球一个机会	Give Earth A Chance
30	2003	水——二十亿人生命之所系	Water-Two billion people are dying for it
31	2004	海洋存亡，匹夫有责	Wanted！Seas and Oceans—Dead or Alive
32	2005	营造绿色城市，呵护地球家园	Green Cities，Plan for the Planet
33	2006	莫使旱地变荒漠	Deserts and Desertification-Don't Desert Drylands！
34	2007	冰川消融,后果堪忧	Melting ice，a hot topic
35	2008	戒除嗜好！面向低碳经济	Kick the Habit！Towards a Low Carbon Economy

8.5.5　石化行业环境保护的措施

我国石油化工行业依靠高新技术改造传统产业，进行产业升级，推动可持续发展经济。"十一五"期间，石化行业可从如下几个方面着手，促进行业和环境的协调和可持续发展。

（1）膜技术的研究应用

膜技术是一种利用分离膜进行物质的分离、净化和浓缩的技术，具有效率高、能耗低、工艺简单、投资少、无污染等特点。目前，膜技术已形成了一个比较完整的边缘学科和新兴产业，正逐步替代一些传统的分离净化工艺。膜技术在石化行业主要应用于膜提浓氢气、剂回收、重油加氢尾气中分离硫化氢、催化裂化气体中分离提浓乙烯和丙烯、空气中分离高纯度氧气、膜萃取等，石化行业还拥有部分技术的专利权。

（2）生物技术的研究应用

生物技术包括基因工程、酶工程、细胞工程、发酵工程和生化工程5个方面。由于环境保护对油品质量的要求越来越高，用传统炼油技术生产清洁燃料的难度越来越大、生产成本越来越高，因此，应用生物技术来降低生产清洁燃料的成本、减少生产过程的污染就成了炼油行业的重点课题。目前，中石化正在生物脱硫、脱氮、脱蜡、脱重金属和生物减黏、生物制氢、生物治理三废等方面开展广泛深入的研究，部分已成功应用于工业化生产，利用生物技术治理高浓度污水在石化行业已经非常成功。

（3）纳米技术的应用

纳米技术在石化工业中的应用主要在润滑油、催化剂和添加剂3个方面。例如，北京时代祝强利科技公司开发的纳米节油晶，加入汽油或柴油中，能使发动机提速快，减少油在汽缸壁的黏附，减少积炭和CO等污染物的生成，平均节油约10%。

（4）石油产品更新换代

为满足日益严格的环境保护标准要求，不断提高产品的竞争力，中石化重点开展了石油产品质量升级和新产品开发工作。1999年12月国家颁布了《车用无铅汽油》（GB 17930—1999）新标准（硫含量不大于0.08%，烯烃含量不大于35%），从2000年7月1日起，中石化在北京、上海、广州三大城市销售的车用无铅汽油已经全面执行该标准。

企业全面执行新的轻柴油国家标准（GB 252—2000），中石化从2000年底开始，针对不同企业的生产装置构成和产品质量水平组织开展了轻柴油产品质量升级工作，从原油资源配置、新装置建设、现有装置挖潜、生产运行调整、加工方案优化、成品调和改进、新技术开发、科技成果应用等多方面做了大量的工作，并取得了较好的成效，保证了轻柴油全部达到了新标准的要求。

（5）逐步淘汰落后产品和生产工艺

石化行业针对那些污染严重、技术落后的产品和生产工艺，近年来分别采取淘汰、削减和限制的措施。对那些没有资源、地域、技术优势，达不到经济规模，污染治理无法达标的企业，坚决实行了"关、停、并、转"的方针。

9 石化生产与安全

9.1 安全科学发展简介

9.1.1 安全科学技术及其发展

（1）安全科学技术的概念

① 安全、安全科学与安全科学技术

安全。安全泛指没有危险、不出事故的状态。安全的英文为"safety"，指健康与平安之意，梵文为"ssarva"，意为无伤害或完整无损。《韦氏大词典》对安全的定义为"没有伤害、损害或危险，不遭受危害或损害的威胁，或免除了危害、伤害或损失的威胁"。

生产过程中的安全，即为安全生产。安全生产完整的定义是对产品（或商品）的制造（含设计）、储运、销售（和）使用中的隐患、风险、事故（和）救援进行评价、分析、预测、预防，达到在生产活动中，能将人员伤亡和/或财产损失的风险控制在可接受的状态。

安全科学。是指从控制风险，使人与物免受外界因素危害的角度出发，在改造客观世界的过程中，对整个客观世界及其规律总结的有关安全的知识体系。

安全科学技术。是依据安全科学理论进行风险预防和处理的技术。安全科学技术不仅能够降低和预防工业风险，也是防范和化解社会经济发展进程中其他风险的有利工具和支撑条件。

② 人类对安全的追求

安全是人类及其群体生存与发展的基本条件和保证。人类对安全的追求经历了三个阶段。

第一阶段：古代的原始阶段

在人类历史的早期，人们对安全的需求只体现为求生、保健的本能。在有了狩猎、畜牧、农耕以及矿冶等生产活动以后，为了防止野兽、环境、生产工具和生产过程的伤害，人们不得不注意自身的保护，研究、掌握一定的安全技术。

第二阶段：近代安全技术阶段

18世纪中叶开始出现的产业革命使人畜动力、手工工具逐渐为机器、电力所替代，出现了机械、电气事故。化学工业的发展，更是带来了一系列化工安全问题。人们在同生产劳动事故灾害斗争中，初步认识了事故规律，在各行业都提出了一些安全技术措施和方法。然而，这时的安全技术还只是表层的、局部的、被动的、感性的安全技术。

第三阶段：安全科学技术阶段

第二次世界大战之后，特别是20世纪60年代后，人类社会进入新技术革命时代，生产规模快速进入大型化、机械化、连续化、自动化，而且更加复杂化，传统的安全经验、技术和方法远不能满足现代科学技术武装的产业生产需要，安全技术向深层次的、整体性的、主动的、理性发展，现代安全科学技术应运而生。

（2）安全科学技术的发展

近百年来，安全科学的发展大致可分为三个阶段。

第一阶段，20世纪初至50年代。在这一阶段，工业发达国家成立了安全专业机构，形成了安全科学研究群体，从事工业生产中的事故预防技术和方法的研究。

第二阶段，20世纪50年代至70年代中期。在这一阶段，发展了系统安全分析方法和安全评价方法，提出了事故致因理论。安全工程学受到广泛重视，在各生产领域中逐渐得到应用和发展。

第三阶段，70年代中期以后。在这一阶段，逐步建立了安全科学的学科体系，发展了本质安全、过程控制、人的行为控制等事故控制理论和方法。

（3）对安全科学发展史上的几大事件

① 1985年德国著名工业安全科学学者库尔曼（Kuhlmann）所著《安全科学导论》的出版，用科学的概念来阐述工业安全问题，这是人类有史以来的第一次。在此之前，1974年美国出版了《安全科学文摘》，1979年英国w.J.哈克顿和G.P.罗滨斯发表了《技术人员的安全科学》，也为安全科学概念的确立提供了重要基础。

② 1990年在德国科隆召开的第一届世界安全科学大会。与以往的劳动安全国际性专业会议不同，这是用科学的概念，第一次站在科学的高度来诠释劳动安全的理论和方法的大会。

③ 1992年在我国颁布的国标GB/T 13745—92《学科分类与代码》（于1993年7月1日实施）中，安全科学技术成为我国58个独立一级学科之一，其学科代码为620。安全科学技术一级学科下设5个二级学科，27个三级学科。

9.1.2 现代安全科学技术体系

国内安全工作者根据钱学森关于"现代科学技术分为四个层次"的概念，提出的安全科学技术的体系结构如图9-1所示。

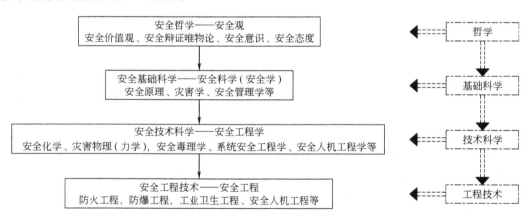

图9-1 安全科学技术的体系结构

9.1.3 安全的认识过程

长期以来，人们一直把安全和危险看作截然不同的、相对立的。系统安全的思想认为，世界上没有绝对安全的事物，任何事物中都包含有不安全的因素，具有一定的危险性。

安全是通过对系统的危险性和允许接受的限度相比较而确定，安全是主观认识对客观存

在的反应，这一过程可用图 9-2 加以
说明。

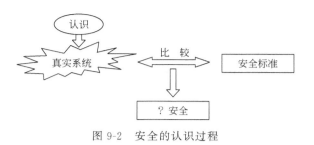

图 9-2　安全的认识过程

因此，安全工作的首要任务就是在主观认识能够真实地反映客观存在的前提下，在允许的安全限度内，判断系统危险性的程度。在这一过程中要注意：认识的客观、真实性；安全标准的科学、合理性。

所以安全伴随着人们的活动过程。它是一种状态，与时、空相联系。

9.2　石化行业安全生产概述

我国是化学品生产和使用大国，目前已经形成无机化学品、纯碱、氯碱、基本有机原料、化肥、农药等主要产业，可以生产大约 45000 余种化学产品，化工行业在国民经济中发挥着越来越重要的作用。化学品已广泛应用于工农业生产和居民日常生活，对于发展社会生产力、提高人民生活质量起到了不可替代的作用。化学工业是基础工业，既以其技术和产品服务于所有其他工业，同时也制约其他工业的发展。

但是，由于化工生产的原料和产品绝大多数为易燃、易爆及有毒、有腐蚀性的物质，生产工艺的连续性强，集中化程度高，技术复杂，设备种类繁多，极易发生破坏性很大的事故，严重威胁职工的生命和国家财产的安全，影响了社会的稳定和国家的声誉。化工行业成为现代工业中危险源最集中、危险性最高的行业之一。安全生产是化工行业的首要问题，必须高度重视，警钟长鸣。

9.2.1　化学品生产与安全

（1）化学品生产的特点

经济的迅速发展，对化学产品的需求种类和数量与日俱增，这些化学产品的生产从某种意义上讲，也就是《危险化学品管理条件》第三条指出，"本条例所称危险化学品，包括爆炸品、压缩气体和液化气体、易燃液体、易燃固体、自燃物品和遇湿易燃物品、氧化剂和有机过氧化物、有毒品和腐蚀品等的生产"。社会的巨大需求促进了危险化学品生产的快速增长，如中国经济发达的长三角地区据不完全统计就集聚了上万家的大大小小的化工生产企业。化学品品种迅速增加（种类已达数万种之多），产品产量大幅度增长，有力地促进了国民经济的发展，改善和提高了人们的生活水平。

但是危险化学品生产过程存在着许多不安全因素和职业危害，如易燃、易爆、易中毒、高温、高压、有腐蚀性等，比其他生产有着更大的危险性，这主要是由于危险化学品生产具有如下几个特点。

① 化学品生产的物料绝大多数具有潜在危险性

危险化学品生产使用的原料、中间体和产品种类繁多，绝大多数是易燃易爆、有毒有害、腐蚀性等危险化学品。例如，聚氯乙烯树脂生产使用的原料乙烯、甲苯和 C_4 及中间产品二氯乙烷和氯乙烯都是易燃易爆物质，在空气中达到一定的浓度，遇火源即会发生火灾、爆炸事故；氯气、二氯乙烷、氯乙烯还具有较强的毒性，氯乙烯并具有致癌作用，氯气和氯化氢在有水分存在下有强烈腐蚀性。

这些潜在危险性决定了在生产过程中对危险化学品的使用、储存、运输都提出了特殊的要求，如果稍有不慎就会酿成事故。

② 化学品生产工艺过程复杂、工艺条件苛刻

危险化学品生产从原料到产品，一般都需要经过许多生产工序和复杂的加工单元，通过多次反应或分离才能完成。有些化学反应是在高温、高压下进行。

例如，由轻柴油裂解制乙烯，进而生产聚乙烯的生产过程。轻柴油在裂解炉中的裂解温度为 800℃，裂解气要在深冷（−96℃）条件下进行分离，纯度为 99.99％的乙烯气体在 294kPa 压力下聚合，制取聚乙烯树脂。

一般炼油生产的催化裂化装置，从原料到产品要经过 8 个加工单元，乙烯从原料裂解到产品出来需要 12 个化学反应和分离单元。

危险化学品生产的工艺参数前后变化很大。工艺条件的复杂多变，再加上许多介质具有强烈腐蚀性，在温度应力、交变应力等作用下，受压容器常常因此而遭到破坏。有些反应过程要求的工艺条件很苛刻。像用丙烯和空气直接氧化生产丙烯酸的反应，各种物料比就处于爆炸范围附近，且反应温度超过中间产物丙烯醛的自燃点，控制上稍有偏差就有发生爆炸的危险。

③ 生产规模大型化、生产过程连续性

现代化工生产装置规模越来越大，以求降低单位产品的投资和成本，提高经济效益。例如，我国的炼油装置最大规模已达年产 800 万吨，乙烯装置已建成年生产能力 70 万吨。装置的大型化有效地提高了生产效率，但规模越大，贮存的危险物料量越多，潜在的危险能量也越大，事故造成的后果往往也越严重。

生产从原料输入到产品输出具有高度的连续性，前后单元息息相关，相互制约，某一环节发生故障常常会影响到整个生产的正常进行。由于装置规模大且工艺流程长，因此使用设备的种类和数量都相当多。如某厂年产 30 万吨乙烯装置含有裂解炉、加热炉、反应器、换热器、塔、槽、泵、压缩机等设备共 500 多台件，管道上千根，还有各种控制和检测仪表，这些设备如维修保养不良很易引起事故的发生。

④ 生产过程的自动化

从生产方式来讲，危险化学品生产已经从过去落后的坛坛罐罐的手工操作、间断生产向自动化方向发展。由于装置大型化、连续化、工艺过程复杂化和工艺参数要求苛刻，因而现代化工生产过程用人工操作已不能适应其需要，必须采用自动化程度较高的控制系统。近年来随着计算机技术的发展，生产中普遍采用了 DCS 集散型控制系统，对生产过程的各种参数及开停车实行监视、控制、管理，从而有效地提高了控制的可靠性。但是控制系统和仪器仪表维护不好，性能下降，也可能因检测或控制失效而发生事故。

但是在现阶段，我国还有一定的企业，如染料、医药、表面活性剂、涂料、香料等精细化工生产中自动化程度不高，间歇操作还很多。在间歇操作时，由于人机接触相对紧密、岗位工作环境差、劳动强度大等，都易导致事故的发生。

（2）安全在化学品生产中的重要地位

安全是人类赖以生存和发展的最基本需要之一。亚伯拉罕·H·马斯洛在 1943 年发表的《人类激励的一种理论》一文中提出了需要层次理论。它把人类的各种各样的需要分成五种不同的需要，并按其优先次序，排成阶梯式的需要层次；自我实现的需要、尊重需要、归

属需要、安全的需要和生理的需要。其中生理（吃、穿、住、用、行等）需要是生存最基本的需要，其次就是希望得到安全，没有伤亡、疾病和不受外界威胁、侵略。可见安全是人的最基本和低层次的需要。

危险化学品生产由于具有自身的特点，发生事故的可能性及其后果比其他行业一般来说要大，而发生事故必将威胁着人身的安全和健康，有的甚至给社会带来灾难性破坏。例如，1975 年美国联合碳化物公司比利时公司安特卫普厂，年产 15 万吨高压聚乙烯装置，因一个反应釜填料盖泄漏，受热爆炸，发生连锁反应，整个工厂被毁。1984 年 12 月 3 日发生在印度博泊尔市农药厂的毒气泄漏事故，由于储罐上安全装置有缺陷，管理上也存在问题，致使 45t 甲基异氰酸酯几乎全部泄漏，造成 20 万人受到不同程度的中毒，死亡数千人，生态环境也遭到严重破坏。

我国化工行业也曾发生过多起重大的恶性事故，如 1988 年某厂球罐内大量液化气逸出，遇火种而发生爆燃，使 26 人丧生，15 人烧伤。血的教训充分说明了在危险化学品生产中如果没有完善的安全防护设施和严格的安全管理，即使先进的生产技术，现代化的设备，也难免发生事故。因此，安全在危险化学品生产中有着非常重要的作用，安全是危险化学品生产的前提和关键，没有安全作保障，生产就不能顺利进行。随着社会的发展，人类文明程度的提高，人们对安全的要求也越来越高，企业各级领导、管理干部、工程技术人员和操作工人都必须做到"安全第一，预防为主"，把安全生产始终放在一切工作的首位。同时还必须深入研究安全管理和预防事故的科学方法，控制和消除各种危险因素，做到防患于未然。对于担负着开发新技术、新产品的工程技术人员，必须树立安全观念，认真探讨和掌握伴随生产过程而可能发生的事故及预防对策，努力为企业提供技术上先进、工艺上合理、操作上安全可靠的生产技术，使危险化学品生产中的事故和损失降到最低限度。

9.2.2 化学品生产的事故特点

化学品生产中事故的特征基本上是由所用原料特性、加工工艺方法和生产规模所决定的。为了预防事故，必须了解这些事故特点。

（1）火灾、爆炸、中毒事故比例大

这是与危险化学品生产使用的原料、工艺过程密切相关的。

根据有关统计资料，危险化学品生产中的火灾、爆炸事故的死亡人数占因工死亡总人数的 13.8%，居第一位；中毒窒息事故致死人数为死亡总人数的 12%，占第二位；高空坠落和触电，分别占第三、第四位。

很多生产原料的易燃性、化学活性和毒性本身就导致事故的频繁发生。反应器、压力容器的爆炸，以及燃烧传播速度超过音速时的爆轰，都会造成破坏力极强的冲击波，冲击波超压达 0.2atm （1atm＝101325Pa） 时，就会使砖木结构建筑物部分倒塌、墙壁崩裂。如果爆炸发生在室内，压力一般会增加 7 倍以上，任何坚固的建筑物都承受不了这样大的压力。由于管线破裂或设备损坏，大量易燃气体或液体瞬间泄放，便会迅速蒸发形成蒸气云团，并且与空气混合达到爆炸下限，随风漂移。如果飞到居民区遇明火爆炸，其后果将是灾难性的。

据估算，50t 的易燃气体泄漏会造成直径 700m 的云团，在其覆盖下的居民，将会被爆炸火球或扩散的火焰灼伤，其辐射强度将达 $14W/m^2$ （而人能承受的安全辐射强度仅为 $0.5W/m^2$），同时人还会因缺乏氧气窒息而死。

多数化学物品对人体有害，生产中由于设备密封不严，特别是在间歇操作中泄漏的情况很多，容易造成操作人员的急性和慢性中毒。据化工部门统计，因一氧化碳、硫化氢、氮气、氮氧化物、氨、苯、二氧化碳、二氧化硫、光气、氯化钡、氯气、甲烷、氯乙烯、磷、苯酚、砷化物16种物质造成中毒、窒息的死亡人数占中毒死亡总人数的87.9％。而这些物质在一般化工厂中都是常见的。

生产装置的大型化使大量化学物质处于工艺过程中或贮存状态，一些比空气重的液化气体如氨、氯等，在设备或管道破口处以15°～30°呈锥形扩散，在扩散宽度100m左右时，人还容易察觉迅速逃离，但毒气影响宽度可达1km或更多，在距离较远而毒气浓度尚未稀释到安全值时，人则很难逃离并导致中毒。

（2）正常生产时事故的多发性

正常生产活动时发生事故造成死亡的占因工死亡总数的66.7％，而非正常生产活动时仅占12％。

① 危险化学品生产中有许多副反应生成，有些机理尚不完全清楚；有些则是在危险边缘（如爆炸极限）附近进行生产的，例如乙烯制环氧乙烷、甲醇氧化制甲醛等，生产条件稍有波动就会发生严重事故。间歇生产更是如此。

② 危险化学品生产工艺中影响各种参数的干扰因素很多，设定的参数很容易发生偏移，而参数的偏移是事故的根源之一。即使在自动调节过程中也会产生失调或失控现象，人工调节更易发生事故。

③ 由于人的素质或人机工程设计欠佳，往往会造成误操作，如看错仪表、开错阀门等。特别是现代化的生产中，人是通过控制台进行操作的，发生误操作的机会更多。

（3）材质、加工缺陷以及腐蚀危害

危险化学品生产的工艺设备一般都是在严酷的生产条件下运行的。腐蚀介质的作用，振动、压力波动造成的疲劳，高低温对材质性质的影响等都可造成安全问题。生产设备的破损与应力腐蚀裂纹有很大关系。设备材质受到制造时的残余应力和运转时拉伸应力的作用，在腐蚀的环境中就会产生裂纹并发展长大。在特定条件下，如压力波动、严寒天气就会引起脆性破裂，可能造成灾难性事故。生产设备除了选择正确的材料外，还要求正确的加工方法。

（4）化学品生产中事故的多发期

危险化学品生产常遇到事故多发、连续发生的情况，给生产带来被动。危险化学品生产装置中的许多关键设备，特别是高负荷的塔槽、压力容器、反应釜、经常开闭的阀门等，运转一定时间后，常会出现多发故障或集中发生故障的情况，这是因为设备进入到寿命周期的衰老阶段，这也是事故的多发期。对多发事故必须采取预防措施，加强设备检测和监护措施，及时更换到期设备，杜绝设备超期服役。

9.2.3　化工生产的危险性

美国保险协会（AIA）对化学工业的317起火灾、爆炸事故进行调查，分析了主要和次要原因，把化学工业危险因素归纳为以下九个类型。

（1）工厂选址

① 易遭受地震、洪水、暴风雨等自然灾害。

② 水源不充足。

③ 缺少公共消防设施的支援。

④ 有高湿度、温度变化显著等气候问题。

⑤ 受邻近危险性大的工业装置影响。

⑥ 邻近公路、铁路、机场等运输设施。

⑦ 在紧急状态下难以把人和车辆疏散至安全地。

（2）工厂布局

① 工艺设备和贮存设备过于密集。

② 有显著危险性和无危险性的工艺装置间的安全距离不够。

③ 昂贵设备过于集中。

④ 对不能替换的装置没有有效的防护。

⑤ 锅炉、加热器等火源与可燃物工艺装置之间距离太小。

⑥ 有地形障碍。

（3）结构

① 支撑物、门、墙等不是防火结构。

② 电气设备无防护措施。

③ 防爆通风换气能力不足。

④ 控制和管理的指示装置无防护措施。

⑤ 装置基础薄弱。

（4）对加工物质的危险性认识不足

① 在装置中原料混合，在催化剂作用下自然分解。

② 对处理的气体、粉尘等在其工艺条件下的爆炸范围不明确。

③ 没有充分掌握因误操作、控制不良而使工艺过程处于不正常状态时的物料和产品的详细情况。

（5）化工工艺

① 没有足够的有关化学反应的动力学数据。

② 对有危险的副反应认识不足。

③ 没有根据热力学研究确定爆炸能量。

④ 对工艺异常情况检测不够。

（6）物料输送

① 各种单元操作时对物料流动不能进行良好控制。

② 产品的标示不完全。

③ 风送装置内的粉尘爆炸。

④ 废气、废水和废渣的处理。

⑤ 装置内的装卸设施。

（7）误操作

① 忽略关于运转和维修的操作教育。

② 没有充分发挥管理人员的监督作用。

③ 开车、停车计划不适当。

④ 缺乏紧急停车的操作训练。

⑤ 没有建立操作人员和安全人员之间的协作体制。

（8）设备缺陷

① 因选材不当而引起装置腐蚀、损坏。

② 设备不完善，如缺少可靠的控制仪表等。

③ 材料的疲劳。

④ 对金属材料没有进行充分的无损探伤检查或没有经过专家验收。

⑤ 结构上有缺陷，如不能停车而无法定期检查或进行预防维修。

⑥ 设备在超过设计极限的工艺条件下运行。

⑦ 对运转中存在的问题或不完善的防灾措施没有及时改进。

⑧ 没有连续记录温度、压力、开停车情况及中间罐和受压罐内的压力变动。

（9）防灾计划不充分

① 没有得到管理部门的大力支持。

② 责任分工不明确。

③ 装置运行异常或故障仅由安全部门负责，只是单线起作用。

④ 没有预防事故的计划，或即使有也很差。

⑤ 遇有紧急情况未采取得力措施。

⑥ 没有实行由管理部门和生产部门共同进行的定期安全检查。

⑦ 没有对生产负责人和技术人员进行安全生产的继续教育和必要的防灾培训。

瑞士再保险公司统计了化学工业和石油工业的 102 起事故案例，分析了上述九类危险因素所起的作用，表 9-1 为统计结果。

表 9-1 化学工业和石油工业的危险因素

类　别	危　险　因　素	危险因素的比例/%	
		化 学 工 业	石 油 工 业
1	工厂选址问题	3.5	7.0
2	工厂布局问题	2.0	12.0
3	结构问题	3.0	14.0
4	对加工物质的危险性认识不足	20.2	2.0
5	化工工艺问题	10.6	3.0
6	物料输送问题	4.4	4.0
7	误操作问题	17.2	10.0
8	设备缺陷问题	31.1	46.0
9	防灾计划不充分	8.0	2.0

由于化工生产存在上述危险性，使其发生泄漏、火灾、爆炸等重大事故的可能性及其严重后果比其他行业一般来说要大。血的教训充分说明，在化工生产中如果没有完善的安全防护设施和严格的安全管理，即使先进的生产技术，现代化的设备，也难免发生事故。而一旦发生事故，人民的生命和财产将遭到重大损失，生产也无法进行下去，甚至整个装置会毁于一旦。因此，安全工作在化工生产中有着非常重要的作用，是化工生产的前提和保障。

9.3 化工安全生产概论

9.3.1 化工生产中的事故预防

尽管生产过程存在着各种各样的危险因素，在一定条件下可能导致事故的发生，但只要事先进行预测和控制，事故一般是可以预防的。

事故是以人体为主，在与能量系统关联中突然发生的与人的希望和意志相反的事件。事故是意外的变故或灾祸。事故还可描述为，个人或集体在时间进程中，为实现某一意图而采取行动的过程中，突然发生了与人的意志相反的情况（指人员死亡、疾病、伤害、财产损失、其他损失），迫使这种行动暂时地或永久地停止的事件。事件与事故是相互关联的，防事故要从防事件做起。

9.3.1.1 化工生产中的事故特征及危险源

（1）事故的特征

① 因果性

因果性，是某一现象作为另一现象发生的依据的两种现象之关联性。事故是相互联系的诸原因的结果。事故这一现象都和其他现象有着直接或间接的联系。在这一关系上看来是"因"的现象，在另一关系上却会以"果"出现，反之亦然。

这些危险的"因"可能来自人的不安全行为和管理缺陷，也可能有物和环境的不安全状态。它们在一定的时间和空间内相互作用，导致系统的运行偏差、故障、失效及其他隐患，最终发生事故。

事故的因果关系有继承性，即多层次性；第一阶段的结果往往是第二阶段的原因。给人造成伤害的直接原因易于掌握，这是由于它所产生的某种后果显而易见。然而，要寻找出究竟是何种间接原因又是经过何种过程而造成事故后果，却非易事。因为随着时间的推移，会有种种因素同时存在，有时诸因素之间的关系相当复杂，还有某种偶然机会存在。因此，在制定事故预防措施之时，应尽最大努力掌握造成事故的直接和间接的原因，深入剖析事故根源，防止同类事故重演。

② 随机性

事故的随机性是说事故发生的偶然性。从本质上讲，事故是一定条件下可能发生，也可能不发生的随机事件。事故的发生包含着偶然因素，偶然性是客观存在的，偶然的事故中孕育着必然性，必然性通过偶然事件表现出来。

事故的随机性说明事故的发生服从于统计规律，可用数理统计的方法对事故进行分析，从中找出事故发生、发展的规律，认识事故，为预防事故提供依据。事故的随机性还说明事故具有必然性。从理论上说，若生产中存在着危险因素，只要时间足够长，样本足够多，作为随机事件的事故迟早必然会发生，事故总是难以避免的。但是安全工作者对此不是无能为力的，而是可以通过客观的和科学的分析，从随机发生的事故中发现其规律，通过不懈的和能动性的努力，使系统的安全状态不断改善，使事故发生的概率不断降低，使事故后果严重度不断减弱。

事故是由于客观某种不安全因素的存在，随时间进程产生某种意外情况而显现出的一种现象。因此在一定范围内，用一定的科学仪器或手段，却可以找出近似规律，从外部和表面上的联系找到内部的决定性的主要关系。这就是从事故的偶然性找出必然性，认识事故发生的规律性，使事故消除在萌芽状态之中。

③ 潜伏性

事故的潜伏性是说事故在尚未发生或还没有造成后果之前，各种事故征兆是被掩盖的。系统似乎处于"正常"和"平静"状态。事故的潜伏性使得人们认识事故、弄清事故发生的可能性及预防事故变得非常困难。这就要求人们百倍珍惜已发生事故中的经验教训，不断地探索和总结，消除盲目性和麻痹思想，常备不懈，居安思危，时刻把安全放在第一位。

在危险化学品生产活动中所经过的时间和空间，不安全的隐患总是潜在的，条件成熟时在特有的时间场所就会显现为事故。因此要抓本质安全，把事故隐患消灭在设计的图纸上；要抓安全教育，使人认识到在生产过程中潜在的事故隐患，能够及时加以排出，达到安全生产。时间是不可复返的，完全相同的事件也不会再次重复显现。但是对类似的同种因果联系的事故，防止其重复发生是可能的。

人们基于对过去事故所积累的经验和知识，提出多种预测模型，在生产活动开始之前预测在各种条件下可能出现的危险，采取积极的预防措施，根除隐患，使之不再发展为事故。

（2）危险源

危险源是危险的根源。为可能导致人员伤亡或物质损失事故的、潜在的不安全因素。因此，各种事故致因因素都是危险源。

导致事故的因素种类繁多。根据危险源在事故发生中的作用，将其划分为两大类。

① 第一类危险源

根据能量意外释放理论，能量或危险物质的意外释放是伤亡事故发生的物理本质。于是，把危险化学品生产过程中存在的，可能发生意外释放的能量（能源或能量载体）或危险物质称为第一类危险源。

为防止第一类危险源导致事故，必须采取措施约束、限制能量或危险物质，控制危险源。在正常情况下，生产过程中的能量或危险物质受到约束或限制，不会发生意外释放，即不会发生事故。但是，一旦这些约束或限制能量、危险物质的措施受到破坏、失效或故障，则将发生事故。

② 第二类危险源

导致能量或危险物质约束或限制措施破坏或失效、故障的各种因素，叫做第二类危险源。它主要包括物的故障、人为失误和环境因素。

物的故障是指机械设备、装置、元部件等由于性能低下而不能实现预定功能的现象。物的不安全状态也是物的故障。故障可能是固有的，由于设计、制造缺陷造成的；也可能由于维修、使用不当，或磨损、腐蚀、老化等原因造成的。从系统的角度考察，构成能量或危险物质控制系统的元素发生故障，会导致该控制系统的故障而使能量或危险物质失控。故障的发生具有随机性，这涉及系统可靠性问题。

人为失误是指人的行为结果偏离了被要求的标准，即没有完成规定功能的现象。人的不安全行为也属于人为失误。人为失误会造成能量或危险物质控制系统故障，使屏蔽破坏或失效，从而导致事故发生。

环境因素，指人和物存在的环境，即生产作业环境中的温度、湿度、噪声、振动、照明、通风换气以及有毒有害气体存在等。

一起伤亡事故的发生往往是两类危险源共同作用的结果。第一类危险源是伤亡事故发生的能量主体，决定事故后果的严重程度；第二类危险源是第一类危险源造成事故的必要条件，决定事故发生的可能性。

9.3.1.2 事故致因理论

事故致因理论指探索事故发生及预防规律，阐明事故发生机理，防止事故发生的理论。事故致因理论是用来阐明事故的成因、始末过程和事故后果，以便对事故现象的发生、发展进行明确的分析。

事故致因理论的出现已有80多年历史，是从最早的单因素理论发展到不断增多的复杂因素的系统理论。我国的安全专家在事故致因理论上的综合研究也做了大量工作。认为事故是多种因素综合造成的，是社会因素、管理因素和生产中危险因素被偶然事件触发而形成的伤亡和损失的不幸事件。下面简要介绍几个较为流行的主要事故致因理论

（1）因果论

事故因果论是事故致因的重要理论之一。事故因果类型有集中型、连锁型和复合型，还有多层次型等。

多米诺骨牌模型是事故因果论的主要模型之一。它是应用多米诺骨牌原理来阐述事故因果理论。一种可防止的伤亡事故的发生，是一连串事件在一定顺序下发生的结果。按因果顺序，伤亡事故的五因素如图9-3所示。社会环境和管理欠缺（A_1），促成人为的过失（A_2），人为的过失又造成了不安全动作或机械、物质危害（A_3），后者促成了意外事故（A_4、包括未遂事故）和由此产生的人身伤亡的事件（A_5）。

伤害之所以产生是由于前面因素的作用，防止伤亡事故的着眼点，应集中于顺序的中心，即设法消除事件 A_3，使系列中断，则伤害便不会发生（如图9-4）。

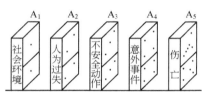

图 9-3　伤亡事故五因素

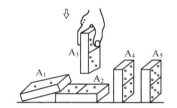

图 9-4　移去中央因素使系列中断，使前级因素失去作用

要防止事故，就应知道引起事故的本质原因。为防止同类事故再次发生，必须根据现场实际情况进行调查追踪。明了事故原因的追踪系统，这对防止误作事故原因的结论，防止将预防措施引至错误的方向，都有着十分重要的意义。

（2）轨迹交叉论

轨迹交叉论是强调人的不安全行为和物的不安全状态相互作用的事故致因理论。在系统中人的不安全行为是一种人为失误；物的不安全状态多为机械故障和物的不安全放置；人与物两系统一旦发生时间和空间上的轨迹交叉就会造成事故。

轨迹交叉论把人、物两系列看成两条事件链，两链的交叉点就是发生事故的"时空"。在多数情况下，由于企业安全管理不善，使工人缺乏安全教育和训练，或者机械设备缺乏维护、检修以及安全装置不完善，导致了人的不安全行为或者物的不安全状态。后由起因物引发施害物再与人的行动轨迹相交，构成了事故。

若加强安全教育和技术训练，进行科学的安全管理，从生理、心理和操作技能上控制不安全行为的产生，就是砍断了导致伤亡事故发生的人这方面的事件链。加强设备管理，提高机械设备的可靠性，增设安全装置、保险装置和信号装置以及自控安全闭锁设施，就是控制设备的不安全状态，砍断了设备方面的事件链。

（3）事故能量转移论

事故能量转移论是事故致因理论另一重要理论。现代科学技术的飞跃发展，新能源、新材料、新技术不断出现，新的危险源也给人们带来更多的伤亡危险。为了有效地采取安全技术措施控制危险源，人们对事故发生的机理——物理、化学本质进行了深入的探讨，认为事故是一种不正常的或不希望的能量释放。

能量在人类的生产、生活中是不可缺少的，人类利用各种形式的能量做功以实现预定的目的。能量驱动机械设备运转，把原料加工成产品。利用能量必须控制能量，使能量按照人的意图传递、转换和做功。如果由于某种原因能量失去控制，能量就会违背人的意愿发生意外的释放或逸出，造成生产过程中止，发生事故。如果事故时意外释放的能量逆流于人体，超过人的承受能力，则将造成人员伤亡；如果意外释放的能量作用于设备、构筑物、物体等，超出物的抵抗能力，将造成物的损坏。

从这个能量意外释放而造成事故的观点而言，控制好能量就是控制了工伤事故；管理好能量防止其逆流，也就是管理好安全生产。

要注意，一定量的能量集中于一点要比它大面积铺开所造成的伤害程度更大。因此可以通过延长能量释放时间，或使能量在大面积内消散的方法以降低其危害的程度。如对于需要保护的人和财产应用距离防护，远离释放能量的地点，以此来控制由于能量转移而造成的伤亡事故。在危险化学品生产中要加强对能量的控制，使其保持在容许限度之内，保证生产安全。

（4）事故扰动起源论

事故扰动起源论又称"P理论"。

任何事故当它处于萌芽状态时就有某种扰动（活动），称之为起源事件。事故形成过程是一组自觉或不自觉、指向某种预期或不测结果的相继出现的事件链。这种进程包括外界条件及其变化的影响。相继事件过程是在一种自动调节的动态平衡中进行的。如果行为者行为得当或受力适中，即可维持能流稳定而不偏离，达到安全生产；如果行为者的行为不当或发生故障，则对上述平衡产生扰动，就会破坏和结束自动动态平衡而开始事故的进程，导致终了事件（伤害或损坏）。这种伤害或损坏又会依次引起其他变化或能量释放。于是，可以把事故看成从相继的事故事件过程中的扰动开始，最后以伤害或损坏而告终。

9.3.1.3 事故的预防原理

（1）海因里希事故法则

美国安全工程师海因里希（Heinrich）曾统计了55万件机械事故，其中死亡、重伤事故1666件，轻伤48334件，其余则为无伤害事故。从而得出一个重要结论，即在机械事故中，死亡、重伤、轻伤和无伤害事故的比例为1∶29∶300。这个比例关系说明，在机械生产过程中，每发生330起意外事件，有300起未产生伤害，29起引起轻伤，有1起是重伤或死亡。这就是著名的海因里希事故法则。不同的行业，不同类型的事故，无伤、轻伤、重伤的比例不一定完全相同，但是这个统计规律告诉人们，在进行同一项活动中，无数次意外事件必然导致重大伤亡事故的发生，而要防止重大伤亡事故必须减少和消除无伤害事故，这也是事故预防的重要出发点。

（2）预防事故的五大原理

① 可能预防的原理

事故一般是人灾，与天灾不同；人灾是可以预防的；要想防止事故发生，应立足于防患于未然。因而，对事故不能只考虑事故发生后的对策，必须把重点放在事故发生之前的预防对策。安全要强调以预防为主的方针，正是基于事故是可能预防的这一原则上的。

② 偶然损失的原理

事故的概念，包括两层意思：一是发生了意外事件；二是因事故而产生的损失。事故的后果将造成损失。损失包括人的死亡、受伤致残、有损健康、精神痛苦等；损失还包括物质方面的，如原材料、成品或半成品的烧毁或者污损，设备破坏、生产减退，赔偿金支付以及市场的丧失等。可以把造成人的损失的事故，称之为人身事故；造成物的损失事故称之为物的事故。

一个事故的后果产生的损失大小或损失种类由偶然性决定。反复发生的同种类事故，并不一定造成相同的损失。也有在发生事故时并未发生损失，无损失的事故，称为险肇事故。即便是像这样避免了损失的危险事件，如再次发生，会不会发生损失，损失又有多大，只能由偶然性决定、而不能预测。因此，为了防止发生大的损失，唯一的办法是防止事故的再次发生。

③ 继发原因的原理

事故与原因是必然的关系；事故与损失是偶然的关系。继发原因的原则就是因果关系继承性。"损失"是事故后果；造成事故的直接原因是事故前时间最近的一次原因，或称近因；造成直接原因的原因叫间接原因，又称二次原因；造成间接原因的更深远的原因，叫基础原因，也称远因。

切断事故原因链，就能够防止事故发生，即实施防止对策。选择适当的防止对策，取决于正确的事故原因分析。即使去掉了直接原因，只要残存着间接原因，同样不能防止新的直接原因再发生。所以，作为最根本的对策是深刻分析事故原因，在直接原因的基础上追溯到二次原因和基础原因，研究从根本消除产生事故的根源。

④ 选择对策的原理

针对原因分析中造成事故的原因，采取相应防止对策如下。

a. 工程技术（Engineering）。运用工程技术手段消除不安全因素，实现生产工艺、机械设备等生产条件的安全。

b. 教育（Education）。利用各种形式的教育和训练，使职工树立"安全第一"的思想，掌握安全生产所必须的知识和技能。

c. 强制（Enforcement）。借助于规章制度、法规等必要的行政、乃至法律的手段约束人们的行为。

上述三点被称为"3E对策"，是防止事故的三根支柱。借助于规章制度、法规等必要的行政、乃至法律的手段约束人们的行为。

一般地讲，在选择安全对策时应该首先考虑工程技术措施，然后是教育、训练。实际工作中，应该针对不安全行为和不安全状态的产生原因，灵活地采取对策。例如，针对职工的不正确态度问题，应该考虑工作安排上的心理学和医学方面的要求，对关键岗位上的人员要认真挑选，并且加强教育和训练，如能从工程技术上采取措施，则应该优先考虑；对于技术、知识不足的问题，应该加强教育和训练，提高其知识水平和操作技能；尽可能地根据人机学的原理进行工程技术方面的改进，降低操作的复杂程度。为了解决身体不适的问题，在分配工作任务时要考虑心理学和医学方面的要求，并尽可能从工程技术上改进，降低对人员素质的要求。对于不良的物理环境，则应采取恰当的工程技术措施来改进。

即使在采取了工程技术措施，减少、控制了不安全因素的情况下，仍然要通过教育、训练和强制手段来规范人的行为，避免不安全行为的发生。

预防事故发生最适当的对策是在原因分析的基础上得出来的，以间接原因及基础原因为对象的对策是根本的对策。采取对策越迅速、越及时而且越确切落实，事故发生的概率越小。

⑤ 危险因素防护原理

9.3.2   化工生产中的事故预防技术

事故预防技术即安全技术。人类在与生产过程里的危险因素的斗争中，创造和发展了许多安全技术，从而推动了安全工程的发展。安全寓于生产之中，安全技术与生产技术密不可分。安全技术主要是通过改善生产工艺和改进生产设备、生产条件来实现安全的。由于生产工艺和设备种类繁多，安全技术的种类也相当多。近年来，已经形成了较完整的安全技术体系。在安全检测技术方面，先进的科学技术手段逐渐取代人的感官和经验，可以灵敏、可靠地发现不安全因素，从而使人们可以及早采取控制措施，把事故消灭在萌芽状态。

事故预防技术可以划分为预防事故发生的安全技术及防止或减少事故损失的安全技术。前者是发现、识别各种危险因素及其危险性的技术；后者是消除、控制危险因素，防止事故发生和避免人员受到伤害的技术。

9.3.2.1   防止事故发生的安全技术

防止事故发生的安全技术的基本目的是采取措施，约束、限制能量或危险物质的意外释放。按优先次序可选择如下。

（1）根除危险因素

只要生产条件允许，应尽可能地消除系统中的危险因素，从根本上防止事故的发生。

（2）限制或减少危险因素

一般情况下，完全消除危险因素是不可能的。只能根据具体的技术条件、经济条件，限制或减少系统中的危险因素。

（3）隔离、屏蔽和联锁

隔离是从时间和空间上与危险源分离，防止两种或两种以上危险物质相遇，减少能量积聚或发生反应事故的可能。屏蔽是将可能发生事故的区域控制起来保护人或重要设备，减少事故损失。联锁是将可能引起事故后果的操作与系统故障和异常出现事故征兆的确认进行联锁设计，确保系统故障和异常不导致事故。

（4）故障安全措施

系统一旦出现故障，自动启动各种安全保护措施，部分或全部中断生产或使其进入低能的安全状态。故障安全措施有三种方案。

① 故障消极方案。故障发生后，使设备、系统处于最低能量的状态，直到采取措施前均不能运转。

② 故障积极方案。故障发生后，在没有采取措施前，使设备、系统处于安全能量状态之下。

③ 故障正常方案。故障发生后，系统能够实现正常部件在线更换故障部分，设备、系统能够正常发挥效能。

（5）减少故障及失误

通过减少故障、隐患、偏差、失误等各种事故征兆，使事故在萌芽阶段得到抑制。

（6）安全规程

制定或落实各种安全法律、法规和规章制度。

（7）矫正行动

人失误即人的行为结果偏离了规定的目标或超出了可接受的界限，并产生了不良的后果。人的不安全行为操作者在生产过程中直接导致事故的人失误。矫正行动即通过矫正人的不安全行为来防止人失误。

在以上几种安全技术中，前两项应优先考虑。因为根除和限制危险因素可以实现"本质安全"。但是，在实际工作中，针对生产工艺或设备的具体情况，还要考虑生产效率、成本及可行性等问题，应该综合地考虑，不能一概而论。

9.3.2.2　减少事故损失的安全技术

减少事故损失的安全技术的目的，是在事故由于种种原因没能控制而发生之后，减少事故严重后果。选取的优先次序如下。

（1）隔离

避免或减少事故损失的隔离措施，其作用在于把被保护的人或物与意外释放的能量或危险物质隔开，其具体措施包括远离、封闭、缓冲。远离是位置上处于与意外释放的能量或危险物质不能到达的地方；封闭是空间上与意外释放的能量或危险物质割断联系；缓冲是采取措施使能量吸收或减轻能量的伤害作用。

（2）薄弱环节（接受小的损失）

利用事先设计好的薄弱环节使能量或危险物质按照人们的意图释放，防止能量或危险物质作用于被保护的人或物。一般情况下，即使设备的薄弱环节被破坏了，也可以较小的代价避免了大的损失。因此，这项技术又称为"接受小的损失"。

（3）个体防护

佩带对个人人身起到保护作用的装备从本质上说也是一种隔离措施。它把人体与危险能量或危险物质隔开。个体防护是保护人体免遭伤害的最后屏障。

（4）避难和救生设备

当判明事态已经发展到不可控制的地步时，应迅速避难，利用救生装备，撤离危险区域。

（5）援救

援救分为灾区内部人员的自我援救和来自外部的公共援救两种情况。尽管自我援救通常只是简单的、暂时的，但是由于自我援救发生在事故发生的第一时刻和第一现场，因而是最有效的。

9.3.3　防止人失误和不安全行为

在各类事故的致因因素中，人的因素占有特别重要的位置，几乎所有的事故都与人的不安全行为有关。按系统安全的观点，人是构成系统的一种元素，当人作为系统元素发挥功能时，会发生失误。人失误是指人的行为结果偏离了规定的目标或超出了可接受的界限，并产生了不良的后果。人的不安全行为可以看作是一种人失误。一般来讲，不安全行为是操作者在生产过程中直接导致事故的人失误，是人失误的特例。

（1）人失误致因分析

作为事故原因的人失误的发生，可以归结到下面三个原因。

① 超过人的能力的过负荷。

② 与外界刺激要求不一致的反应。

③ 由于不知道正确方法或故意采取不恰当的行为。

（2）防止人失误的技术措施

从预防事故角度，可以从三个阶段采取技术措施防止人失误。

① 控制、减少可能引起人失误的各种因素，防止出现人失误。

② 在一旦发生人失误的场合，使人失误无害化，不至于引起事故。

③ 在人失误引起事故的情况下，限制事故的发展，减少事故的损失。

具体技术措施包括如下。

① 用机器代替人

机器的故障率一般在 $10^{-6}\sim10^{-4}$ 之间，而人的故障率在 $10^{-3}\sim10^{-2}$ 之间，机器的故障率远远小于人的故障率。因此，在人容易失误的地方用机器代替人操作，可以有效地防止人失误。

② 冗余系统

冗余系统是把若干元素附加于系统基本元素上来提高系统可靠性的方法，附加上去的元素称为冗余元素，含有冗余元素的系统称为冗余系统。其方法主要有两人操作；人机并行；审查。

③ 耐失误设计

耐失误设计是通过精心的设计使人员不能发生失误或者发生了失误也不会带来事故等严重后果的设计。即利用不同的形状或尺寸防止安装、连接操作失误；利用连锁装置防止人失误；采用紧急停车装置；采取强制措施使人员不能发生操作失误；采取连锁装置使人失误无害化。

④ 警告

包括视觉警告（亮度、颜色、信号灯、标志等）；听觉警告；气味警告；触觉警告。

⑤ 人、机、环境匹配

人、机、环境匹配问题主要包括人机动能的合理匹配、机器的人机学设计以及生产作业环境的人机学要求等。即显示器的人机学设计；操纵器的人机学设计；生产环境的人机学要求。

（3）防止人失误的管理措施

① 职业适合性

职业适合性是指人员从事某种职业应具备的基本条件，它着重于职业对人员的能力要求。包括以下几个方面。

a. 职业适合分析。即分析确定职业的特性，如工作条件、工作空间、物理环境、使用工具、操作特点、训练时间、判断难度、安全状况、作业姿势、体力消耗等特性。人员职业适合分析在职业特性分析的基础上确定从事该职业人员应该具备的条件，人员应具备的基本条件包括所负责任、知识水平、技术水平、创造性、灵活性、体力消耗、训练和经验等。

b. 职业适合性测试。职业适合性测试即在确定了适合职业之后，测试人员的能力是否符合该种职业的要求。

c. 职业适合性人员的选择。选择能力过高或过低的人员都不利于事故的预防。一个人的能力低于操作要求，可能由于其没有能力正确处理操作中出现的各种信息而不能胜任工作，还可能发生人失误；反之，当一个人的能力高于操作要求的水平时，不仅浪费人力资源，而且工作中会由于心理紧张度过低，产生厌倦情绪而发生人失误。

② 安全教育与技能训练

安全教育与技能训练是为了防止职工不安全行为，防止人失误的重要途径。安全教育、技能训练的重要性，首先在于他能提高企业领导和广大职工搞好事故预防工作的责任感和自觉性。其次，安全技术知识的普及和安全技能的提高，能使广大职工掌握工伤事故发生发展的客观规律，提高安全操作水平，掌握安全检测技术水平和控制技术，搞好事故预防，保护自身和他人的安全健康。

安全教育包括三个阶段。

a. 安全知识教育。使人员掌握有关事故预防的基本知识。

b. 安全技能教育。通过受教育者培训及反复的实际操作训练，使其逐渐掌握安全技能。

c. 安全态度教育。目的是使操作者尽可能自觉地实行安全技能，搞好安全生产。

③ 其他管理措施

合理安排工作任务，防止发生疲劳和使人员的心理处于最优状态；树立良好的企业风气，建立和谐的人际关系，调动职工的安全生产积极性；持证上岗，作业审批等措施都可以有效地防止人失误的发生。

9.4　应急救援概论

9.4.1　事故应急救援的意义及相关的技术术语

（1）事故应急救援的意义

事故应急救援是化工安全生产的重要组成部分，在当今的社会发展与科学技术水平下，要完全杜绝事故是不可能的。如何在发生事故时能够及时、有效地控制事故的发展，迅速地展开应急救援，最大限度地保障人员的生命安全和减少事故损失是至关重要的。

1984 年 12 月 3 日美国碳化联合公司在印度博帕尔的农药厂发生了异氰酸甲酯毒气泄漏事故，造成 4000 人死亡，20 万人中毒，5 万人的眼睛严重损害，印度总理拉·甘地向该公司要求 150 亿美元的赔偿。

1993 年 8 月 5 日，深圳市东北部罗湖区的清水河危险品仓库发生特大火灾爆炸事故。这次事故经历了 2 次大爆炸，7 次小爆炸，损坏、烧毁各种车辆 120 余台，死亡 18 人，受伤 873 人，其中重伤 136 人，烧毁炸毁建筑物面积 39000m^2。仅该市消防支队就损坏、炸毁消防车辆 38 台，41 人受伤。直接经济损失达 2.5 亿元。

2005 年 3 月 29 日晚，京沪高速公路江苏淮安段上行线发生一起交通事故，一辆载有约 35t 液氯的槽罐车与一货车相撞，导致槽罐车液氯大面积泄漏。周边村镇 27 人中毒死亡，万人疏散。

2005 年 11 月 13 日位于吉林省吉林市的中石油吉林石化公司 101 厂发生连续爆炸事故而引起大量有害有毒物质的泄漏，造成松花江水体严重污染的公共安全事故并引起国际纠纷。

全球每年发生伤亡事故约 2.5 亿起，大致造成 110 万人死亡，1997 年由此造成的经济损失相当于全球 GDP 的 4%。事实告诉人们，要重视对重大事故的预防和控制的研究，建立应急救援系统，及时有效地实施应急救援行动。这样不但可以预防重大灾害的出现，而且一旦紧急情况出现，就可以按照计划和步骤来进行行动，有效地减少经济损失和人员伤亡。如 1997 年 6 月 27 日，北京市东方化工厂罐区着火，区内共有 2.1 万吨易燃易爆危险品。在发生爆炸后，北京市政府有关机构和领导立即启动应急救援计划，在第一时间迅速做出反应，调动消防队、救援组织和应急队伍，用尽一切方法保证了对救援行动的支援。经过40多个小时的艰苦奋战，终于扑灭了大火。在这次行动中，成功地把经济损失降到了最小，而且全体人员没有重伤或死亡。

重大工业事故的应急救援是近年来国内外开展的一项社会性减灾救灾工作。应急救援可以加强对重大工业事故的处理能力，根据预先制定的应急处理的方法和措施，一旦重大事故发生，做到临变不乱，高效、迅速做出应急反应，最大限度地减小事故对生命、财产和环境造成的危害。

应急救援是经历惨痛事故后得出的教训，如果对应急救援的计划和行动不够重视，将受到更大事故的惩罚，有关资料统计表明有效的应急救援系统可将事故损失降低到无应急救援系统的6%。

（2）相关的技术术语

① 应急救援

指在发生了紧急事故时，为及时控制事故现场、抢救事故中的受害者，指导现场人员撤离、消除或减轻事故后果而采取的救援行动。

② 应急救援系统

指负责事故预测和报警接收、应急计划的制订、应急救援行动的开展、事故应急培训和演习等事务，由若干机构组成的综合工作系统。

③ 应急计划

是指用于指导应急救援行动的关于事故抢险、医疗急救和社会救援等的具体方案。

④ 应急资源

指在应急救援行动中可获得的人员、应急设备、工具及物质。

9.4.2　应急救援系统

当事故或自然灾害不可避免的时候，有效的事故应急救援行动是唯一可以抵御事故或灾害蔓延并减缓危害后果的有力措施。因此，如果在事故或灾害发生前建立完善的应急救援系统，制定周密的救援计划，而在事故发生时及时有效的应急救援行动，以及事故发生后的系统恢复和善后处理，可以拯救生命、保护财产、保护环境。应急救援系统应包括如下几方面的内容。

① 应急救援组织机构。

② 应急救援预案。

③ 应急培训和演习。

④ 应急救援行动。

⑤ 现场清除和净化。

⑥ 事故后的恢复和善后处理。

应急救援工作涉及众多的部门和多种救援力量的协调配合，除了应急救援系统本身的组织外，还应当与当地的公安、消防、环保、卫生、交通等部门查清事故原因，评估危害程度及建立协调关系，协同作战。应急救援系统组织机构可分为五个方面：应急指挥中心、事故现场指挥中心、支持保障中心、媒体中心、信息管理中心。系统内的各中心都有其各自的功能职责及构建特点，每个中心都是相对独立的工作机构，但在执行任务时又相互联系、相互协调，呈现系统性运作状态的应急救援系统。各中心关系参见图 9-5。

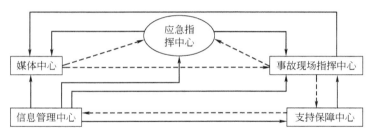

图 9-5 应急求援系统各中心关系

9.4.3 应急救援系统的运作程序

应急救援系统是一个有机的整体，各机构要不断调整运行状态，协调关系，形成合力，

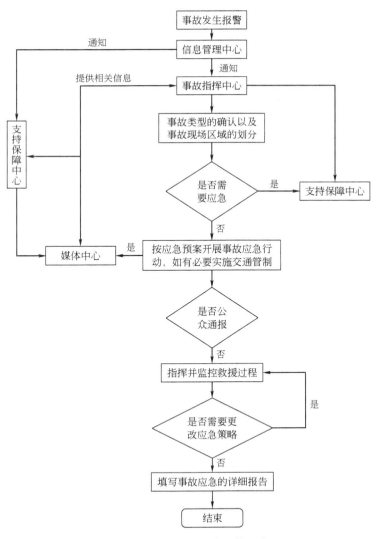

图 9-6 应急救援系统运作程序

才能使系统快速、有序、高效地开展现场应急救援行动。应急救援系统内各个机构的协调努力是圆满处理各种事故的基本条件。当发生事故时，由信息管理中心首先接收报警信息，并立即通知应急指挥中心和事故现场指挥中心在最短时间内赶赴事故现场，投入应急工作，并对现场实施必要的交通管制。如有必要，应急指挥中心进而通知媒体和支持保障中心进入工作状态，并协调各中心的运作，保证整个应急行动有序高效地进行。同时，事故现场指挥中心在现场开展应急的指挥工作，并保持与应急指挥中心的联系，从支持保障中心调用应急所需的人员和物质支持投入事故的现场应急。同时，信息管理中心为其他各单位提供信息服务。这种应急救援运作能使各机构明确自己的职责。管理统一，从而满足事故应急救援快速、有效的需要。应急救援系统的运作程序见图9-6。

9.4.4 应急救援计划编制概述

（1）应急救援计划的基本要求

要保证应急救援系统的正常运行，必须要有完善的应急救援计划，用计划指导应急准备、训练和演习，乃至迅速高效的应急行动。根据《中华人民共和国安全生产法》和《危险化学品管理条例》的有关规定，工厂必须制定有关应急计划，地方政府负责准备地方的应急反应计划的制订。

企业的应急救援计划，不仅要为职工和附近居民提供一个更为安全的环境，也要符合法律和经济上的要求。应急救援计划应当满足以下方面。

① 有助于辨识现有的工艺、物质或操作规程的危险性。

② 方便人员熟悉工厂布局、消防、泄漏控制设备和应急反应行动。

③ 提高事故突发时的信心和准备性。

④ 减少工人和公众的伤亡人数。

⑤ 降低责任赔偿风险。

⑥ 减轻对工厂设施的破坏。

⑦ 提出降低危险的建议，如引进新的安全装置或改变操作规程。

⑧ 减少保险费用。

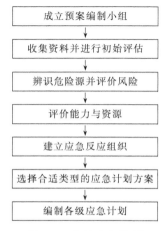

图 9-7 事故应急救援
计划的编写程序

（2）应急救援行动的主要内容。

① 对可能发生的事故灾害进行预测、辨识和评价。

② 人力、物质等资源的确定与准备。

③ 明确应急组织成员的职责。

④ 设计行动战术和程序。

⑤ 制定训练和演习计划。

⑥ 制定专项应急计划。

⑦ 制定事故后清除和恢复程序。

（3）应急计划编制小组

在应急救援计划编制之前必须筹建计划编制小组，小组成员是企业中各种职能的成员，成员在计划制定和实施中有重要的地位，或可能在紧急事故处理中发挥重要作用。

计划编制小组成员包括管理、操作和生产、安全、保卫、工程、技术服务、维修保养、法律、医疗、环境、人事等职能部门。

（4）事故应急救援计划的编写程序

事故应急救援计划的编写程序参见图 9-7。

9.4.5　应急救援行动

应急救援行动是在紧急情况发生时（如火灾、爆炸和有毒物质泄漏等）为及时营救人员、疏散撤离现场、减缓事故后果和控制灾情而采取的一系列营救援助行动。

9.4.5.1　应急设备与资源

实施任何一个应急救援行动都要求有相应的设备、供应物资和设施。在紧急情况时如果没有足够的设备与供应物资，如消防设备、个人防护设备、清扫泄漏物的设备，即使训练良好的应急队员也无法减缓事故。此外，如果设备选择不当，可能导致对应急人员或附近的公众的严重伤害。

（1）应急装备的配备原则

应急装备的配备应根据各自承担的任务和要求选配。选择应急装备要从实用性、功能性、耐用性和安全性以及客观条件等方面考虑。

（2）基本应急装备

基本应急装备可分为两大类：基本装备和专用装备。

基本装备：一般指所需的通讯装备、交通工具、照明装备和防护装备等；

专用装备：主要指各专业队伍所用的专用工具和物品。

① 消防设备。

② 通讯装备。

③ 交通工具。

④ 照明装置。

⑤ 防护装备。

⑥ 泄漏控制设备与物质。

⑦ 侦检装备。

⑧ 医疗急救器械和急救药品。

（3）应急装备的保管和使用

做好应急装备的保管工作，保持良好的使用状态是一项重要工作。各部门都应制定应急装备的保管、使用制度和规定，指定专人负责，定时检查。做好应急装备的交接、清点和装备的调度使用，严禁装备被随意挪用，保证事故应急处理预案的顺利实施。

9.4.5.2　事故评估程序

应急救援的不同阶段实施何种行动均要进行决策，而决策需要对事故发展状况进行持续评定，也就是说事故评估是为应急行动提供决策支持。事故评估在应急行动流程图中的位置参见图 9-8。

对事故评估的方法有多种，不同的人判断同一事故可能会产生不同的事故分级。为避免出现这样混乱情况，应确定统一的事故分级标准。根据不同的事故严重程度，确定不同的事故应急级别。事故越严重，应急等级越高。使用这样的分级方法可表示出事故严重程度并便

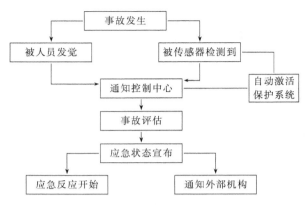

图 9-8　应急救援启动流程

于迅速传达给其他人员。根据事故应急分级标准，应急救援负责人可在特定时刻根据事故严重程度确定出相应应急救援行动级别。大多工业企业可采用三级分类系统。

一级——预警。这是最低应急级别。根据工厂不同，这种应急行动级别是可控制的异常事件或容易被人员控制的事件。如小型火灾或轻微毒物泄漏对工厂人员的影响可以忽略。据事故类型，可向上级应急机构外部通报，但不需要援助。

二级——现场应急。该应急级别包括已经对工厂造成影响的火灾、爆炸或毒物泄漏等事故，但事故影响范围还不会超出厂界。厂外公众一般不会受事故的直接影响。这种级别表明工厂人员已经不能或不能立即控制事故，这时需要外部援助。厂外应急人员如消防、医疗和泄漏控制人员应该立即行动。

三级——社会应急。这是最严重的紧急情况，通常表明事故已经超出了工厂边界。在火灾、爆炸事故中，这种级别表明要求外部消防人员控制事故。如有毒物质泄漏发生，根据不同事故类型和外部人群可能受到影响，可决定要求进行安全避难或疏散。同时也需要医疗和其他机构的人员。

通过采用应急救援行动分级，可以根据不同级别，启动相应应急组织机构和调动所需资源，也便于应急救援实现标准化、模式化，这样在发生紧急情况时，也可简化和改善通讯联络。

企业在确定应急分级时应与地方政府应急救援分级协调统一、达成一致，最好与其他邻近企业的应急分级也进行协调统一。另外企业的所有人员都应该清楚这种分级方法和它的含义，因为一旦发生紧急情况时，每个人都需要采取相应的行动。

9.4.5.3　通知和通讯联络程序

应急时的通讯联络在协调应急行动中起着非常重要的作用。当事故影响范围较大或事故升级时，企业还必须与外部机构进行通讯联络，通知事故发生或可能发生及事故的可能后果估计。此外通讯联络对于实施防护措施，如大众的紧急疏散也至关重要。因此在编制应急预案时，必须制定相关的通知和通讯联络程序，在应急救援计划中基本的通告和通讯联络程序如下。

报警、企业内应急通告、外部机构应急通告、建立和保持企业反应组织不同功能之间的通讯联络（包括事故应急指挥中心）、建立和保持现场反应组织和外部机构及其他反应组织之间的通讯联络，如果大众被影响，通知企业外人员应急救援、通知媒体。

事故的最初通告程序特别重要，因为它决定何时启动应急预案的行动。早期应急通告也能提供外部资源的早期动员。

为避免通讯联络中断，应急组织内的所有职能岗位必须配备通讯设备，否则会严重影响应急预案的有效性。

9.4.5.4　现场应急对策的确定和执行

应急人员赶到事故现场后首先要确定应急对策，即应急行动方案。正确的应急行动对策不仅能够使行动达到所预期的目的，保证应急行动的有效性，而且可以避免和减少应急人员的自身伤害。在营救过程中，应急救援人员的风险很大，没有一个清晰、正确的行动方案，会使应急人员面临不必要的风险。应急对策实际上是正确的事故评估判断和决策的结果。

（1）事故现场处置的基本内容

① 预防

事故处置工作是立足于事故的发生，但同时要做好预防工作，包括事故发生之前所采取的预防措施和事故发生过程中为避免二次事故而采取的措施。对可能发生事故的各种危险源进行登记、安全评估、实施各种安全检查等，这些都是在预防阶段不可缺少的工作。

② 准备

准备工作主要体现安全、可靠、有效的方针，即一旦发生事故，要保证处置和救援工作能够有效地实施。

③ 反应

反应阶段就是事故处置的具体实施阶段，是事故发生之后各种处置和救援力量所采取的行动。对反应过程来讲，并无一个现成的模式，一方面要遵循事故处置的基本原则，另一方面也需要根据事故的性质与所影响的范围而灵活掌握。

④ 恢复

恢复阶段的工作主要是使那些受到事故影响的人、受到损害和影响的地区的秩序恢复到正常状态。

（2）现场应急对策的确定过程

现场应急对策的确定过程同时也是应急救援行动的过程，这是一个动态的、不断改进与完善的过程。其过程参见图9-9。

图9-9　现场应急对策的确定过程

① 初始评估

事故应急的第一步工作是对事故情况的初始评估。初始评估应描述最初应急者在事故发生后几分钟里观察到的现场情况，包括事故范围和扩展的潜在可能性、人员伤亡、财产损失情况，以及是否需要外界援助。初始评估是由应急指挥者和应急人员共同决策的结果。

② 危险物质的探测

危险物质的探测实际上是对事故危害及事故起因的初步探测。

③ 建立现场工作区域

建立事故现场工作区域，在这个区域明确应急人员可以进行工作，这样有利于应急行动和有效控制设备进出，并且能够统计进出事故现场的人员。

确定工作区域主要根据事故的危害、天气条件（特别是风向）和位置（工作区域和人员位置要高于事故地点）。在设立工作区域时，要确保有足够的空间。开始时所需要的区域要大，必要时可以缩小。

对危险物质事故要设立的三类工作区域，即危险区域（高危险区域、危险区域）、缓冲区域、安全区域，如图9-10所示。

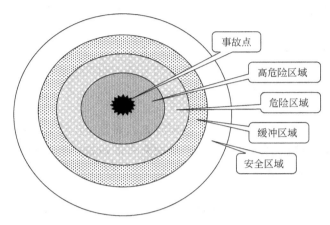

事故点
高危险区域
危险区域
缓冲区域
安全区域

图 9-10　危险物质事故的区域划分

④ 确定重点保护区域

通过事故后果模型和接触危险物质的浓度，应急指挥者将估计出事故影响的区域。

⑤ 防护行动

防护行动目的在于保护应急中企业人员和附近公众的生命和健康，主要包括如下几方面。

a. 搜寻和营救行动；

b. 人员查点；

c. 疏散；

d. 避难；

e. 危险区进出管制。

⑥ 应急救援行动的优先原则

a. 员工和应急救援人员的安全优先；

b. 防止事故扩展优先；

c. 保护环境优先。

⑦ 应急救援行动的支援

支援行动是当实施应急救援预案时，需要援助事故应急行动和防护行动的行动。它包括对伤员的医疗救治，建立临时区，企业外部调入资源，与临近企业应急机构和地方政府应急机构协调，提供疏散人员的社会服务、企业重新入驻以及在应急结束后的恢复等。

9.5　我国关于安全生产方面的法规政策

安全法规政策是安全生产的法律保障，是规范和调节安全生产中各种社会关系的基础。

随着我国法制建设的不断完善，安全生产法规政策体系正在形成和完善。

（1）有关安全方面的国家法律

中华人民共和国劳动法

中华人民共和国煤炭法

中华人民共和国矿产资源法

中华人民共和国安全生产法

中华人民共和国消防法

中华人民共和国矿山安全法

中华人民共和国职业病防治法

中华人民共和国道路交通安全法

中华人民共和国海上交通安全法

（2）有关安全方面的国家法规

矿山安全条例

矿山安全监察条例

危险化学品安全管理条例

特种设备安全监察条例

安全生产许可证条例

建设工程安全生产管理条例

中华人民共和国民用爆炸物品管理条例

使用有毒物品作业场所劳动保护条例

水库大坝安全管理条例

铁路运输安全保护条例

内河交通安全管理条例

（3）国家安全生产监督管理总局及有关部委的有关规章

安全生产违法行为行政处罚办法

煤矿安全生产基本条件规定

煤矿建设项目安全设施监察规定

安全评价机构管理规定

危险化学品生产储存建设项目安全审查办法

非煤矿矿山建设项目安全设施设计审查与竣工验收办法

小型露天采石场安全生产暂行规定

国家发展和改革委员会国家安全生产监督管理局关于加强建设项目安全设施"三同时"工作的通知

国家安全生产监督管理局国家煤矿安全监察局关于贯彻落实加强建设项目安全设施"三同时"工作要求的通知

国务院安全生产委员会办公室关于做好 2004 年国家重点建设项目安全设施"三同时"工作的通知

国家安全生产监督管理局国家煤矿安全监察局关于贯彻实施《安全评价机构管理规定》的通知

国家安全生产监督管理局国家煤矿安全监察局关于印发《安全评价人员考试管理办法

（试行）》和《安全评价人员考试要点（试行）》的通知

交通部国家安全生产监督管理局关于印发《港口安全评价管理办法》的通知

水电站大坝运行安全管理规定

中介服务收费管理办法

（4）中华人民共和国加入的国际公约

建筑业安全卫生公约

作业场所安全使用化学品公约

（5）国家有关安全的标准、导则

煤矿安全规程

金属非金属地下矿山安全规程

金属非金属露天矿山安全规程

建筑设计防火规范

企业职工伤亡事故分类

职业安全卫生术语

安全评价通则

安全预评价导则

安全验收评价导则

危险化学品经营单位安全评价导则（试行）

非煤矿山安全评价导则

陆上石油和天然气开采业安全评价导则

国家煤矿安全监察局关于印发《煤矿安全评价导则》的通知

安全现状评价导则

民用爆破器材安全评价导则

危险化学品生产企业安全评价导则（试行）

（6）常用的安全标准分类

安全卫生管理标准

劳动安全技术综合标准

安全控制技术标准

工厂防火防爆安全技术标准

生产设备安全技术标准

工业防尘防毒技术标准

生产环境安全卫生设施标准

劳动防护用品标准

劳动卫生标准

放射卫生防护标准

职业病诊断标准

消防综合标准

防火技术标准

工程防火标准

灭火技术标准

消防设备与器材标准

反应堆、核设施、核电厂标准

机械安全标准

机车、车辆标准

建筑标准

船舶标准

附录 1   化学大事年表

时　　间	事　件　简　述
约五十万年前	"北京人"已知用火
公元前 7000~前 6000 年	中国仰韶文化期已有陶窑及手制、模制的陶器
新石器时代晚期	中国为铜、石并用时代,铜器由天然红铜锤锻而成
约在龙山文化晚期	中国人已会酿酒
公元前 4000~前 3000 年	埃及人已熟悉酒、醋的制法,冶金术、陶器制造及颜料染色等
公元前约 3000 年	埃及人已用金银作饰物
公元前约 2500 年	埃及人已用砂和苏打制取玻璃
据《左传》	中国夏朝已开始铸铜
公元前约 2000 年	埃及人发明防腐剂,以保存木乃伊;埃及已有镀金、包金、镶金的各种器件及刺绣用的金丝;埃及已用古铜做兵器、镜、瓶等物;希伯来人已会酿制葡萄酒
公元前 1700 年前	埃及人已会制珐琅
公元前约 1500 年	埃及人已发现汞
公元前 1200 年前	中国殷朝已能合理使用金、铜、锡、铅四种金属。青铜(铜锡合金)冶铸技术已达成熟阶段,并出现镀锡的铜器;当时已有釉陶
公元前约 1000 年	埃及人已用石灰鞣革
公元前 1000~前 600 年	从西周到春秋,中国劳动人民已掌握丝帛的各色染法
公元前约 800 年	中国周代《易经》上有关于石油的记载
公元前 6 世纪	提出万物之源是气的主张(古希腊阿那克西门尼)
公元前 6~前 5 世纪	提出万物之源是火的主张(古希腊 赫拉克利特)
公元前 5 世纪	春秋末年的《墨子·经下》中,提出物质最小单位是"端"及物质变化的"五行无常胜"的观点(中国 墨子)
公元前 5 世纪	中国春秋战国时期,金属货币已广泛流通,除饼金是黄金外,其余都是青铜
公元前 4 世纪	提出水、火、土、气的四元素说,认为万物主要有干、冷、湿、热四性,元素是四性结合之表现,故可以互相变换(古希腊 亚里士多德)
公元前 4 世纪	提出朴素的原子说,认为万物由大小和质量不同的、不可入的、运动不息的原子组成(古希腊 德谟克利特)
公元前 4~前 3 世纪	中国战国时《周礼·考工记》中,载有世界上最早的合金成分的研究。该书是记载中国古代工艺最早的一部著作
公元前 4~前 3 世纪	中国战国的《庄子·外物篇》等书中,有"木与木相摩则然"、"钻木取火"等语,记载了古人燧木取火的方法
据《左传》记载	中国春秋时期已会铸铁。从出土文物可以肯定,公元前 5~前 3 世纪的战国时期,已掌握冶炼生铁的技术,早于欧洲 1500 年
公元前 5~前 3 世纪	中国战国时,《庄子》一书中有"一尺之棰,日取其半,万世不竭"的物质无限可分的观点
公元前 3 世纪	中国秦始皇令方士献仙人不死之药,炼丹术开始萌芽

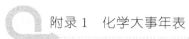

续表

时　间	事　件　简　述
公元前 2 世纪	《汉书》记载中国西汉时已有纸的存在,当时纸为丝质纤维纸及麻质纤维纸,多为宫廷所用;《史记》中载有西汉武帝时关于李少君的炼丹术;桓宽著《盐铁论》中,记载了盐、铁在国家经济中的地位及炼制技术。汉初冶铁、制盐、铸钱已成三大行业;《淮南万毕术》中,记载有"白青(即硫酸铜)得铁则化为铜",这是金属置换反应的早期发现
公元前 1 世纪	中国西汉出现用含锌矿石炼制铜合金;《汉书·地理志》已载有石油的早期使用,煤也已开始使用
公元 1 世纪	《博物学》共 37 卷问世,末 5 卷讲述了当时的化学(罗马 普利尼)
公元 2 世纪	中国东汉末已掌握制瓷的技术,品种主要是青瓷;已采用热处理法变白口铸铁为可锻铸铁,解决了铁器脆硬易折的问题;《东规汉记》记载东汉时期,已用树皮、破布、渔网等物来造纸(如蔡伦等)。造纸开始成为独立的行业;东汉末的《周易参同契》,是世界炼丹史上最早的著作,涉及汞、铅、金、硫等的化学变化及性质,并认识到物质起作用时比例的重要性(中国 魏伯阳)
公元 3 世纪	出现"点金术",蒸馏、挥发、溶解已成为熟悉的操作(古希腊 佐西马斯)
公元三四世纪	中国东汉三国时张揖著《广雅》一书中有鋈即白铜(铜锌镍的合金)的记载;晋朝的《抱朴子·内外篇》在"金丹"、"仙药"、"黄白"三卷中涉及药物几十种。发现了一些化学反应的可逆性以及金属的取代作用,并掌握了如升华等操作技术(中国 葛洪)
公元四五世纪	中国南北朝的炼丹士,已用炉甘石即碳酸锌矿石及铜炼得黄铜;中国南北朝时发明冶炼灌钢的方法,这是一种半液体状态的炼钢方法和热处理技术,到 6 世纪,被綦毋怀文推广使用
公元六七世纪	中国隋唐时代出现了以高温烧成的真瓷,质坚、细致、半透明,和近代瓷器相似,是我国化学史上的重大发明
公元 8 世纪	中国造纸术传入西方;点金术获得发展,认为金属皆由硫及汞两元素组成,以两元素论作为点金术的理论基础(阿拉伯 格伯);学会制硫酸、硝酸、王水、碱和氯化铵等,为溶解贵金属提供了溶剂(阿拉伯 格伯);酒精已获应用
公元 9 世纪	据《道藏,真元妙道要略》记载唐代的炼丹士发现火药,这是化学能转化为热能的重大发现,也是中国化学史上三大发明之一;中国瓷器传入埃及
公元 10 世纪	中国宋初发明了世界上最早的胆水(胆矾溶液)浸铜法,并用于生产铜。这是水法冶金技术的起源
公元 11 世纪	宋代《梦溪笔谈》中记载有当时的化学工艺,第一次使用石油这一名称(中国 沈括);宋初曾公亮等编《武经总要》一书中,有火药用作武器的最早确实记载
公元 12 世纪	阿拉伯和希腊出现"智者石"之说,认为"智者石"可使贱金属变为贵金属
公元 13 世纪中叶前	中国火药传入伊斯兰教国家;中国瓷器传入欧洲
公元 13 世纪	认识到空气为燃烧所必需的物质(英国 罗杰·培根)
1250 年	以雄黄和皂制出化学元素砷(德国 马格纳斯)
1450 年	发现化学元素锑(德国 索尔德)
公元 15 世纪	提出金属的"三原素"说,认为金属是由硫、汞、盐三原素所组成,而硫指颜色、硬度、亲和力、可燃性;汞指光泽、蒸发性、熔解性、延展性、盐指凝固性、耐火性等(德国 瓦伦泰恩)
公元 16 世纪	化学从制丹时期逐步进入制药时期,中国以明代(1596 年)李时珍的《本草纲目》为标志,西方以瑞士的帕拉塞尔苏斯为代表,毒剂已用作药物
公元 16 世纪	辨认出胃汁中有酸,胆汁中有碱,水玻璃中有矽石,发现碳酸气不助燃,认识到火是极热气体之外形等(其著作于 1648 年出版)(比利时 范。赫尔蒙脱)
1556 年	发表《冶金学》一书,细载冶炼金、银、铜、汞、钢等方法(德国 阿格里科拉);16 世纪,汞齐冶金法在墨西哥获得使用
公元 16 世纪下半期	掌握将磁釉固着于陶器上的技术(法国 帕利西)
公元 16 世纪	靛蓝、胭脂虫等染料从东印度输入欧洲
1603 年	在炼金实践中,用重晶石(硫酸钡)制成白昼吸光、黑夜发光的无机发光材料,首次观察到磷光现象(意大利 卡斯卡里奥罗)

续表

时　间	事　件　简　述
公元 17 世纪上半期	认为消化过程是纯化学过程,呼吸和燃烧是类似的现象,辨认出动脉血与静脉血的差别(德国 西尔维斯)
公元 17 世纪中叶	把盐定义为酸和盐基结合的产物(意大利　塔切纽斯)
1637 年	明朝《天工开物》总结了中国 17 世纪以前的工农业生产技术(中国 宋应星)
1660 年	提出在一定温度下气体体积与压力成反比的定律(英国 波义耳)
1661 年	发表《怀疑的化学家》,批判点金术的"元素"观,提出元素定义,"把化学确立为科学",并将当时的定性试验归纳为一个系统,开始了化学分析(英国 波义耳)
1669 年	发现化学元素磷(德国 布兰德);发现各种石英晶体都具有相同的晶面夹角(丹麦 斯悌诺);提出可燃物至少含有两种成分,一部分留下,为坚实要素,一部分放出,为可燃要素,这是燃素说的萌芽(德国 柏策)
1670 年	开始用水槽法收集和研究气体,并把燃烧、呼吸和空气中的成分联系起来(英国 迈约);首次提出区分植物化学与矿物化学,即后来的有机化学和无机化学(法国 莱墨瑞)
公元 17 世纪下半期	认识了矾是复盐(德国 肯刻尔)
1703 年	将燃素说发展为系统学说,认为燃素存在于一切可燃物中,燃烧时燃素逸出,燃烧、还原、置换等化学反应是燃素作用的表现(德国 斯塔尔)
1718~1721 年	对化学亲和力作了早期研究,并作了许多"亲和力表"(法国 乔弗洛伊)
1724 年	提出接近近代的化学亲和力的概念(荷兰 波伊哈佛)
1735 年	发现化学元素钴(瑞典 布兰特)
1741 年	发现化学元素铂(英国 武德)
1742~1748 年	首次论证化学变化中的物质质量的守恒。认识到金属燃烧后的增重,与空气中某种成分有关(俄国 罗蒙诺索夫)
1746 年	采用铅室法制硫酸,开始了硫酸的工业生产(英国 罗巴克)
1747 年	开始在化学中应用显微镜,从甜菜中首次分得糖,并开始从焰色法区别钾和钠等元素(德国 马格拉弗)
1748 年	首次观察到溶液中的渗透压现象(法国 诺莱特)
1753 年	发现化学元素铋(英国 乔弗理)
1754 年	发现化学元素镍(瑞典 克隆斯塔特)
1754 年	通过对白苦土(碳酸镁)、苦土粉(氧化镁)、易卜生盐(硫酸镁)、柔碱(碳酸钾)、硫酸酒石酸盐(硫酸钾)之间的化学变化,阐明了燃素论争论焦点之一,二氧化碳(即窒索)在其中的关系,它对后来推翻燃素论提供了实验根据(英国 约·布莱克)
1760 年	提出单色光通过均匀物质时的吸收定律,后来发展为比色分析(德国 兰伯特);1766 年,发现化学元素氢,通过氢、氧的火花放电而得水,通过氧、氮的火花放电而得硝酸(英国 卡文迪许)
1770 年	改进化学分析的方法,特别是吹管分析和湿法分析(瑞典 柏格曼)
1770 年左右	制成含砷杀虫剂、颜料"席勒绿",并从复杂有机物中提得多种重要有机酸(瑞典 席勒)
1771 年	发现化学元素氟(瑞典 席勒)
1772 年	发现化学元素氮(英国 丹·卢瑟福);发现化学元素锰(瑞典 席勒)
1774 年	再次提出盐的定义,认为盐是酸碱结合的产物,并进而区分酸式、碱式和中性盐(法国 鲁埃尔)
1774 年	发现化学元素氧与氯(瑞典 席勒)
1774 年	发现化学元素氧,对二氧化硫、氯化氢、氨等多种气体进行研究,并注意到它们对动物的生理作用(英国 普利斯特里)
1777 年	提出燃烧的氧化学说,指出物质只能在含氧的空气中进行燃烧,燃烧物重量的增加与空气中失去的氧相等,从而推翻了全部的燃素说,并正式确立质量守恒原理(法国 拉瓦锡)
1781 年	发现化学元素钼(瑞典 埃尔米)

续表

时　　间	事　件　简　述
1782 年	发现化学元素碲(奥地利 赖欣斯坦)
1782～1787 年	开始根据化学组成编定化学名词,并开始用初步的化学方程式来说明化学反应的过程和它们的量的关系(法国 拉瓦锡等)
1783 年	用碳还原法最先得到金属钨(西班牙 德尔休埃尔兄弟)
1783 年	通过分解和合成定量证明水的成分只有氢和氧,对有机化合物开始了定量的元素分析(法国 拉瓦锡)
1783 年	《关于燃素的回顾》一书出版,概括了作者关于燃烧的氧化学说(法国 拉瓦锡)
1774～1784 年	提出同种晶体的各种外形系由同一种原始单位堆砌而成,解释了晶体的对称性、解理等现象,开始了古典结晶化学的研究(法国 豪伊)
1785 年	发现气体的压力或体积随温度变化的膨胀定律(法国 雅·查理)
1785 年	用氯制造漂白粉投入生产,氯进入工业应用(法国 伯叟莱)
1788 年	发明石炭法制碱,碱、硫酸、漂白粉等的生产成为化学工业的开端(法国 路布兰)
1789 年	发现化学元素锆、锆和铀的氧化物(德国 克拉普罗兹)
1789 年	《化学的元素》出版,对元素进行分类,分为气、酸、金、土四大类,并将"热"和"光"列在无机界二十三种元素之中(法国 拉瓦锡)
1790 年左右	提出有机基团论,认为基团由一群元素结合在一起,作用像单个元素,它可以单独存在(法国 拉瓦锡)
1791 年	发现化学元素钛(英国 格累高尔);提出酸碱中和定律,制定大量中和当量表(德国 约·李希特)
1792 年	发表最早的金属电势次序表(意大利 伏打)
1794 年	发现化学元素钇(芬兰 加多林)
1797 年	用氯化亚锡还原法发现化学元素铬(法国 福克林)
1798 年	发现化学元素铍(法国 福克林)
1799 年	实现氨、二氧化硫等气体的液化(法国 福克林);通过铁和水蒸气、酸、碱等反应的研究,提出化学反应与反应物的亲和力、参与反应物的量以及它们的溶解性与挥发性有关,开始有了化学平衡与可逆反应的概念(法国 伯叟莱)
1800 年	提出电池电位起因的化学假说(德国 李特);发明第一个化学电源——伏打电堆,是以后伽伐尼电池的原型,并提出电池电位起因于接触的物理假说(意大利 伏打);首次电解水为元素氢和氧。发现电解盐时,一极析出酸,一极析出碱。也实现了酸、碱的电解(英国 威·尼科尔逊)
1801 年	发现化学元素铌(英国 哈契脱);进行大量能够组成电池的物质对的研究,把化学亲和力归之为电力,指明如何从实验确认元素(英国 戴维)
1802 年	发现化学元素钽(瑞典 爱克伯格);发现在 0℃时,许多气体的膨胀系数是 1/273(法国 盖·吕萨克)
1803 年	发现化学元素铈(德国 克拉普罗兹,瑞典 希辛格、柏齐力阿斯);发现化学元素钯和铑(英国 武拉斯顿);提出气体在溶液中溶解度与气压成正比的气体溶解定律(英国 威·亨利)
1804 年	发现化学元素铱和锇(英国 坦能脱)
1805 年	提出盐类在水溶液中分成带正负电荷的两部分,通电时正负部分相间排列,连续发生分解和结合,直至两电极,用以解释导电的现象,这是电离学说的萌芽(德国 格罗杜斯)
1806 年	发现化合物分子的定组成定律,指出一个化合物的组成不因制备方法不同而改变(法国 普鲁斯脱);首次引入有机化学一词,以区别于无机界的矿物化学,认为有机物只能在生物细胞中受一种"生活力"作用才能产生,人工不能合成(瑞典 柏齐力阿斯)
1807 年	发现化学元素钾和钠(英国 戴维);发现倍比定律,即两个元素化合成为多种化合物时,与定量甲素化合的乙素,其重量成简单整数比,并用氢作为比较标准(英国 道尔顿);提出原子论(英国 道尔顿);发现混合气体中,各气体的分压定律(英国 道尔顿)
1808 年	发现化学元素钙、锶、钡、镁(英国 戴维等);发现化学元素硼(英国 戴维,法国 盖·吕萨克、泰那尔德)
1808～1810 年	通过磷和氯的作用,确证氯是一个纯元素,盐酸中不含氧,推翻了拉瓦锡凡酸必含氧的学说,代之以酸中必含氢(英国 戴维)

续表

时　　间	事 件 简 述
1808~1827 年	《化学哲学的新系统》陆续出版,本书总结了作者的原子论(英国 道尔顿);发现气体化合时,各气体的体积成简比的定律,并由之认为元素气体在相等体积中的重量应正比于它的原子量,这成为气体密度法测原子量的根据(法国 盖·吕萨克,德国 洪保德)
1809 年	首次获得高温氢氧喷焰,用于熔融铂等难熔物质(美国 哈尔)
1810~1818 年	通过对二千余种化合物的分析,测定了四十余种元素的化学结合量,以氧作标准,不少从结合量求得的元素原子量与近代几乎一致(瑞典 柏齐力阿斯)
1811 年	发现化学元素碘(法国 库尔特瓦);提出分子说,分子由原子组成,指出同体积气体在同温同压下含有同数之分子,又称阿佛加德罗假说(意大利 阿佛加德罗)
1812 年	提出元素和化合物的"二元论的电化基团"学说,认为所有元素像磁铁一样,含有正负两电极,但正负电量与强度不等,元素按正负电量的不同而相吸化合,从而抵消了部分电性,未抵消部分还可以化合成更复杂的化合物,对相同元素,电性相同,不能化合,因此反对分子说(瑞典 柏齐力阿斯);发明不需用火引发的碰炸化合物,被用于军事(美国 古塞里)
1815 年	提出一切元素皆由氢原子构成的假说,又称普劳特假说(英国 普劳特);首次发现酒石酸、樟脑、糖等溶液具有旋光现象(法国 比奥);从石脑油中首次分得苯,开始了对苯系物质的研究(英国 法拉第)
1817 年	发现化学元素镉(德国 斯特罗迈厄);发现化学元素锂(瑞典 阿尔费特逊);发现光化学中引起反应的光一定要被物体吸收。这是光化学研究的开端(德国 格罗杜斯);分离出叶绿素(法国 佩莱梯);创制矿工用安全灯(英国 戴维)
1818 年	发现化学元素硒(瑞典 柏齐力阿斯)
1819 年	发现同晶型现象,即不同物质形成明显相同结晶的现象;以及多晶型现象,即同样物质能够形成不同结晶的现象,说明矿物晶体的类质同象和同质类象(德国 米修里)
1820 年	分离对人体有强烈生理作用的番木鳖碱、金鸡纳碱、奎宁、马钱子碱等重要生物碱,被用于医药(法国 佩莱梯)
1822~1823 年	德国的维勒和李比希分别制得化学组成相同而性质不同的异氰酸银及雷酸银,与定组成定律有矛盾,后瑞典的柏齐力阿斯解释为由于同分异构现象所引起;木炭作为脱色吸附剂引用于精制甜菜糖,开始了吸附剂的研究和应用,后在战争中用作防毒吸附剂(法国 佩恩)
1823 年	最先制得化学元素硅(瑞典 柏齐力阿斯);制成硝基纤维素,即为棉花火药,这是第一个无烟无残渣的火药(瑞士 布拉康纳特);首次提出正确的油脂皂化理论(法国 柴弗洛尔);提出理想气体的绝热压缩与绝热膨胀的状态方程(法国 泊松)
1824 年	提出容量滴定的分析方法(法国 盖·吕萨克)
1825 年	提出用铜做船底,通过加入锌片以防止船底腐蚀的方法,这是金属电化防腐的萌芽,但因加速了船底对海洋生物的吸着而未获应用(英国 戴维)
1826 年	发现化学元素溴(法国 巴拉)
1827 年	首次提炼出纯铝(德国 维勒)
1828 年	发现化学元素钍(瑞典 柏齐力阿斯);从无机物制得重要有机物——尿素,和已能制草酸等事实打破了无机物和有机物之间的绝对界线,动摇了有机物的"生命力"学说(德国 维勒)
1829 年	提出化学元素的三元素组分类法,认为同组内的三元素不但性质相似,而且原子量有规律性的关系(德国 多培赖纳);将淀粉转化为葡萄糖(法国 盖·吕萨克)
1830 年	发现化学元素钒,并发现铁中含钒、铀、铬等元素后,可改善铁的性质,开始了合金钢的研究(瑞典 塞夫斯脱隆)
1831 年	首先应用接触法制造硫酸(英国 配·菲利普斯)
1833 年	提出电化当量定律,为电化学及电解、电镀工业奠定理论基础,开始应用阳极、阴极、电解质、离子等名词,认识到离子是溶解物质的一部分,是电流的负担者,揭示了物质的电的本质。并把化学亲和力归之为电力(英国 法拉第);提出固体表面吸附是加速化学反应的原因,这是催化作用研究的萌芽(英国 法拉第);首次分得可以转化淀粉为糖的有机体中的催化剂,后人称之为(淀粉糖化)酶(法国 佩恩)
1834 年	从所有木材中都分得具有淀粉组成的物质,称为纤维素(法国 佩恩)
1835 年	提出化学反应中的催化和催化剂概念,证实催化现象在化学反应中是非常普遍的(瑞典 柏齐力阿斯);精确测定了许多元素的原子量,指出普劳特的原子量应是单纯整数的假说是不对的(比利时 斯塔斯)

续表

时　　间	事　件　简　述
1836 年	改善铜锌电池,这是第一个可供实用的电流源,克服了伏打电池电流迅速下降的缺点(英国 丹尼尔)
1837 年	提出有机结构的核心学说,认为有机分子在取代和加成反应中有一个基本的核心(法国 劳伦脱);分析植物的灰分中含钾、磷酸盐等,认为这些成分来自土壤,从而确定恢复土壤肥力的施肥化学原理(德国 李比希)
1839 年	采用整数指数标记晶格的各组原子平面,即为米勒指数(英国 沃·米勒);发现生胶的硫化反应,为橡胶工业奠定技术基础(美国 古德伊尔);发现化学元素镧(瑞典 莫桑得尔);提出有机结构的余基学说,余基指分子在反应时保持不变的部分(法国 热拉尔);发现光照稀酸液中金属极板之一,能改变电池电动势(法国 埃·贝克勒尔)
1840 年	提出有机结构的类型学说。认为化合物的化学类型决定物质的性质,类型说中包含有分子中原子有一定相对位置的初步结构观念,并从而认为二元说用于有机化合物完全失败(法国 杜马);提出化学反应的热效应恒定定律,不论反应是一步完成,还是分几步完成,生成热总和不变(俄国 盖斯);在电解时,发现臭氧(瑞士籍德国人 桑拜恩)
1841 年	提得纯铀(德国 佩利戈特);开始使用锌-碳电池(德国 本生)
1842 年	从苯制得苯胺,后即用作染料(俄国 齐宁)
1843 年	辨明原子、分子和化学当量之间的区别,并提出它们的定义(法国 劳伦脱);发现化学元素铒和铽(瑞典 莫桑得尔);认识到含碳长链同系物因链长变化而引起物理性质渐变的规律(德国 柯普)
1844 年	发现化学元素钌(俄国 克劳斯)
1846 年	从化学当量与气体密度的测定,证实氧、氮、氢分子必定由两个原子组成(法国 劳伦特等)
1847 年	发明烈性炸药硝化甘油(意大利 索勃莱洛)
1848 年	提出晶体结构的十四种空间点阵的理论(法国 布雷维斯)
1848~1849 年	发现脂肪伯胺、仲胺、叔胺,其性质类似于氨,并从而证明氨的最简化学式。(法国 沃尔茨,德国 奥·霍夫曼)
1848~1850 年	首次将外消旋的酒石酸分离为左旋和右旋两种,开始用机械的、生物学的、化学的三种方法来分离葡萄酸中的两种异性体。初步认识到物质的旋光性是由分子形状的不对称性引起的(法国 巴斯德)
1849 年	制得第一个金属有机化合物(锌乙基化合物),是后来提出原子价概念的实验基础之一(英国 弗兰克兰特)
1850 年	用旋光计研究了糖在不同浓度、温度和酸催化下的转化,提出转化速度的数学表示式,并指出其他同类型反应的方程形似也相同,开始了化学动力学的定量研究(法国 威尔汉密)
1850 年	制得醚,认为醚、醇、酯、酸都属于水的类型,提出复合类型论,从而证明水的最简化学式。开始用"中间物"的概念来解释硫酸在从醇制醚过程中的作用,它是研究反应机理的一个重要观念(英国 威廉逊)
1850~1852 年	提出元素分类的公差说,从有机同系物的思想出发,认为具有相似性质的元素在化合量上具有近于确定的公差(德国 佩坦柯费,法国 杜马)
1851 年	用甘油和脂肪酸合成油脂,发现酵母可转化蔗为醇(法国 拜特洛)
1852 年	证明朗伯特光吸收定律也适用于溶液,并指出光吸收与浓度的关系,为比色分析法奠定基础(德国 比尔)
1853 年	发展有机结构的类型论,它属于一种机械的分类法(法国 热拉尔);从锑、砷、磷、氮仅能结合确定数量的有机基团出发,认识到一个元素原子能和另一个元素原子化合的原子数目是一定的,这是初步的原子价概念,是经典价键理论的开端(英国 弗兰克兰特);发现电解时,不同离子的迁移速度是不同的,否定了格罗杜斯各种离子等速移动的看法,并称为离子的迁移数(德国 希托夫)
1854 年	研究了氢加氯形成氯化氢的光化反应,发现氯化氢的生成正比于光强及曝光的时间,以及被吸收的光正比于化学变化的光化吸收定律,并注意到光化学的诱导效应。提出碘量分析法(德国 本生)
1856 年	从煤焦油中获得第一个人造染料——苯胺紫,从此煤焦油工业逐步形成(英国 珀金)
1857 年	用分子和离子处于动态平衡的观点来解释电解质的导电现象(德国 克劳修斯);提出混合状式说,证明沼气是甲烷(德国 凯库勒)
1858 年	确定碳原子为四价,并提出碳-碳可以自行相连成碳链,碳链学说成为有机结构理论的开端。开始应用有机化合物的结构式(英国 古柏,德国 凯库勒);提出从分子量求原子量的方法,准确测定大量化学元素的原子量,从而进一步证实了原子-分子学说(意大利 坎尼柴罗)

续表

时　　间	事　件　简　述
1859 年	提出每一化学元素具有特征光谱线,为元素发射光谱分析奠定基础,并用以研究太阳的化学成分,证实太阳上有许多地球上常见的元素,说明天体、地球在化学组成上的同一性(德国 本生、基尔霍夫)
1861 年	提出有机化学结构理论,肯定分子结构的可知性,解释了同分异构现象,从分子的结构来说明分子的性质,并预示合成的途径(俄国 布特列洛夫)
1859~1861 年	利用分光镜发现化学元素铷和铯(德国 本生、基尔霍夫);发现化学元素铊(英国 克鲁克斯);提出制造纯碱的氨碱法(比利时 索尔维)
1862 年	进行液体扩散的研究,提出胶体概念,区别了溶液和胶体之间的不同。开始了胶体化学的研究(英国 格累姆)
1863 年	发现化学元素铟(德国 赖赫、希·李希特);制得第一个偶氮染料(德国 格里斯);提出元素的螺旋图形分类法,图中按原子量排列,相似性质的元素能有规则地重现(法国 坎柯图)
1864 年	提出化学元素的八音律分类法。指出按原子量递增顺序排列,第八个元素重复第一个元素的性质(英国 纽兰兹)
1865 年	人工合成第一个热塑性塑料赛璐珞(德国 派克儿)
1866 年	设计了本生灯,利用灯焰的不同部分来检定许多矿物的组分(德国 本生)
1867 年	提出苯的环状结构及摇摆式的假说(德国 凯库勒);提出化学反应速度同反应物浓度成正比的质量作用定律以及可逆反应和化学平衡等概念(挪威 古德贝克、伐格);发明安全的烈性炸药——三硝基甘油和硅藻土的混合物(瑞典 诺贝尔)
1868 年	从煤焦油中首次人工合成香料——香豆素(英国 珀金)
1869 年	提出化学元素周期律,指明元素的性质随原子量的增加而有周期性的变化,并预见了周期表中空位元素的存在和性质,周期律成为物质结构科学的重要基础(俄国 门捷列夫);从煤焦油人工合成第一个天然染料——茜素(德国 格雷贝、利伯曼);从原子体积和原子量的关系说明化学元素的物理性质的周期性规律(德国 尤·迈耶尔);用燃烧弹卡计广泛研究了有机物的燃烧,证实化学热效应恒定定律,并提出用反应热来测量化学亲和力的假说。对气体爆炸反应的传播速度进行了研究(法国 拜特洛);应用卡诺原理建立最大功与反应热之间的关系,首次把热力学用于化学(德国 霍斯特曼)
1870 年	从乙炔、乙醇、乙酸等简单物质通过热管首次制得苯、苯酚、萘等,在实验室人工合成这类物质,具有重要意义(法国 拜特洛)
1871 年	提出一种气体密度测定的方法,测定了许多有机物的分子量,在高温条件下测定了许多无机物的气体密度,证明汞、镉气体是单原子,卤素在高温下也是单原子等(德国 威·迈耶尔);发现转化酶,转化蔗糖为两个单糖:葡萄糖和果糖。发现卵磷脂(德国 霍普·赛勒);开始生产使用照相片(英国 斯万)
1872 年	从石炭酸和甲醛合成第一个热固性塑料—酚醛树脂(美籍比利时人 巴克兰特);
1874 年	提出碳原子价键的空间结构学说,由于碳的四个价键上取代基不同,导致了光学异构体,并预计了异构体的数目,也指出双键的存在将引起顺反异构,这是立体化学的开端(荷兰 范霍夫,法国 勒贝尔)
1875 年	发现化学元素镓(法国 布瓦培德朗);用铂石棉催化制造硫酸,为硫酸接触法的工业化奠定技术基础(德国 文克勒);发现有机反应中烯烃和含氢化合物的加成定向法则(俄国 马尔柯夫尼可夫);
1876 年	提出染色物质的生色基团理论,指出不饱和原子团是生色基,而有些基团如羟基则是辅色基(德国 威特);引入热力学位(即化学位)的概念。热力学位开始广泛应用于化学,为判断化学反应的方向及化学平衡提供了根据(美国 吉布斯);提出盐溶液的电导可以从加和溶液中所有离子的活动性来推算(德国 柯劳许)
1877 年	发现异戊二烯具有两种结构形式的反应,开始认识到互变异构现象的存在(俄国 布特列洛夫);发现在强酸性金属卤化物催化下脂肪烃、芳香烃的烷基化反应,也可制备芳香酮(法国 费莱德尔,美国 克雷夫兹);
1878 年	提出确定多相体系平衡条件的相律(美国 吉布斯);发现化学元素镱(瑞士 马利纳克);
1879 年	发现化学元素钐(法国 布瓦培德朗);发现化学元素钪(瑞典 拉·尼尔逊);发现化学元素铥和钬(瑞典 克利夫);提出毛细电渗现象是由液体界面形成双电层引起的假说(德国 赫尔姆霍茨);
1880 年	发现化学元素钆(瑞士 马利纳克);
1881 年	提出实在气体的状态方程式(荷兰 范德瓦尔)

续表

时　间	事　件　简　述
1882 年	首次人工合成靛蓝(德国 约·拜耳);提出稀溶液的冰点下降、沸点升高定律,不同物质在同种溶剂中引起的冰点下降反比于它们的分子量,提供了测定不挥发、可溶性物质分子量的新方法(法国 拉乌尔)
1883 年	制得锰钢,经淬火变得超硬,用于粉碎岩石、金属切削及钢轨,正式引入"合金钢"一词(英国 哈德费尔德)
1884 年	提出压力、温度对化学反应影响的平衡变动原理(法国 勒夏忒列)
1885 年	发现化学元素钕和镨。利用氧化钍、氧化铈制得白热灯罩芯(奥地利 威斯巴克);
1885～1886 年	提出稀溶液理论,将稀溶液中溶质分子和理想气体的分子相对应,解释了稀溶液的热力学性质,并推得用电极电位来求化学平衡的公式(荷兰 范霍夫)
1885～1890 年	完成晶体构造的几何理论,奠定了经典结晶化学的基础(俄国 弗德洛夫);发现电位与汞的表面张力成正比,得出迅速的滴汞与电解质不显示电位差,后被用作滴汞电位计(德国 赫姆霍尔茨)
1886 年	通过冰晶石降低氧化铝熔点的方法电解制铝,制铝发展为工业(美国 查·霍尔,法国 赫洛特);发现化学元素镝(法国 布瓦斯培德朗);发现化学元素锗(德国 文克勒);首次人工合成生物碱——毒芹碱(德国 莱登伯格)
1887 年	提出电解质的电离学说,认为电解质在水溶液中部分电离成正、负自由离子,溶液性质是所有离子性质的加和函数。提出电解质活度系数的概念。解释了电解质反常的渗透现象。这一学说不能解释强电解质及浓溶液的一些性质(瑞典 阿累尼乌斯);首次应用热分析法(德国 勒夏忒列);通过催化酯的水解和糖的转化速度,测量了三十多个酸的亲和常数,从该常数比例于电导的活度系数得到电解质活度与化学活度的关系,进一步证实了电离学说。用滴汞电极法证实了伏打电堆的电流起源于化学原因(德国 奥斯特瓦尔德);发明用金属氧化物从石油中除硫精制汽油的方法(美籍德国人 弗雷许)
1888 年	提出弱酸的稀释定律(德国 奥斯特瓦尔德);发现胆甾醇苯酸酯于 145.5℃ 为浑浊黏性的熔体,到 178.5℃ 转为澄清,后即证实是由于液晶结构引起(德国 赖阴尼策)
1888～1889 年	开始生产与出售照相机,应用了赛璐珞作照相底片,照相术才获得广泛应用(美国 伊斯特曼)
1889 年	首次合成硝酸纤维人造丝,并投入生产(法国 查唐纳脱,德国 约斯特、卡多雷特);提出化学反应速度与温度的关系式,并提出反应过程中形成活化络合物和反应活化能的概念(瑞典 阿累尼乌斯);提出电离渗压理论,从热力学导出电极电位公式。提出盐的溶度积理论,用以解释沉淀现象(德国 能斯脱)
1890 年	提出液晶概念并把液晶分为晶状液体,液态晶体两大类(德国 雷曼);人工合成葡萄糖,认识到葡萄糖、果糖、乳糖、山梨糖等化学式相同,但有醛糖与酮糖之分。指出糖有 D、L 两种,生命组织中的都是 D 型。确定了嘌呤的结构(德国 费歇尔)
1891～1893 年	提出分子结构的配位学说,是无机化学和络合物化学结构理论的开端(德国 阿·维尔纳);铜铵纤维人造丝试制成功,用作纤维及白炽灯罩芯(德国 弗雷梅里等);提出物质的各组分在平衡的两液相中的分配定律(德国 能斯脱)
1892 年	发明高于 3500℃ 的高温反射电炉。用于制备电石、铝、钨、金刚砂等重要难熔物质(法国 莫伊桑);发现含烃基的有机物具有相同的红外辐射光谱,这是红外辐射谱用于分子结构分析的开始(荷兰 朱利叶斯);利用隔膜法电解食盐制备氯碱(英国 哈格里佛);发现除一氧化碳外的异氰酸酯和异氰化物等"二价"碳的稳定化合物,和凯库勒的四价碳学说有矛盾(美国 尼弗);发现有机化合物反应时的空间位阻效应(德国 威·迈耶尔)
1893 年	研究成磺酸纤维素(黏胶丝)的制造方法,并投入生产(德国 克鲁斯、贝范、毕特尔)
1894 年	发现化学元素氩,认为它是属于周期表中最后的一族惰性元素族中的一个元素,预计了其他惰性元素的存在(英国 威·雷姆赛、瑞利)
1895 年	发现化学元素氦(英国 威·雷姆赛);提出"唯能论",认为物质仅仅是各种能量的空间集合(德国 奥斯特瓦尔德);发现苹果酸在反应时的维尔顿转化,对研究有机物的一体化学及亲核型反应有重要意义(德国籍俄国人 维尔顿)
1897～1900 年	用还原镍粉催化乙炔及苯的加氢反应,该法在转变劣质汽油为高辛烷值汽油及变低熔点脂肪成高熔点脂肪中获得应用,是有机氢化催化工业的开端(法国 萨巴梯尔);建议用氢铂电极作为标准零电位电极,用汞-氯化亚汞电极作为方便的参考电极(德国 能斯脱)
1898 年	发现化学元素氖、氪和氙(英国 威·雷姆赛、特拉弗斯);发现放射性化学元素钋和镭,并发现钍也有放射性(法国 比·居里,法籍波兰人 居里夫人)
1899 年	提出解释双键反应能力的余价学说(德国 悌勒);发现化学元素锕(法国 德比尔纳)

时　　间	事　件　简　述
1900 年	美籍俄国科学家冈伯格,从分子量测定首次发现三苯甲烷自由基,自由基是电子出于激发状态的分子或分子碎片,具有自由价,化学性活泼;法国科学家格林雅尔德,制得金属镁的有机化合物,它是有机合成中的中间体;德国科学家多恩,证明激光气是一种新的惰性气体——氡;法国科学家维尔纳,试制成功人造宝石并投入工业生产;美国科学家兰米尔,通过氢分子在钨丝上分解,制得氢原子喷灯,可产生近于太阳表面的温度,开始了气体在金属表面上吸附及催化的研究;英国科学家霍普金,发现蛋白质有两种,一种能维持生命,一种不能维持生命,如明胶
1901 年	德国科学家奥斯特瓦尔德,提出催化剂是改变化学反应速度的物质,而不出现在最终产物中,认为所有反应都可以进行催化,并指明催化剂在理论和实践中的重要性;法国科学界德马尔塞,发现 63 号化学元素铕;美国科学家吉·路易斯,提出逸度和偏克分子的概念,并统一活度概念,使原来根据理想体系条件求得的热力学关系式仍适用于实际体系
1902 年	英国科学家泡帕,用 12 年时间制得氮、硫、硒、锌等化合物的光学异构体,后也获得不包含不对称原子的、因空间位阻而造成的旋光异构体
1903 年	瑞士科学家齐格蒙第,发明观察胶体粒子运动的超显微镜,它也是直接观察平衡涨落的直观仪器;法国科学家比·居里、英国科学家威·雷姆赛、索迪,居里等观察到镭盐水液有气泡逸出,索迪等证实这是辐射引起的水分解,产生了氢气和氧气,这是辐射化学研究的开端
1904 年	德国科学家艾贝格,用五年时间从惰性元素稳定性和元素周期律分为八族出发,首先用电子观点来解释价键。认为一个原子可以被电子占据的位子数是八;一个元素的最大正负价总和常为八,这即为艾贝格定律,是电价学说的"八偶律"的萌芽;日本科学家高峰让吉,首次人工合成激素——肾上腺素;英国科学家哈顿,分解得到非蛋白质小分子"辅酶",这是酶催化不可缺少的物质
1905 年	意大利科学家斯佩西亚,利用温差籽晶生长法制备水晶,成为人造水晶技术的基础;美国科学家科布伦兹,将红外光谱和各类有机分子的结构系统联系起来,使红外光谱在结构分析上获得广泛应用;德国科学家塔曼,首先提出玻璃为过冷的液体,对晶体的晶核生长和发展作了系统研究,研究晶核数目及晶核发展速度与过冷度之间的关系。用热分析法研究合金,为现代金相学奠定基础;美国科学家玻特伍德,从铀矿中铀的衰变指出,铀衰变的最终产物是铅。首次提出了从铀矿的含铅量及铀的衰变速度来测定地球年龄;德国科学家奥斯特瓦尔德,提出胶体是物质多分散聚集状态的观点,把胶体化学发展为表面化学
1906 年	英国科学家巴拉克,从 X 射线的散射和吸收,发现化学元素的特征 X 辐射;美国科学家波特伍德,在铀的残余物中发现化学性质和钍相同的新放射性物质,这是第一次发现同位素;俄国科学家兹维特,发明层析分析法,为分离性质相似的复杂混合物提供了重要方法;德国科学家博登斯坦,发现链式反应,并提出有关机理;德国科学家维尔斯特,用色层分析法,研究叶绿素的化学结构,从而知道 Mg 存在于叶绿素中,而铁也以同样形式存在于血红素中
1907 年	德国科学家费歇尔,经过五年研究,证明蛋白质是由简单的氨基酸相连而成,首次人工合成由十八个氨基酸组成的多肽,这是蛋白质结构与合成的开始;美国科学家吉·路易斯,提出任何物质膨胀系数与压缩系数的热力学关系式,以及它们与相容的关系;法国科学家乌斑和德国科学家威斯巴克,各自独立发现化学元素镥
1909 年	丹麦科学家塞雷森和德国科学家哈伯,引入 pH 表示酸度,设计一种玻璃电极,用以迅速测定溶液酸碱度;俄国科学家谢·列别捷夫,首次人工合成橡胶;德国科学家奥斯特瓦尔德,发明硝酸的工业制法——氨氧化法;美国科学家兰米尔,在白炽灯中充入惰性气体,改善钨丝在真空中的挥发和氧化,延长了灯泡的使用寿命;德国科学家华莱赫,对大量重要天然产物,尤其是香料等进行结构测定,发现它们都具有萜的结构,称为异戊二烯规则
1910 年	英国科学家索迪,提出同位素假说,后又提出放射元素位移法则,放射化学开始成为独立的学科;法籍波兰科学家居里夫人,提出高能辐射的初级化学过程全是形成离子的观点;法国科学家克劳德,利用惰性气体放电,开始生产霓虹灯
1911 年	提出电解质离子在半透膜两边平衡的理论,这种平衡是生物化学中的一个重要过程(英国 唐纳);发现用特种细菌可以合成丙酮、丁醇等化合物,这是微生物合成的早期工作,以后被用到合成盘尼西林、维生素 B_{12} 等(以色列、英籍俄国人 维茨曼);推得球形粒子流体力学的黏度公式,即被用于胶体(瑞士、美籍德国人 爱因斯坦)
1912 年	发现硫化锌晶体 X 射线衍射,证明了 X 射线的波性,促进了近代结晶化学的发展(德国 冯·劳厄等);提出范德华力是偶极间引力的学说(德国 刻松)

续表

时　　间	事　件　简　述
1911～1913 年	确立了有机物的元素碳、氢、硫、氮、磷等几毫克的微量元素分析法(奥地利 普雷格尔);提出光化当量定律(瑞士、美籍德国人 爱因斯坦)
1913 年	提出由粒子散射求得的原子核电荷,可能决定该元素在周期表中的位置,后即为摩斯莱所证实(荷兰 范德布洛克);从 X 光谱发现原子序数定律,是周期律的一个重要进展,并从而开始建立了 X 射线光谱学(英国 摩斯莱)
1909～1913 年	发明氨的铁催化合成法,投入生产。并以合金钢代替碳钢,解决了高温高压下钢材脆裂的问题(德国 哈伯、波许)
1913～1918 年	开始用示踪原子为无机化学分析,测定了最难溶无机铅盐的溶解度(丹麦籍匈牙利人 赫维赛);分离出花色素——花青苷,并阐明了花色素因酸、碱条件不同而引起花的颜色的变化(德国 威尔斯塔特);发现组成可变的金属间化合物——"柏托雷体"(俄国 库尔纳可夫);发明晶体反射式 X 射线谱仪,提出 X 射线反射公式,用于结晶的结构分析。证实在氯化钠晶体中并没有单个的氯化钠分子,而仅以钠离子和氯离子的形式存在(英国 布莱格父子);重新精确校定 60 多种元素的原子量。从不同矿石中,测得铅原子量不同,支持了同位素理论(美国 理查兹);发现存在于脂肪中的维生素,从此维生素分为脂溶性和水溶性两大类(美国 麦克可仑);镍、铬不锈钢开始获得实际应用(英国 哈德费尔德);发明高压加氢催化法,使重油、煤转化为高辛烷值的燃料、优质润滑油、甲醇等,并实现工业化。发明裂解木材成简单分子,进而通过化学反应产生醇和糖(德国 伯戈斯)
1914 年	发展了精确测量 X 光波长的技术,从而发现每个元素 X 光谱,支持了波尔的原子壳层模型(瑞士 西格朋)
1915～1917 年	分别制备战争用毒气,如氯气、光气、芥子气等(德国 哈伯,英国 泡帕)
1916 年	发明粉末法照射 X 射线干涉图来测定晶体结构,后在工业上得到广泛应用(荷兰 德拜、谢勒);提出经典价键理论的电子学说,开始以电子论统一了共价键与离子键(德国 柯塞尔,美国 吉·路易斯);提出气体在固体表面上的吸附理论(美国 兰米尔);通过对带极性基团烷基同系物表面能的测量,提出表面膜的分子定向说(美国 兰米尔);发现加钴的钨钢有强磁性,开始了新型磁合金的研究,后即制得具有强磁性、耐蚀、耐震、耐温度变化、价廉的铝镍钴磁钢(日本 本多光太郎)
1917 年	发现化学元素镤(德国 哈恩、迈特纳,英国 索迪等)
1918～1923 年	提出气体反应的碰撞理论(英国 沃·路易斯)
1919 年	美国美孚石油公司和碳化物碳化学公司从石油裂化气制造异丙醇,是石油化学利用的开端;提出链反应理论,用以解释光化、爆炸,以及后来的加成聚合等许多反应(丹麦 约·克里斯琴森,德国 能斯脱);将共用电子的观念推广到配位化合物(即络合物),指出配位键的两个电子可以来自同一个原子(英国 西奇维克);引入电子等排物的观念,认为有同数目电子的分子可有基本相同的电子结构,这是分子轨道概念的雏形(美国 兰米尔)
1920 年	提出高分子长链的概念,促进高分子化学的建立(德国 斯托丁格);提出范德华力是诱导偶极间引力(荷兰 德拜);发现乙烯能自行结合成四碳、六碳的化合物,并进而形成具有一定橡胶性质的巨大分子,对支持斯托丁格高分子理论及发展合成橡胶起了重要作用(美籍比利时人 诺威兰德)
1918～1920 年	发明极谱分析法,它可以对多种可氧化、还原物质同时进行灵敏的定性定量测定,可应用于水、非水极性溶剂及熔盐。于 1926 年,与志方益三发明自动极谱仪(捷克 海洛夫斯基,日本 志方益三);发现重要香料麝香和香猫酮为 16 及 17 元的大环化合物,大环形化合物的环可以不在一个平面上,打破半个世纪前拜耳(1883 年)提出的有机物只能形成平面小环的假说(瑞士籍南斯拉夫人 拉齐卡);20 世纪20 年代左右,发现非液晶分子溶于液晶物质时,溶质分子会和溶剂分子一样,处于排列成行的状态(德国 沙普);提出氢键的概念,认为氢键是一种较弱的"键",用以解释水等物质的性质(美国 莱悌默)
1921～1923 年	提出共轭酸碱的理论(丹麦 勃朗斯台特);提出电解质离子平均活度系数的计算法(美国 吉·路易斯);发现四乙基铅为良好的汽油燃烧抗爆剂,开始了抗爆机制的研究(美国 米吉莱)
1922 年	提出所有催化过程形成临界络合物,由络合物的形成和分解决定反应的速度,并推得反应方程式(丹麦 勃朗斯台特);将液晶分为三大类:向列相液晶、胆甾相液晶、近晶相液晶(德国 基·费莱德尔)
1923 年	提出强电解质溶液的离子互吸理论,认为强电解质在溶液中完全电离,每个离子被带异性电荷的离子氛包围,从而影响了离子的运动及其他性质,由此推出离子的活度系数是离子强度的函数(荷兰 德拜,德国 休克尔);首次确定辅酶的结构,认识到维生素及铜、钴、镁、钼等人体所需的微量金属都是辅酶的部分(瑞典籍德国人 欧拉·钱儿宾,英国 哈顿);用 X 光分析法,发现化学元素铪(丹麦籍匈牙利人 赫维赛,德国 考斯特儿)

时　　间	事 件 简 述
1924 年	提出原子结构与元素周期律的关系,即波尔-梅因史密司-斯通纳构造原则,使周期律的解释建立在原子结构的基础上(丹麦 尼·波尔,美国 梅因史密司,英国 斯通纳);发明超离心法(十万倍于重力),研究胶体粒子和高分子的大小及分布,首次测定了蛋白质的分子量(瑞典 斯维特伯格);确定罂粟碱、尼古丁等重要生物碱的结构,并开始了从简单分子合成复杂天然有机物的工作(英国 鲁滨逊);从光谱发现双原子分子中的电子状态相似于原子中的电子状态(德国 索末菲);提出软球分子模型的吸引、排斥近似位垒公式,广泛用于推导物态方程及计算原子、分子间的作用(英国 林纳·简斯);以醋纤代替硝纤(1889 年开始用的)作照相底片,解决了底片易燃的问题(美国 伊斯特曼)
1925 年	确定吗啡的结构式(英国 鲁滨逊);提出分子价电子的能级在所有主要方面与原子价电子的能级基本相同(美国 儿·贝尔格);发现化学元素铼,属周期系中最后一个稳定元素,以后发现的均为放射性元素(德国 依·诺台克、瓦·诺台克)
1926 年	确定糖类具有五环糖和六环糖两种基本结构(英国 霍沃斯);提出活化中心的吸附催化假说(美国 兰米尔、塔勒);提出中介论,认为有些分子的真实状态不能用任何一个经典结构式来表示,而是介于两个或多个"极限结构"之间的中介状态(英国 英果尔德);分别提出磁性盐低温去磁法(美国 吉奥寇,荷兰 德拜)
1927 年	提出电解质溶液的电导理论(荷兰 德拜,美国 盎萨格);提出支链反应的理论,用以说明燃烧爆炸过程(前苏联 谢苗诺夫,英国 欣谢尔伍德);通过 X 光分析,证实液体的结构是分子近程有序,远程无序,液体分子间存在着利于分子运动的空穴(荷兰 德拜);用原电池过程来解释金属的多相催化反应,并用极化和去极来说明催化毒物及催化促进剂的作用(英国 阿姆斯特朗)
1928 年	提出范德华力是色散引力的见解(德国 弗·伦顿);提出氢分子结构的量子力学的近似处理法,进而推广到其他分子结构的研究,首次把量子力学应用于化学(德国 弗·伦顿、海特勒);提出多相催化的电子假说(前苏联 罗金斯基)
1926~1928 年	分别对分子中的电子状态按原子轨道进行分类,并初步得出选择分子中电子量子数的规律(美国 马利肯,德国 洪德);用原子轨道的线性加和法讨论了氢分子的电子状态,这是分子轨道法的原形,并用轨道重叠的大小来判断键合的能力(美国 鲍林);提出处理多电子原子体系问题的"自洽场"近似方法(英国 哈特里)
1921~1929 年	逐渐确定正铁血红素的结构是由四个吡咯环所组成的复杂分子(德国 汉·费歇)
1929 年	分离得两种维生素 K,并确定其结构(美国 多伊赛);提出晶体场理论,认为在离子晶体中,由于周围离子形成的晶体电场,引起中心离子电子轨道的变化,导致晶体的稳定(美籍德国人 贝蒂);提出多相催化的多位假说(前苏联 巴兰金);确定硅酸盐结构可形成一维长链、二维网格和三维网格(美国 鲍林)
1909~1929 年	发现核糖(五碳糖)存在于某些核酸中,发现脱氧核糖,它存在于另一些核酸中,认识到核酸就分为核糖核酸和脱氧核糖核酸这两类(美籍俄国人 勒温);发现天然氧是氧的三种同位素的混合物。从此物理学上改用氧 16 作为原子量标准,而化学上仍用三种同位素的平均值作标准,到 1961 年国际上改用碳 12 作为统一标准(美国 吉奥寇)
1928~1939 年	从氮分子、氧分子、氢分子、水分子等近二十种单质及化合物的光谱数据和量热数据,分别求得熵的结果相符,使热力学的统计理论得到有力的支持(美国 吉奥寇);发明二烯合成反应,是从链烃合成环烃的重要反应(德国 阿德儿、迪尔斯);人工合成氯丁橡胶,是最早切合广泛实用的橡胶,在战争中开始大量代替天然胶(美国 卡罗瑟,美籍比利时人 诺威兰德)
1930 年	通过大量二元酸与二元胺的缩合,合成高分子纤维丝,而证实高分子长链的结构理论(美国 卡罗瑟)
1930~1932 年	发现偶氮磺胺化合物百浪多息的抗菌性,开始了对这类药物的研究(德国 多麦克);首次提出高分子结晶的结构模型,认为高分子的结晶不同于小分子的结晶(德国 赫曼、杰恩格罗斯);发现化学元素钫(美国 阿立生、麦非);确定全部叶绿素的结构(德国 汉·费歇);制得二氟二氯甲烷(氟里昂),开始了有机氟的研究(美国 米吉莱);将霓虹灯涂以荧光物质后发展了日光灯,逐步代替白炽灯(法国 克劳德)
1931 年	提出分子结构的共振理论,认为有些分子的结构是多个价键结构式共振的结果(美国 鲍林);对芳香和共轭体系,开始引入非定位价键的量子力学处理(德国 休克儿);首次实现全人工合成的纤维,强度大于黏丝,称为尼龙,于 1938 年投产,人工合成纤维从此开始(美国 卡罗瑟);确定维生素 A 的结构,在 1933 年合成(瑞士 卡勒,德籍奥地利人 柯恩);建立第一台放大 400 倍的粗糙的电子显微镜(德国 拉斯卡)

续表

时　　间	事　件　简　述
1932 年	提出高分子高弹行为(即橡胶弹性)的分子运动理论(德国 库·迈耶尔、苏西奇);提出液体的似晶格 模型,即将液体看作不完善的固体,并推得一维空间疏松堆叠的解(前苏联 弗朗克尔);分别发展分子 结构的分子轨道理论,分子轨道相似于原子轨道进行构造,并分为成键轨道和反键轨道两种,分子轨 道由原子轨道线性加和近似计算,对多原子分子开始引用非定位分子轨道概念(美国 马利肯,德国 洪德)
1931~1932 年	提出把定域的单键和多键分为 σ 键和 π 键两类(德国 洪德);发现重氢——氘(美国 尤里)
1932~1935 年	应用阿累尼乌斯的活化络合物概念,提出反应速度理论(德国 佩尔泽,美国 艾林);确定了多种雌、 雄激素的结构,并进行了部分合成(德国 布坦能脱,瑞士籍南斯拉夫人 拉齐卡)
1933 年	人工合成维生素 C(英国 霍沃思)
1933~1939 年	分别提出不同的电化学动力学的假说(前苏联 弗鲁姆金,日本 堀内寿郎,美国 艾林)
1931~1933 年	发展了完全无规混合的正则溶液理论(美国 斯卡查、海儿德勃朗);制得重水,后用作反应堆的减速 剂(美国 吉·路易斯)
1934 年	提出高分子长链的统计理论(德国 维·库恩);发现核反冲的化学效应,是"热原子化学"的开端(美 籍匈牙利人 西拉德等);发现人工放射性,是制备人工放射元素的开始(法国 弗·居里夫妇);用离子 与激发分子丛簇的观念以及由离子和激发分子形成的自由基来说明辐射化学的初级效应与次级效应 (美国 艾林、蒙德)
1935 年	人工合成第一个离子交换树脂(英国 比·亚当斯、伊·霍尔姆斯);用质谱仪发现铀的重要同位素铀 235(美籍加拿大人 丹姆斯特);首次引用重氢和氮的同位素于生物化学研究,发现贮藏在机体内的脂 肪酸、氨基酸与食物中的不断发生交换,否定了储藏在机体中脂肪通常不动的看法,是同位素研究生 命代谢的开始(美籍德国人 桑恩海默)
1930~1935 年	陆续得到结晶的胃朊酶、胰朊酶、胰凝乳朊酶,都证明是蛋白质(美国 诺塞洛泼);证实磺胺药有药效 的是磺胺部分,磺胺药开始大量生产(德国 陶麦克,意大利、法籍瑞士人 波维特);人工合成维生素 B₂ (瑞士 卡勒,德籍奥地利人 柯恩);确定维生素 D 的结构。提出用紫外光照射食物如牛奶等以增加维 生素 D 含量(德国 温道斯)
1936 年	发明场发射电子显微镜,限于研究高熔点金属及合金的表面,气体的吸附及晶体的缺陷等(美籍德 国人 欧·缪勒);首次用固体晶胞的模型来描述液体,后发展为液体的晶胞理论(美国 艾林)
1937 年	首次人工合成元素周期表中空位的元素——43 号的锝(美籍意大利人 埃·塞格勒,美国 佩里埃); 确定三种维生素 E 的结构,于 1938 年合成(瑞士 卡勒);发展放大 7000 倍的可供科学研究的电子显微 镜,人类的视野开始进入病毒和蛋白质的世界(美籍加拿大人 海勒);从大量小晶体取向以代替大晶体 的光学效果出发,制成人造偏振片,代替了尼科尔棱镜。发展二元色彩色新体系,修改了托·杨和赫 尔姆霍茨三元色理论(美国 兰德);明确维生素参与辅酶部分而发挥生化功能(美国 爱尔维杰)
1935~1937 年	发现组成蛋白质的氨基酸分作两类,一类对营养无效,一类约二十余种,是营养物中基本氨基酸,但 对不同动物体基本氨基酸也不同(美国 维·罗思)
1938 年	发现聚四氟乙烯,开始了含氟聚合物的研究,到 20 世纪 50 年代正式投产(美国 杜邦公司);发现一 些简单的磷酸酯对温血动物具有剧毒及强烈的杀虫作用(德国 施拉德);提出气体在固体表面上的多 分子吸附理论(美国 布伦瑞尔、埃米特,美籍匈牙利人 特勒);首次分离得到纯净的维生素 B₂(德籍奥 地利人 柯恩)
1939 年	人工合成维生素 K(美国 菲泽)
1939~1942 年	提出联合制碱新法(中国 侯德榜等);提出多相催化的活性集团假说(前苏联 柯勃谢夫)
1899~1939 年	分别对非碳四面体元素硅有机物的研究,制得含硅高聚物(英国 刻宾,前苏联 安德利扬诺夫)
1935~1939 年	试用在 1873 年合成的二氯二苯基三氯乙烷(D.D.T.)于治虫,1942 年工业生产(瑞士 保·缪勒)
1940 年	分别实现用中子和氘轰击铀238,发生衰变以制备超铀元素的方法,制备了93 号镎、94 号钚,指出超 铀元素的性质都相似于镧系稀土元素(美国 西博格、艾贝尔森、麦克米伦);人工合成元素周期表中另 一空位元素 85 号的砹(美籍意大利人 埃·塞格勒);提出六氟化铀,通过热扩散法富集铀235 (美国 艾贝尔森);以气体扩散法从铀238 中分离铀235(美国 尤里);分离得到长半衰期放射性同位素 碳 14,用于生物化学、地质和考古(美籍加拿大人 卡门)

续表

时　　间	事　件　简　述
1909~1940 年	对有机硼化合物进行研究,在高能燃料,耐辐射材料等方面开始获得实际应用(德国 斯托克);20 世纪 40 年代后,发展了离子树脂交换法,对 14 个稀土元素进行分离,"稀有金属化学"开始迅速发展(美国 斯佩丁)
1941 年	第二次世界大战前后,美国石油开始化学综合利用,用于生产各种有机物、塑料、纤维、橡胶等
1942 年	应用离子树脂交换法分离得到纯铀 2t,用于制备第一颗原子弹(美国 斯佩丁);
1942~1951 年	由于原子反应堆的建立,辐射化学逐步发展成为一门科学;发展分子结构的立体构象分析理论(挪威 哈塞尔,美国 巴顿);提出高分子溶液的晶格模型理论,并由此推出高分子稀溶液黏度的近似公式(美国 弗洛里等)
1943 年	分得纯青霉素,被用于医药(英籍奥地利人 弗洛利);发明分配色层分析法,广泛用于分离少量复杂混合物,在胰岛素结构和光合作用等的研究中起了重要作用(英国 马丁、辛格)
1943~1950 年	分得纯链霉素、金霉素、地霉素,四环素等,开始统称为抗菌素(美籍俄国人 瓦克斯曼)
1944 年	用中子轰击钚和 a 粒子轰击铀得 95 号超铀元素镅,用粒子轰击钚得 96 号超铀元素锔(美国 西博格、乔梭);用斜喷金属膜的方法,使电子显微镜可见到三维立体图像(美国 维克夫);人工合成奎宁,这是不经过天然中间体而从简单化合物合成的复杂有机物(美国 伍德沃德)
1945 年	发现电子顺磁共振现象,是研究自由基等的重要途径(前苏联 柴伏依斯基)
1934~1945 年	用 X 光结构分析法,确定了碳碳单键,双键、叁键、共轭键以及氢键的键长(英国 杰·罗伯森);分别用磁共振法和磁感应法实现核磁共振,测量核磁矩,推进了原子核磁性在科学研究中的应用,核磁共振谱开始用于化学结构分析(美国 珀塞尔,美籍瑞士人 布洛赫);确定盘尼西林的分子结构(英国 鲁滨逊)
1946 年	确定马钱子碱的结构(美国 伍德沃德,英国 鲁滨逊);证实宇宙射线导致的氚,也存在大气与水中,用它可以测定古代水和酒的年龄(美国 李比)
1947 年	发现化学元素钷(美国 马林斯基、格兰顿能)
1930~1947 年	实现测古化石年龄的技术。可以测定古生物化石的年龄达 45000 年,从而确定最晚冰河期为 10000 年(美国 李比);人工合成二磷酸腺苷(ADP)及三磷酸腺苷(ATP)(英国 托德)
1948 年	分别发现酞菁类有机染料具有半导体性质,开始了有机半导体的研究(英国 埃利,前苏联 伏尔坦扬);提出多相催化的半导体理论(前苏联 伏尔肯斯坦)
1949~1955 年	用脉冲闪光分解法引起气体低压放电,通过气体平衡的破坏和恢复,研究 10 亿分之一秒中发生的超速化学反应,从此开始了超速反应的研究(英国 诺里许、泊特);用氧 18 示踪原子,发现植物光合时放出的氧来自水而不是来自二氧化碳(美国 吉奥窦)
1950 年	发展籽晶熔体引退法拉制元素半导体单晶锗(美国 蒂尔等);用粒子轰击镅和锔得 97 号、98 号超铀元素锫和锎(美国 西博格、乔梭);首次建议纤维状蛋白质分子可以以螺旋的一级形式排列,随后即得大体证实。从血液疾病的研究引入"分子疾病"的观念,认为这是由于蛋白质中反常结构引起(美国 鲍林);英、美等国有机磷化物用作农药,并大规模投入生产;对化合物型硫化铅半导体的机制作了分析(英国 盖比、斑伯雷等)
1951 年	人工合成新型结构的化合物——二茂铁,促进了对这类化合物特殊化学键的研究(英国 基利、波森);人工合成类固醇,属非聚合型的复杂化合物,如胆甾醇,皮质酮等,为有机合成的新进展(美国 伍德沃德);发明场发射离子显微镜,分辨率 2.5 埃,第一次照出金属面上的个别原子(美籍德国人 欧·缪勒)
1952 年	用无坩埚区域熔融法提纯元素半导体单晶硅(美国 浦凡);发现锑化铟化合物具有半导体性质,开始了三五族、二六族、二四族、二五族、五六族、六三族以及三元化合物型半导体的研究(德国 威尔刻);提出络合物结构的配位场理论(英国 欧格耳);人工合成吗啡(美国 盖兹);提出气液色层分析法,广泛用于分析分离各种气体混合物(英国 阿·马丁、詹姆斯);用微生物促成甾体氧化物,解决了人工合成可的松、激素等的困难(美国 振特森、穆赖)
1953 年	引入重原子如金、汞等到蛋白质中,用 X 射线法确定血红蛋白质的立体结构,这是确定复杂分子结构的新进展(英籍奥地利人 佩鲁茨)
1953~1954 年	通过温度、压力、电场的瞬时扰动平衡法研究水介质中的"超速"离子反应,可达 $0.1\mu s$(德国 埃根、李·迈耶尔)
1953~1954 年	确定脑叶催产素中八个氨基酸排列的次序,并进行合成,这是第一个合成的蛋白质激素(美国 杜维格尼奥德)

续表

时　　间	事　件　简　述
1950～1953 年	用碳和氮轰击镎和铀，制得 99 号超铀元素锿；用中子轰击镄制得 100 号超铀元素镄(美国 乔梭)
1954 年	确定活泼的"二价"碳化合物作为中间体而存在，用以阐明了有关化学反应的机理(美国 多林、埃·霍夫曼)；美国贝尔电话研究所用半导体硅制成第一个太阳能电池；用齐格勒有机铝及钛的组合催化剂首次合成立体定向高分子(德国 纳塔)；美国联合碳化物公司正式生产泡沸石，即俗称分子筛；提出多相催化的链反应理论(前苏联 谢苗诺夫)；人工合成马钱子碱、羊毛甾醇、麦角酸、麦角诺文等(美国 伍德武德)
1953～1955 年	发明原子吸收光谱仪在定量分析上得到应用(澳大利亚 沃尔许)；用粒子轰击锿制得 101 号超铀元素钔(美国 西博格)
1955～1962 年	制备大量胆甾相液晶和向列系液晶与研究它们的相变温度效应，并开始研究胆甾相、向列相、近晶相液晶在温度、压力、电场等外界影响下的光学效应。(英国 格雷等)；从理论上探讨可以存在非阻尼振荡的化学反应，后即发现大量的生物学振荡反应和温度、浓度、电化学的化学振荡反应(比利时 普里皋金)
1953～1961 年	首次确定蛋白质(牛胰岛素)的分子氨基酸顺序结构(英国 桑格)；确定核苷酸结构与合成低分子核苷酸(英国 托德)；确定维生素 B_{12}(氰基钴胺)的分子结构(英国 霍琪金)
1956 年	英国帝国化学工业公司发明第一个可以和纤维进行化学结合的活性染料；确定垂体后叶激素中的肾上腺皮质激素分子中氨基酸顺序，证实人类生长激素的氨基酸组成，到 1970 年合成了这个激素(美籍中国人 李樵豪)
1957 年	美国通用电气公司利用瑞典人利安德 1953 年的发明和美国人哈·霍尔 1954 年的发明，开始生产人造金刚石；分别获得高分子单晶，提出褶叠链的片晶是高分子晶体的基本结构。从此褶叠链和织构链成为高分子结晶的两大基本类型(德国 依·费歇，美国 梯尔、凯勒)
1947～1957 年	发明微晶玻璃，并投入生产。在晶核剂诱导下，通过光或热的作用控制微晶的生成。有晶，区别于玻璃。晶细，区别于陶瓷，具有许多优良性能，是硅酸盐化学的一个进展(美国 司徒基)
1958 年	人工合成取代基不同的多种青霉素类似物，用于医药(英籍奥地利人 弗洛利)；分别用碳和氧轰击锔和锎制得 102 号超铀元素锘，用氮轰击锎制得 103 号元素铹(美国 西博格，前苏联 弗略罗夫)
1959 年	50 年代末 60 年代初美国林德公司利用美国人盖布的发明将等离子体用于化工合成，这是高温化学研究的开始；发现丙二酸在铈或铁或锰催化溴化时的化学振荡反应(前苏联 别洛索夫)
1960 年	利用等离子体工业生产一氧化氮、乙炔、氰化氢、联氨等(美国 卡茨等)；提出对某些产生多原子分子的反应，化学能可以直接转为分子的振动能，造成各能级分子集居数的反转，以产生化学激光。于 1965 年实现了这类化学激光(加拿大 珀兰尼)；证实球状蛋白如肌红朊和纤维状蛋白相同也具有一级螺旋结构(英国 肯德鲁，英籍奥地利人 佩鲁茨)；从不同途径人工合成叶绿素(德国 斯特雷尔，美国 伍德沃德)；通过巴氏棱菌无细胞提取液实现固氮，使生化固氮研究从细胞水平进展到无细胞水平(美国 卡恩)
1961 年	国际纯粹与应用化学联合会通过 12C＝12 的原子量基准；美国 A. 吉奥索等人工制得锿；美国 C. S. 马维尔等制成聚苯并咪唑
1962 年	英国 N. 巴利特合成六氟合铂酸氙；美国 R. B. 梅里菲尔德发明多肽固相合成法
1963 年	美国 R. G. 皮尔孙提出软硬酸碱理论
1964 年	前苏联弗廖洛夫等人工制得 104 号元素
1965 年	美国 R. B. 伍德沃德和 R. 霍夫曼提出分子轨道对称守恒原理；中国全合成结晶牛胰岛素；美国通用电气公司制成聚苯醚
1967 年	美国菲利普斯公司制成聚苯硫醚
1968 年	美国吉 A. 吉奥索等人工制得 104 号元素；前苏联弗廖洛夫等人工制得 105 号元素
1969 年	比利时 I. 普里戈金提出耗散结构理论
1970 年	美国 A. 吉奥索等人工制得 105 号元素
1973 年	美国 R. B. 伍德沃德全合成维生素 B_{12}；美国杜邦公司合成聚对苯二甲酰对苯二胺
1974 年	前苏联弗廖洛夫等和美国 A. 吉奥索等分别人工制得 106 号元素
1976 年	前苏联弗廖洛夫等人工制得 107 号元素

附录 2 历年诺贝尔化学奖及其主要成就

1901 年	荷兰科学家范托霍夫因化学动力学和渗透压定律获诺贝尔化学奖
1902 年	德国科学家埃米尔·费歇尔因合成嘌呤及其衍生物多肽获诺贝尔化学奖
1903 年	瑞典科学家阿仑尼乌斯因电解质溶液电离解理论获诺贝尔化学奖
1904 年	英国科学家拉姆赛因发现六种惰性气体,并确定它们在元素周期表中的位置获得诺贝尔化学奖
1905 年	德国科学家拜耳因研究有机染料及芳香剂等有机化合物获得诺贝尔化学奖
1906 年	法国科学家穆瓦桑因分离元素氟、发明穆瓦桑熔炉获得诺贝尔化学奖
1907 年	德国科学家毕希纳因发现无细胞发酵获诺贝尔化学奖
1908 年	英国科学家卢瑟福因研究元素的蜕变和放射化学获诺贝尔化学奖
1909 年	德国科学家奥斯特瓦尔德因催化、化学平衡和反应速度方面的开创性工作获诺贝尔化学奖
1910 年	德国科学家瓦拉赫因香料研究和脂环族化合作用方面的开创性工作获诺贝尔化学奖
1911 年	法国科学家玛丽·居里(居里夫人)因发现镭和钋,并分离出镭获诺贝尔化学奖
1912 年	德国科学家格利雅因发现有机氢化物的格利雅试剂法、法国科学家萨巴蒂埃因研究金属催化加氢在有机化合成中的应用而共同获得诺贝尔化学奖
1913 年	瑞士科学家韦尔纳因分子中原子键合方面的作用获诺贝尔化学奖
1914 年	美国科学家理查兹因精确测定若干种元素的原子量获诺贝尔化学奖
1915 年	德国科学家威尔泰特因对叶绿素化学结构的研究获诺贝尔化学奖
1918 年	德国科学家哈伯因氨的合成获诺贝尔化学奖
1920 年	德国科学家能斯脱因发现热力学第三定律获诺贝尔化学奖
1921 年	英国科学家索迪因研究放射化学、同位素的存在和性质获诺贝尔化学奖
1922 年	英国科学家阿斯顿因用质谱仪发现多种同位素并发现原子获诺贝尔化学奖
1923 年	奥地利科学家普雷格尔因有机物的微量分析法获诺贝尔化学奖
1925 年	奥地利科学家席格蒙迪因阐明胶体溶液的复相性质获诺贝尔化学奖
1926 年	瑞典科学家斯韦德堡因发明高速离心机并用于高分散胶体物质的研究获诺贝尔化学奖
1927 年	德国科学家维兰德因发现胆酸及其化学结构获诺贝尔化学奖
1928 年	德国科学家温道斯因研究丙醇及其维生素的关系获诺贝尔化学奖
1929 年	英国科学家哈登因有关糖的发酵和酶在发酵中作用研究、瑞典科学家奥伊勒歇尔平因有关糖的发酵和酶在发酵中作用而共同获得诺贝尔化学奖
1930 年	德国科学家费歇尔因研究血红素和叶绿素,合成血红素获诺贝尔化学奖
1931 年	国科学家博施、伯吉龙斯因发明高压上应用的高压方法而共同获得诺贝尔化学奖
1932 年	美国科学家朗缪尔因提出并研究表面化学获诺贝尔化学奖
1934 年	美国科学家尤里因发现重氢获诺贝尔化学奖
1935 年	法国科学家约里奥·居里因合成人工放射性元素获诺贝尔化学奖
1936 年	荷兰科学家德拜因 X 射线的偶极矩和衍射及气体中的电子方面的研究获诺贝尔化学奖
1937 年	英国科学家霍沃恩因研究碳水化合物和维生素、瑞士科学家卡勒因研究胡萝卜素、黄素和维生素、匈牙利科学家森特哲尔吉因发现维生素 C 而共同获得诺贝尔生理学或医学奖
1938 年	德国科学家库恩因研究类胡萝卜素和维生素获诺贝尔化学奖(但因纳粹的阻挠而被迫放弃领奖)

续表

1939 年	德国科学家布特南特因性激素方面的工作、瑞士科学家卢齐卡因聚甲烯和性激素方面的研究工作而共同获得诺贝尔化学奖(布特南特因纳粹的阻挠而被迫放弃领奖)
1943 年	匈牙利科学家赫维西因在化学研究中用同位素作示踪物获诺贝尔化学奖
1944 年	德国科学家哈恩因发现重原子核的裂变获诺贝尔化学奖;
1945 年	芬兰科学家维尔塔宁因发明酸化法贮存鲜饲料获诺贝尔化学奖;
1946 年	美国科学家萨姆纳因发现酶结晶、美国科学家诺思罗普、斯坦利因制出酶和病毒蛋白质纯结晶而共同获得诺贝尔化学奖
1947 年	英国科学家罗宾逊因研究生物碱和其他植物制品获诺贝尔化学奖
1948 年	瑞典科学家蒂塞利乌斯因研究电泳和吸附分析血清蛋白获诺贝尔化学奖
1949 年	美国科学家吉奥克因研究超低温下的物质性能获诺贝尔化学奖
1950 年	德国科学家狄尔斯、阿尔德因发现并发展了双烯合成法而共同获得诺贝尔化学奖
1951 年	美国科学家麦克米伦、西博格因发现和研究 8 种新的超铀元素镎、镅、锔、锫等而共同获得诺贝尔化学奖
1952 年	英国科学家马丁、辛格因发明气相色谱法而共同获得诺贝尔化学奖
1953 年	德国科学家施陶丁格因对高分子化学的研究获诺贝尔化学奖
1954 年	美国科学家鲍林因研究化学键的性质和复杂分子结构获诺贝尔化学奖
1955 年	美国科学家迪维格诺德因第一次合成多肽激素获诺贝尔化学奖
1956 年	英国科学家欣谢尔伍德、前苏联科学家谢苗诺夫因研究化学反应动力学和链式反应而共同获得诺贝尔化学奖
1957 年	英国科学家托德因研究核苷酸和核苷酸辅酶获诺贝尔化学奖
1958 年	英国科学家桑格因确定胰岛素分子结构获诺贝尔化学奖
1959 年	海洛夫斯基因发现并发展极谱分析法,开创极谱学获诺贝尔化学奖
1960 年	美国科学家利比因创立放射性碳测定法获诺贝尔化学奖
1961 年	美国科学家卡尔文因研究植物光合作用中的化学过程获诺贝尔化学奖
1962 年	英国科学家肯德鲁、佩鲁茨因研究蛋白质的分子结构获诺贝尔化学奖
1963 年	意大利科学家纳塔、德国科学家齐格勒因合成高分子塑料而共同获得诺贝尔化学奖
1964 年	英国科学家霍奇金因用 X 射线方法研究青霉素和维生素 B_{12} 等的分子结构获诺贝尔化学奖
1965 年	美国科学家伍德沃德因人工合成类固醇、叶绿素等物质获诺贝尔化学奖
1966 年	美国科学家马利肯因创立化学结构分子轨道学说获诺贝尔化学奖
1967 年	德国科学家艾根、英国科学家波特因发明快速测定化学反应的技术而共同获得诺贝尔化学奖
1968 年	美国科学家昂萨格因创立多种热动力作用之间相互关系的理论获诺贝尔化学奖
1969 年	英国科学家巴顿、挪威科学家哈赛尔因在测定有机化合物的三维构相方面的工作而共同获得诺贝尔化学奖
1970 年	阿根廷科学家莱格伊尔因发现糖核苷酸及其在碳水化合的生物合成中的作用获诺贝尔化学奖
1971 年	加拿大科学家赫茨伯格因研究分子结构、美国科学家安芬森因研究核糖核酸酶的分子结构而共同获得诺贝尔化学奖
1972 年	美国科学家穆尔、斯坦因因研究核糖核酸酶的分子结构而共同获得诺贝尔化学奖
1973 年	德国科学家费歇尔、英国科学家威尔金森因有机金属化学的广泛研究而共同获得诺贝尔化学奖
1974 年	美国科学家弗洛里因研究高分子化学及其物理性质和结构获诺贝尔化学奖
1975 年	英国科学家康福思因研究有机分子和酶催化反应的立体化学、瑞士科学家普雷洛格因研究有机分子及其反应的立体化学而共同获得诺贝尔化学奖
1976 年	美国科学家利普斯科姆因研究硼烷的结构获诺贝尔化学奖
1977 年	比利时科学家普里戈金因提出热力学理论中的耗散结构获诺贝尔化学奖

续表

1978 年	英国科学家米切尔因生物系统中的能量转移过程获诺贝尔化学奖
1979 年	美国科学家布朗因、德国科学家维蒂希因在有机物合成中引入硼和磷而共同获得诺贝尔化学奖
1980 年	美国科学家伯格因研究操纵基因重组 DNA 分子、美国科学家吉尔伯特、英国科学家桑格因创立 DNA 结构的化学和生物分析法而共同获得诺贝尔化学奖
1981 年	日本科学家福井谦一因提出化学反应边缘机道理论、美国科学家霍夫曼因提出分子轨道对称守恒原理而共同获得诺贝尔化学奖
1982 年	英国科学家克卢格因以晶体电子显微镜和 X 射线衍射技术研究核酸蛋白复合体获诺贝尔化学奖
1983 年	美国科学家陶布因对金属配位化合物电子能移机理的研究获诺贝尔化学奖
1984 年	美国科学家梅里菲尔德因对发展新药物和遗传工程的重大贡献获诺贝尔化学奖
1985 年	美国科学家豪普特曼、卡尔勒因发展了直接测定晶体结构的方法而共同获得诺贝尔化学奖
1986 年	美国科学家赫希巴赫、美籍华裔科学家李远哲因发现交叉分子束方法、德国科学家波拉尼因发明红外线化学研究方法而共同获得诺贝尔化学奖
1987 年	美国科学家克拉姆因合成分子量低和性能特殊的有机化合物、法国科学家莱恩、美国科学家佩德森因在分子的研究和应用方面的新贡献而共同获得诺贝尔化学奖
1988 年	德国科学家戴森霍费尔、胡贝尔、米歇尔因第一次阐明膜蛋白质形成的全部细节而共同获得诺贝尔化学奖
1989 年	美国科学家切赫、加拿大科学家奥尔特曼因发现核糖核酸催化功能而共同获得诺贝尔化学奖
1990 年	美国科学家 Corey 因创立关于有机合成的理论和方法获诺贝尔化学奖
1991 年	瑞士科学家恩斯特因对核磁共振光谱高分辨方法发展做出重大贡献获诺贝尔化学奖
1992 年	美国科学家马库斯因对化学系统中的电子转移反应理论作出贡献获诺贝尔化学奖
1993 年	美国科学家穆利斯因发明"聚合酶链式反应"法,在遗传领域研究中取得突破性成就、加拿大籍英裔科学家史密斯因开创"寡聚核苷酸基定点诱变"方法而共同获得诺贝尔化学奖
1994 年	美国科学家欧拉因在碳氢化合物即烃类研究领域作出了杰出贡献而获得诺贝尔化学奖
1995 年	德国科学家克鲁岑、美国科学家莫利纳、罗兰因阐述了对臭氧层产生影响的化学机理,证明了人造化学物质对臭氧层构成破坏作用,而共同获得诺贝尔化学奖
1996 年	美国科学家柯尔、斯莫利、英国科学家克罗托因发现了碳元素的新形式——富勒烯(也称布基球)C-60 而获得诺贝尔化学奖
1997 年	美国科学家博耶、英国科学家沃克尔、丹麦科学家斯科因发现人体细胞内负责储藏转移能量的离子传输酶,而共同获得诺贝尔化学奖
1998 年	美国人科恩提出的密度作用理论、英国人波普尔 1970 年设计了一种日后被广泛应用的计算程序,他们发展的计算方法使人们能够对分子、分子的性质、分子在化学反应中如何相互作用进行理论研究
1999 年	美国人泽维尔因用激光闪烁照相机拍摄到化学反应中化学键断裂和形成的过程而获得诺贝尔化学奖
2000 年	美国科学家黑格、麦克迪尔米德、日本科学家白川秀树因发现导电聚合物而共同获得诺贝尔化学奖
2001 年	美国科学家威廉·诺尔斯、巴里·夏普莱斯、日本科学家野依良治因在"手性催化反应"领域取得的成就,而共同获得诺贝尔化学奖
2002 年	美国科学家约翰·芬恩、日本科学家田中耕一、瑞士科学家库尔特·维特里希因发明了对生物大分子进行识别和结构分析的方法,而共同获得诺贝尔化学奖
2003 年	美国科学家彼得·阿格雷、罗德里克·麦金农因发现了细胞膜水通道,以及对离子通道结构和机理研究做出了开创性贡献,而共同获得诺贝尔化学奖
2004 年	以色列科学家阿龙·切哈诺沃、阿夫拉姆·赫什科和美国科学家欧文·罗斯发现了人类细胞如何控制某种蛋白质的过程。三人因在蛋白质控制系统方面的重大发现而共同获得诺贝尔化学奖
2005 年	法国石油研究所的伊夫·肖万、美国加州理工学院的罗伯特·格拉布和麻省理工学院的理查德·施罗克因在有机化学的烯烃复分解反应研究方面做出了杰出贡献而共同获得诺贝尔化学奖
2006 年	美国科学家罗杰·科恩伯格因揭示了真核生物体内的细胞如何利用基因内存储的信息生产蛋白质而获得诺贝尔化学奖
2007 年	德国科学家格哈德·埃特尔因在表面化学研究领域做出开拓性贡献而获得诺贝尔化学奖

附录3 世界 500 强中的能源及石油化工企业

排名	公司标志	中文常用名称	主要业务	营业收入/百万美元
2	ExxonMobil	埃克森美孚	炼油	372824
3		皇家壳牌石油	炼油	355782
4	bp	英国石油	炼油	291438
6	Chevron	雪佛龙	炼油	210783
8	TOTAL	道达尔	炼油	187280
10	ConocoPhillips	康菲	炼油	178558
16	中国石化 SINOPEC	中国石化	炼油	159260
25		中国石油天然气	炼油	129798
27	Eni	埃尼	炼油	120565
42	PEMEX	墨西哥石油	原油生产	103960

排名	公 司 标 志	中文常用名称	主要业务	营业收入/百万美元
47	GAZPROM	俄罗斯天然气工业	能源	98642
49	VALERO ENERGY CORPORATION	瓦莱罗能源	炼油	96758
53	e·on	意昂	能源	80994.0
63	eDF	法国电力	天然气与电力	73939.1
65	BR PETROBRAS	巴西石油	炼油	72347.0
78	STATOIL	国家石油	炼油	66280.3
81	BASF	巴斯夫	化学	66006.8
90	REPSOL YPF	雷普索尔 YPF	炼油	60920.9
92	Marathon Oil Corporation	马拉松石油	炼油	60643.0
98	SK	鲜京	炼油	59001.9

附录4 中国500强企业中的能源及石油化工企业

排名	公司标志	公司名称	主要业务	营业收入 万元
1	中国石化 SINOPEC	中国石油化工集团公司	炼油	106466742
2		中国石油天然气集团公司	炼油	89380643
11	中国中化集团公司 SINOCHEM CORPORATION	中国中化集团公司	贸易	18423495
24	中国海洋石油总公司 CHINA NATIONAL OFFSHORE OIL CORP.	中国海洋石油总公司	炼油	13236357
38	中国华能集团公司 CHINA HUANENG GROUP	中国华能集团公司	能源电力	8415479
39	神华集团有限责任公司	神华集团有限责任公司	能源电力	8363251
64	中国航油 CNAF	中国航空油料集团公司	能源	5730789
67	中国中煤能源集团公司 CHINA NATIONAL COAL GROUP CORP.	中国中煤能源集团公司	能源	5352394
93	陕西延长石油(集团)有限责任公司 SHAANXI YANCHANG PETROLEUM(GROUP)CO.,LTD.	陕西延长石油(集团)有限责任公司	炼油	4028250
105	WEPEC 大连西太平洋石油化工有限公司 West Pacific Petrochemical Company CO.,LTD DALIAN	大连西太平洋石油化工有限公司	石油化工	3587335
121	兖矿集团有限公司	兖矿集团有限公司	能源	3131073
131	中国化学工程集团公司 CHINA NATIONAL CHEMICAL ENGINEERING GROUP CORPORATION	中国化学工程集团公司	化工	2959440

续表

排名	公司标志	公司名称	主要业务	营业收入 万元
133	同煤集团	大同煤矿集团有限责任公司	能源	2920521
139	山西焦煤集团有限责任公司 SHANXI COKING COAL GROUP CO.,LTD.	山西焦煤集团有限责任公司	能源	2825663
149	logo 请上传 天津渤海化工集团公司	天津渤海化工集团公司	化工	2607000
176	平煤集团 PINGDINGSHANMEIYEJITUAN	平顶山煤业（集团)有限责任公司	能源	2202988
195	LongMay 黑龙江龙煤矿业集团有限责任公司 HEILONGJIANG LongMay MINING GROUP CO.,LTD.	黑龙江龙煤矿业集团有限责任公司	能源	1980495

附录5 ISO 14000 认证

中华人民共和国国家标准

环境管理体系要求及使用指南 GB/T 24001—2004
Environmentalmanagementsystems/ISO 14001：2004
Requirementwithguidanceforuse

1 范围

本标准规定了对环境管理体系的要求，使一个组织能够根据法律法规和它应遵守的其他要求，以及关于重要环境因素的信息，制定和实施环境方针与目标。它适用于那些组织确定为能够控制，或有可能施加影响的环境因素。但标准本身并未提出具体的环境绩效准则。本标准适用于任何有下列愿望的组织：

    a）建立、实施、保持并改进环境管理体系；

    b）使自己确信能符合所声明的环境方针；

    c）通过下列方式展示对本标准的符合：

        1）进行自我评价和自我声明；

        2）寻求组织的相关方（如顾客）对其符合性予以确认；

        3）寻求外部对它的自我声明予以确认；

        4）寻求外部组织对其环境管理体系进行认证/注册；

本标准规定的所有要求都能纳入任何一个环境管理体系。其应用程度取决于诸如组织的环境方针、它的活动、产品和服务的性质以及它的运行场所及条件等因素。本标准还在附录A中对如何使用本标准提供了资料性的指南。

2 引用标准

无引用标准。保留本章是为使本版中的章节号和上一版（GB/T 24001—1996）保持一致。

3 定义

下列术语和定义适用于本标准：

3.1 审核员 auditor

有能力实施审核的人员

［GB/T 19000—2000，3.9.9］

3.2 持续改进 continualimprovement

不断对环境管理体系（3.8）进行强化的过程，目的是根据组织（3.16）的环境方针（3.11），实现对整体环境绩效（3.10）的总体改进。

注：该过程不必同时发生于活动的所有方面。

3.3 纠正措施 correctiveaction

为消除已发现的不符合（3.15）的原因所采取的措施。

3.4 文件 document

信息及其承载媒介。

注1：媒介可以是纸张、计算机磁盘、光盘或其他电子媒体，照片或标准样品，或它们的组合。

注 2：根据 GB/T 19000—2000 中 3.7.2 条改写。

3.5 环境 environment

组织（3.16）运行活动的外部存在，包括空气、水、土地、自然资源、植物、动物、人，以及它们之间的相互关系。

注：在这一意义上，外部存在从组织内延伸到全球系统。

3.6 环境因素 environmentalaspect

一个组织（3.16）的活动、产品或服务中能与环境（3.5）发生相互作用的要素。

注：重要环境因素是指具有或能够产生重大环境影响的环境因素。

3.7 环境影响 environmentalimpact

全部或部分地由组织（3.16）的环境因素（3.6）给环境（3.5）造成的任何有害或有益的变化。

3.8 环境管理体系 environmentalmanagementsystem

组织（3.16）管理体系的一部分，用来制定和实施环境方针（3.11），并管理其环境因素（3.6）。

注 1：管理体系是用来建立方针和目标，并进而实现这些目标的一系列相互关系的要素的集合。

注 2：管理体系包括组织结构、策划活动、职责、惯例、程序（3.19）、过程和资源。

3.9 环境目标 environmentalobjective

与组织（3.16）所要实现的环境方针（3.11）相一致的总体环境目的。

3.10 环境绩效 environmentalperformance

组织（3.16）对其环境因素（3.6）进行管理所取得的可测量结果。

注：在环境管理体系条件下，可对照组织（3.16）的环境方针（3.11）、环境目标（3.9）、环境指标（3.12）及其他环境表现要求对结果进行测量。

3.11 环境方针 environmentalpolicy

由最高管理者就组织（3.16）的环境绩效（3.10）所正式表述的总体意图和方向。

注：环境方针为采取措施，以及建立环境目标（3.9）和环境指标（3.12）提供了一个框架。

3.12 环境指标 environmentaltarget

直接来自环境目标（3.9），或为实现环境目标所需规定并满足的具体的绩效要求，它们可适用于整个组织（3.16）或其局部。

3.13 相关方 interestedparty

关注组织（3.16）的环境绩效（3.10）或受其环境绩效影响的个人或团体。

3.14 内部审核 internalaudit

客观地获取审核证据并予以评价，以判定满足组织（3.16）对其设定的环境管理体系审核准则满足程度的系统的、独立的、形成文件的过程。

注：在许多情况下，特别是对于小型组织，独立性可通过与所审核活动无责任关系来体现。

3.15 不符合 non-conformity

未满足要求。

［GB/T 19000—2000，3.6.2］

注：此术语在 GB/T 19000—2000 中为"不合格（不符合）"。

3.16 组织 organization

具有自身职能和行政管理的公司、集团公司、商行、企事业单位、政府机构或社团，或是上述单位的部分或结合体，无论其是否有法人资格、公营或私营。

注：对于拥有一个以上运行单位的组织，可以把一个运行单位视为一个组织。

3.17　预防措施

消除潜在不符合（3.15）原因所采取的措施。

3.18　污染预防 preventionofpollution

为了降低有害的环境影响（3.7）而采用（或综合采用）过程、惯例、技术、材料、产品、服务或能源以避免、减少或控制任何类型的污染物或废物的产生、排放或废弃。

注：污染预防可包括源削减或消除、过程、产品或服务的更改，资源的有效利用，材料或能源替代，再利用、回收、再循环、恢复和处理。

3.19　程序 procedure

为进行某项活动或过程所规定的途径。

注 1：程序可以形成文件，也可以不形成文件。

注 2：根据 GB/T 19000—2000 中 3.4.5 条改写。

3.20　记录 record

阐明已取得的结果或提供已从事活动的证据的文件。

注：根据 GB/T 19000—2000 中 3.7.6 条改写。

4　环境管理体系要求

4.1　总要求

组织应根据本标准的要求建立环境管理体系，形成文件，实施、保持和持续改进环境管理体系，并确定它将如何实现这些要求。

组织应确定环境管理体系覆盖的范围并形成文件。

4.2　环境方针

最高管理者应确定本组织的环境方针并确保它在环境管理体系的覆盖范围内：

a）适合于组织活动、产品或服务的性质、规模与环境影响；

b）包括对持续改进和污染预防的承诺；

c）包括对遵守与其环境因素有关的适用法律法规要求和其他要求的承诺；

d）提供建立和评审环境目标和指标的框架；

e）形成文件，付诸实施，予以保持；

f）传达到所有为组织工作或代表它工作的人员；

g）可为公众所获取。

4.3　策划

4.3.1　环境因素

组织应建立、实施并保持一个或多个程序，用来

a）识别其环境管理体系覆盖范围内的活动、产品或服务中它能够控制或能够施加影响的环境因素，此时应考虑到已纳入计划的或新的开发、新的或修改的活动、产品和服务等因素；

b）确定对环境具有、或可能具有重大影响的因素（即重要环境因素）。

组织应将这些信息形成文件并及时更新。

组织应确保在建立、实施和保持环境管理体系时，对重要环境因素加以考虑。

4.3.2　法律法规与其他要求

组织应建立、实施并保持一个或多个程序，用来

a）识别适用于其活动、产品或服务中环境因素的法律法规要求和其他应遵守的要求，并建立获取这些要求的渠道；

b）确定这些要求如何应用于它的环境因素。

组织应确保在建立、实施和保持环境管理体系时，对这些适用的法律法规要求和其他环境要求加以考虑。

4.3.3 目标、指标和方案

组织应对其内部有关职能和层次，建立、实施并保持形成文件的环境目标和指标。

如可行，目标和指标应可测量。目标和指标应与环境方针相一致，并包括对预防污染、持续改进和遵守适用的法律法规要求及其他要求的承诺。

组织在建立和评审环境目标时，应考虑法律法规要求和其他要求，以及它自身的重要环境因素。此外，还应考虑可选的技术方案、财务、运行和经营要求，以及相关方的观点。

组织应制定、实施并保持一个或多个旨在实现环境目标和指标的方案，其中应包括：

a）规定组织内各有关职能和层次实现环境目标和指标的职责；

b）实现目标和指标的方法和时间表。

4.4 实施与运行

4.4.1 资源、作用、职责和权限

管理者应确保为环境管理体系的建立、实施、保持和改进提供必要的资源。资源包括人力资源和专项技能、组织的基础设施以及技术和财力资源。

为便于环境管理工作的有效开展，应当对作用、职责和权限作出明确规定，形成文件，并予以传达。

组织的最高管理者应任命专门的管理者代表，无论他（们）是否还负有其他方面的责任，应明确规定其作用、职责和权限，以便：

a）确保按照本标准的要求建立、实施和保持环境管理体系；

b）向最高管理者报告环境管理体系的运行表现（绩效情况）以供评审，并提出改进建议。

4.4.2 能力、意识和培训

组织应确保所有为它、或代表它从事组织所确定的可能具有重大环境影响的工作的人员，都具备相应的能力。该能力基于必要的教育、培训、或经历。组织应保存相关的记录。

组织应建立、实施并保持一个或多个程序，使为它或代表它工作的人员都意识到：

a）符合环境方针与程序和符合环境管理体系要求的重要性；

b）他们工作中的重要环境因素和实际的或潜在的环境影响，以及个人工作的改进所能带来的环境效益；

c）他们在实现环境管理体系要求方面的作用与职责；

d）偏离规定的运行程序的潜在后果。

4.4.3 信息交流

组织应建立、实施并保持一个或多个程序，用于有关环境因素和环境管理体系的

a）组织内部各层次和职能间的信息交流；

b）与外部相关方联络的接收、形成文件和答复。

组织应决定是否与外界交流它的重要环境因素，并将其决定形成文件。如决定进行外部交流，就应规定交流的方式并予以实施。

4.4.4 文件

应对本标准和环境管理体系所要求的文件进行控制。记录是一种特殊的文件，应依据4.5.4 的要求进行控制。

因编制建立、实施并保持一个或多个程序，以便：

a）在文件发布前得到审批，以确保其适宜性；

b）必要时对文件进行评审与修订，并重新审批；

c）确保对文件的修改和现行修订状态做出标识；

d）确保适用文件的有关版本发放到需要它的岗位；（参考 ISO 9000）

e）确保文件字迹清楚、标识明确；

f）确保对策划和运行环境管理体系所需的外部文件做出标识，并对其发放予以控制；

g）防止对过期文件的误用，如出于某种目的将其保留，要做出适当的标识。

4.4.5　文件控制

组织应建立并保持一套程序，以控制本标准所要求的所有文件，从而确保：

a）文件便于查找；

b）对文件进行定期评审，必要时予以修订并由授权人员确认其适宜性；

c）凡对环境管理体系的有效运行具有关键作用的岗位，都可能得到有关文件的现行版本；

d）迅速将失效文件从所有发放和使用场所撤回，或采取其他措施防止误用；

e）对出于法律和（或）保留信息的需要而留存的失效文件予以标识。

所有文件均须字迹清楚，注明日期（包括修订日期），标识明确，妥善保管，并在规定期间内予以留存。应规定并保持有关建立和修改各种类型文件的程序与职责。

4.4.6　运行控制

组织应根据其方针、目标和指标，识别和策划与所确定的重要环境因素有关的运行，以确保它们通过下列方式在规定的条件下进行：

a）对于缺乏形成文件的程序可能导致偏离环境方针、目标和指标的情况，应建立、实施并保持一个或多个形成文件的程序；

b）在程序中规定运行准则；

c）对于组织所使用的产品和服务中所确定的重要环境因素，应建立、实施并保持程序，并将适用的程序与要求通报供方及合同方。

4.4.7　应急准备和响应

组织应建立、实施并保持一个或多个程序，用以确定可能对环境造成影响的潜在的紧急情况和事故，并规定相应措施。

组织应对实际发生的紧急情况和事故做出响应，并预防或减少伴随的有害环境影响。

组织应定期评审其应急准备和响应程序。必要时，特别是在事故或紧急情况发生后，对其进行修订。

可行时，组织还应定期试验上述程序。

4.5　检查

4.5.1　监测和测量

组织应建立、实施并保持一个或多个程序，对可能具有重大环境影响的运行的关键特性进行例行监测和测量。程序中应规定将监测环境绩效、运行控制、目标和指标符合情况的信息形成文件。

组织应确保所使用的监测和测量设备经过校准和检验，并予以妥善维护。应保存相关的记录。

组织应建立并保持一个以文件支持的程序，以定期评价对有关环境法律、法规的遵循情况。

4.5.2 合规性评价

4.5.2.1

为了履行对合规性的承诺，组织应建立、实施并保持一个或多个程序，以定期评价对适用环境法律法规的遵循情况。

组织应保存对上述定期评价结果的记录。

4.5.2.2

组织应评价对其他要求的遵循情况，为此，组织可以把它和4.5.2.1中所要求的评价一起进行，也可以另外制定程序，分别进行评价。

组织应保存上述定期评价结果的记录。

4.5.3 不符合，纠正措施与预防措施

组织应建立、实施并保持一个或多个程序，用来处理实际或潜在的不符合，采取纠正措施和预防措施。程序中应规定以下方面的要求：

a）识别和纠正不符合，并采取措施减少所造成的环境影响；

b）对不符合进行调查，确定其产生原因，并采取措施避免重复发生；

c）评价采取措施以预防不符合的需求；实施所制定的适当措施，以避免不符合的发生；

d）记录采取纠正措施和预防措施的结果；

e）评审所采取的纠正措施和预防措施的有效性。

所采取的措施应与问题和环境影响的严重性相适配。

组织应确保对环境管理体系文件进行必要的更改。

4.5.4 记录控制

组织应根据需要，建立并保持必要的记录，用来证实符合其环境管理体系和本标准的要求，以及所取得的结果。

组织应建立、实施并保持一个或多个程序，用于记录的标识、存放、保护、检索、留存和处置。

环境记录应字迹清楚，标识明确，并具有可追溯性。

4.5.5 内部审核

组织应确保按照计划的间隔对环境管理体系进行内部审核。目的是：

a）判定环境管理体系：

1）是否符合计划的环境管理安排和本标准的要求；

2）是否得到了妥善的实施和保持。

b）向管理者报告审核结果。

组织应策划、制定、实施并保持一个或多个审核方案，此时，应考虑到所涉及的运行的环境重要性和以前审核的结果。

应建立、实施并保持一个或多个审核程序，用来规定

——策划和实施审核及报告审核结果，保存相关记录的职责和要求；

——审核准则、范围、频次和方法。

审核员的选择和审核的实施均应确保审核过程的客观性和公正性。

4.6 管理评审

最高管理者应按计划的时间间隔，对组织的环境管理体系进行评审，以确保它的持续适宜性、充分性和有效性。评审应包括评价对环境管理体系，包括环境方针、环境目标和指标

进行改进的机会和修改的需求。应保存管理评审记录。

管理评审的输入应包括：

a）内部审核和合规性评价的结果；

b）和外部相关方的交流，包括抱怨；

c）组织的环境绩效；

d）目标和指标的实现程度；

e）纠正和预防措施的状况；

f）以前管理评审的后续措施；

g）客观环境的变化，包括与组织环境因素和法律法规和其他要求有关的发展变化；

h）改进建议。

管理评审的输出应包括为实现持续改进的承诺而做出的，和环境方针、目标、指标以及其他环境管理体系要素的修改有关决策和行动。

附录6 世界史上的环境污染事件

表1 世界史上的八大公害事件

事件名称	时间地点	污染源及现象	主要危机
马斯河谷烟雾	1930年12月比利时马斯谷河工业区	二氧化硫、粉尘蓄积于空气中	约60人死亡,数千人患呼吸道疾病
洛杉矶光化学烟雾	1943年美国洛杉矶	晴朗天空出现蓝色刺激性烟雾,主要是汽车尾气经光化学反应造成的烟雾	眼红、喉痛等呼吸道疾病,死亡400多人
多诺拉烟雾	1948年美国宾夕法尼亚州多诺拉镇	炼锌、钢铁、硫酸等工厂的废气蓄积于深谷的空气中	死亡10多人,患病约6000人
伦敦烟雾	1952年12月英国伦敦	二氧化硫、烟尘在一定气象条件下形成刺激性烟雾	诱发呼吸道疾病,死亡4000人
四日市哮喘病	1961年日本四日市	炼油厂和工业窑油排放废气中的二氧化硫、烟尘	800多人患哮喘病,死亡10多人
富山县痛痛病	1955年日本富山神通川流域	冶炼铅锌的工厂排放的含镉废水	引起痛痛病,患者300多人,死亡200多人
水俣病	1956年日本雄本县水俣湾	化肥厂排放的含汞废水	中枢神经受伤害,听觉、语言、运动失调,死亡1000人
米糠油事件	1968年日本北九州地区	米糠油中混入多氯联苯	死亡30多人,中毒1000余人

表2 20世纪70~90年代突发性严重污染事件

事件名称	时间	地点	危害	原因
阿摩柯卡的斯油轮泄漏	1793年3月	法国西北部列塔尼半岛	藻类、潮间带动物、海鸟灭绝,工农业生产、旅游业损失巨大	油轮触礁,22万吨原油入海
三哩岛核电站泄露	1979年3月28日	美国宾夕法尼亚州	周围80km²的200万人极度不安,直接损失10多亿美元	核电站反应堆严重失水
墨西哥油库爆炸	1984年11月9日	墨西哥	4200人受伤,400人死亡,300栋房屋被毁,10万人被疏散	石油公司一个油库爆炸
印度博帕尔公害事件	1984年12月3日	印度	2万人严重中毒,1408人死亡,15万人接受治疗,20万人逃离	41t异氰酸甲酯及光气泄漏
威尔士饮用水污染	1985年1月	英国威尔士	200万居民饮水污染,44%的人中毒	化工公司将酚排入迪河
切尔诺贝利核泄漏	1986年4月27日	前苏联乌克兰	1万人死亡,203人受伤,13万人被疏散,直接损失30亿美元	4号反应堆机房爆炸
莱茵河污染	1986年11月1日	瑞士巴富尔市	事故段生物绝迹,160km内鱼类死亡,480km内的水不能引用	化学公司仓库起火,30t含硫、磷、汞等巨毒物进入莱茵河
莫农格希拉河污染	1988年11月1日	美国	沿岸100万居民生活受严重影响	石油公司油罐爆炸,1.3万立方米原油入河
埃克森·瓦尔迪兹号油轮爆炸	1989年3月24日	美国阿拉斯加	海域严重污染	漏油4.2万立方米
比利时污染鸡事件	1989年3月24日	比利时	2000多家养鸡户的鸡生长及产蛋异常,波及欧洲,导致比利时政府内阁辞职	鸡饲料中混入二噁英

附录 7 相关的安全标志

消防手动启动器

发声警报器

火灾电话

禁止阻塞

禁止锁闭

紧急出口

滑动开门

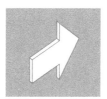
推开

拉开

击碎板面

灭火设备

灭火器

消防水带

地下消火栓

地上消火栓

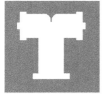
消防水泵接合器

消防梯

当心火灾-易燃物

当心火灾-氧化物质

当心爆炸-爆炸性物质

禁止用水灭火

禁止吸烟

禁止烟火

禁止放易燃物

禁止带火种

禁止燃放鞭炮

疏散通道方向

灭火设备或报警装置的方向

爆炸品标志

易燃气体标志

不燃气体标志

有毒气体标志

易燃液体标志

易燃固体标志

自燃物品标志

遇湿易燃物品标志

氧化剂标志

有机过氧化物标志

有毒品标志

剧毒品标志

一级放射性物品标志

二级放射性物品标志

三级放射性物品标志

腐蚀品标志

禁止启动	禁止合闸	禁止转动	禁止触摸	禁止跨越
禁止攀登	禁止跳下	禁止入内	禁止停留	禁止通行
禁止靠近	禁止乘人	禁止堆放	禁止抛物	禁止戴手套
禁止穿化纤服装	禁止穿带钉鞋	禁止饮用	必须戴防护眼镜	必须戴防毒面具
必须戴防尘口罩	必须戴护耳器	必须戴安全帽	必须戴防护帽	必须戴防护手套
必须穿防护鞋	必须系安全带	必须穿救生衣		

参 考 文 献

[1] 化学发展简史编写组. 化学发展简史. 北京：科学出版社，1980.

[2] 凌永乐. 世界化学史简编. 辽宁：辽宁教育出版社，1989.

[3] 郭保章. 中国现代化学史略. 广西：广西教育出版社，1995.

[4] 白春礼. 科学（中文版）. 2000，3，9-13.

[5] 北京化工学院化工史编写组. 化学工业发展简史. 北京：科学技术文献出版社，1985.

[6] 邓力群，马洪，武衡主编. 当代中国的化学工业. 北京：中国社会科学出版社，1986.

[7] 段世锋. 工业化学概论. 北京：高等教育出版社，1995.

[8] 李淑芬. 现代化工导论. 北京：化学工业出版社，2004.

[9] 王修智. 化学工业（化工卷）. 山东：山东科学技术出版社，2007，4.

[10] 邢雪荣. 工业生物技术发展现状及未来趋势. 中国科学院院刊，2007，3：16-19.

[11] 张树庸. 国外生物技术产业化的现在与未来. 中国科技投资，2007，4：25-27.

[12] 朱跃钊，卢定强，万红贵等. 工业生物技术的研究现状与发展趋势. 化工学报，2004，(55)：[4] 1950-1956.

[13] 孙志浩，柳志强. 酶的定向进化及其应用. 生物加工过程，2005，3（3）：7-13.

[14] 李寅，曹竹安. 微生物代谢工程：绘制细胞工厂的蓝图. 化工学报，2004，55（10）：1573-1580.

[15] 李祖义，吴中柳，陈颖. 生物催化产业化进展. 有机化学，2003，23（12）：1446-1451.

[16] 中国生物产业发展战略研究课题组. 抓住机遇积极推进我国生物产业的发展. 宏观经济研究，[9] 2004，12：3-7.

[17] 刁玉玮，王立业. 化工设备机械基础. 大连：大连理工大学出版社，2005.

[18] 蔡仁良，王志文. 化工容器设计（第三版）. 北京：化学工业出版社，2005.

[19] 卓震. 化工容器及设备（第二版）. 北京：中国石化出版社，2008.

[20] 郑津洋，董其伍，桑芝富. 过程设备设计. 北京：化学工业出版社，2002.

[21] 李多民. 化工过程机器. 北京：中国石化出版社，2007.

[22] 黄振仁，魏新利. 过程装备成套技术设计指南. 北京：化学工业出版社，2003.

[23] 方子严，石予丰. 化工机器. 武汉：湖北科学技术出版社，1986.

[24] 叶春晖，金耀门. 化工机械基础. 上海：上海交通大学出版社，1989.

[25] 来诚锋，段滋华. 过程装备技术的展望. 中国化工装备，2008，(1)：29～33.

[26] 时铭显. 我国化工过程装备技术的发展与展望. 当代石油化工，2005，13（12）：1～6.

[27] 国家环境保护局. 中国环境保护21世纪议程. 北京：中国环境科学出版社，1995.

[28] 钱易. 环境保护与可持续发展. 北京：高等教育出版社，2000.

[29] 秦大河、张坤民、牛文元. 中国人口资源环境与可持续发展. 北京：新华出版社，2002.

[30] 刘少康. 环境与环境保护导论. 北京：清华大学出版社，2002.

[31] 张忠祥、钱易. 城市可持续发展与水污染防治对策. 北京：中国建筑工业出版社，1998.

[32] 赵景联. 环境科学导论. 北京：机械工业出版社，2005.

[33] 李定龙、常杰云、王晋等. 环境保护概论. 北京：中国石油化工出版社，2007.

[34] 徐新华、吴忠标、陈红. 环境保护与可持续发展. 北京：化学工业出版社，2000.

[35] 张自杰. 环境工程手册. 北京：高等教育出版社，2000.

[36] 张钟宪. 环境与绿色化学. 北京：清华大学出版社，2005.

[37] 梁汉昌. 色谱技术在石化分析中的应用. 石油化工，1998，27（7）.

[38] 鲍峰伟，刘景艳. 近红外光谱分析技术在石油化工中的应用，贵州化工，2006，31（6）.

[39] 王京，黄蔚霞，王永峰等. 核磁共振分析技术在石化领域中的应用. 波谱学杂志，2004，21（4）.

[40] 张正红，田松柏，朱书全. 色谱法、质谱法及色谱/质谱法在测定重油烃类组成中的应用. 石油与天然气化工，2005，34（4）.